# Studien zur Mobilitäts- und Verkehrsforschung

**Reihe herausgegeben von**
M. Gather, Erfurt, Deutschland
A. Kagermeier, Trier, Deutschland
S. Kesselring, Geislingen, Deutschland
M. Lanzendorf, Frankfurt am Main, Deutschland
B. Lenz, Berlin, Deutschland
M. Wilde, Erfurt, Deutschland

Mobilität ist ein Basisprinzip moderner Gesellschaften; daher ist die Gestaltung von Mobilität im Spannungsfeld von ökonomischen, sozialen und ökologischen Interessen eine zentrale Herausforderung für ihre Institutionen und Mitglieder. Die SMV Reihe versteht sich als gemeinsame Publikationsplattform für neues Wissen aus der Verkehrs- und Mobilitätsforschung. Sie fördert ausdrücklich interdisziplinäres Arbeiten der Sozial-, Politik-, Wirtschafts-, Raum-, Umwelt- und Ingenieurswissenschaften. Das Spektrum der Reihe umfasst Analysen von Mobilitäts- und Verkehrshandeln; Beiträge zur theoretischen und methodischen Weiterentwicklung; zu Nachhaltigkeit und Folgenabschätzungen von Verkehr; Mobilitäts- und Verkehrspolitik, Mobilitätsmanagement und Interventionsstrategien; Güterverkehr und Logistik.

**Reihe herausgegeben von**

Matthias Gather
Verkehrspolitik und Raumplanung
Fachhochschule Erfurt

Andreas Kagermeier
Freizeit- und Tourismusgeographie
Universität Trier

Sven Kesselring
Hochschule für Wirtschaft und Umwelt
Geislingen

Martin Lanzendorf
Institut für Humangeographie
Goethe Universität Frankfurt am Main

Barbara Lenz
Institut für Verkehrsforschung
Deutsches Zentrum für Luft- und Raumfahrt (DLR) Berlin

Mathias Wilde
Institut Verkehr und Raum
Fachhochschule Erfurt

Weitere Bände in der Reihe http://www.springer.com/series/11950

Sophia Becker

# Individuelles Rebound-Verhalten in der Pkw-Mobilität

Das Wechselspiel von Effizienzverbesserung und Nachfragesteigerung

 Springer VS

Sophia Becker
Potsdam, Deutschland

Dissertation Universität Stuttgart (D 93), 2017

Die Dissertation wurde durch die Helmholtz Allianz ENERGY TRANS gefördert. Die Buchveröffentlichung wurde durch das Institut für transformative Nachhaltigkeitsforschung (IASS) ermöglicht.

Fortgeführte Reihe Band 40

Ergänzendes Material zu diesem Buch finden Sie auf
http://www.springer.com/978-3-658-20679-6

Studien zur Mobilitäts- und Verkehrsforschung
ISBN 978-3-658-20678-9        ISBN 978-3-658-20679-6   (eBook)
https://doi.org/10.1007/978-3-658-20679-6

Die Deutsche Nationalbibliothek verzeichnet diese Publikation in der Deutschen Nationalbibliografie; detaillierte bibliografische Daten sind im Internet über http://dnb.d-nb.de abrufbar.

Springer VS
© Springer Fachmedien Wiesbaden GmbH, ein Teil von Springer Nature 2019

Springer VS ist ein Imprint der eingetragenen Gesellschaft Springer Fachmedien Wiesbaden GmbH und ist ein Teil von Springer Nature
Die Anschrift der Gesellschaft ist: Abraham-Lincoln-Str. 46, 65189 Wiesbaden, Germany

# Vorwort

Als ich die ersten Zeilen dieses Buches schrieb, war noch keine Rede vom sogenannten Diesel-Skandal oder von weitreichenden Fahrverboten für Dieselautos
in deutschen Städten. Die komplexe Diesel-Problematik ist jedoch Teil der
grundsätzlicheren Frage, welchen Stellenwert Autos in der Mobilität der Zukunft
haben sollen. Die vorliegende Studie kann als Beitrag zu dieser Debatte gelesen
werden, denn sie beleuchtet das Verhältnis von Mensch und Auto.

Der Fokus liegt dabei auf der Frage, ob und wie technische Effizienzverbesserungen des Autos mit einer Steigerung der Verbrauchernachfrage einhergehen (Rebound-Verhalten). Zur Beantwortung dieser Frage habe ich u.a. Interviews mit Autokäufern durchgeführt, um ihre Wahrnehmung von Effizienz, ihre
Motive beim Autokauf und bei der Autonutzung zu analysieren. Dabei zeigte
sich, dass fast alle Befragten sehr gut darüber Bescheid wussten, dass ihr neuer
Pkw nicht den Energieverbrauch (in Liter Sprit auf 100 km) hat, der offiziell
vom Hersteller angegeben wird: „Da muss man so ungefähr einen Liter drauf-
rechnen". Diese Interviews wurden im Jahr 2014 geführt, etwa ein Jahr vor Be-
kanntwerden der Manipulationen von Abgasanlagen und Energieverbrauchswer-
ten durch verschiedene deutsche Automobilhersteller und ihre Zulieferer.

Doch nicht nur bei den Verbrauchern, sondern auch bei Forschungsinstitu-
ten und Think Tanks wie dem International Council on Clean Transportation
(ICCT) war bereits seit längerem bekannt, dass die realen Energieverbräuche und
die damit stark korrelierenden $CO_2$-Emissionen deutlich über den Herstellerangaben liegen. Deshalb habe ich in der vorliegenden Studie für die Schätzung der
Sprit-Effizienz nicht die Herstellerangaben, sondern die mithilfe von spritmoni-
tor.de ermittelten Realverbrauchsangaben verwendet (s. Kapitel 5.3.1). Somit
bleiben die Ergebnisse zum Rebound-Verhalten auch nach dem Dieselskandal
gültig. Gleichzeitig ist zu betonen, dass die Aussagekraft der Ergebnisse meiner
Studie nicht davon abhängt, wie realistisch und genau diese Schätzungen ausfal-
len. Sie geben Anhaltspunkte für die Größenordnung des jeweiligen Rebound-
Verhaltens. Das Hauptgewicht der vorliegenden Studie liegt darin, einen Beitrag
zum tieferen Verständnis des Zusammenwirkens von Mensch und Technik zu
leisten und damit Ansatzpunkte für eine Reduktion des Energieverbrauchs der
automobilen Gesellschaft aufzuzeigen.

Zur Entstehung der vorliegenden Doktorarbeit haben mehrere Personen entscheidend beigetragen. Mein besonderer Dank gilt Prof. Dr. Dr. h. c. Ortwin Renn, der durch seine konstruktive und kontinuierliche Betreuung die vorliegende Arbeit erst ermöglicht hat. Darüber hinaus hat Prof. Dr. Dirk Heinrichs durch die interdisziplinäre Zweitbegutachtung den Abschluss dieser Arbeit unterstützt und ermöglicht. Außerdem danke ich allen Befragten, die durch ihre Bereitschaft zum (zweimaligen) Interview, ihr Vertrauen und ihre Offenheit mir gegenüber zu dieser Forschungsarbeit essentiell beigetragen haben. Der Helmholtz Allianz ENERGY TRANS danke ich für die großzügige finanzielle Unterstützung dieser Arbeit in Form eines Promotionsstipendiums. Dem Institut für transformative Nachhaltigkeitsforschung (IASS) Potsdam danke ich für die freundliche Unterstützung bei der Publikation dieser Arbeit. Dem Herausgebergremium der Reihe „Studien zur Mobilitäts- und Verkehrsforschung" danke ich für die Möglichkeit, meine Forschungsarbeit im Springer VS Verlag zu veröffentlichen. Dabei waren mir insbesondere Dr. Mathias Wilde und Sabine Schöller mit ihrem präzisen Lektorat eine wichtige Hilfe.

Mit vielen Kolleginnen und Freunden habe ich Ideen zur vorliegenden Arbeit ausgetauscht. Ihnen danke ich für ihre Impulse, Anregungen, Kritikpunkte und Verbesserungsvorschläge. Besonders hervorzuheben ist hier Dr. Birgit Mack, die die Arbeit von Anfang an begleitet und gefördert hat. Ingrid Scherübl hat mich mit ihrer wunderbaren Schreibprozess-Expertise unterstützt, wofür ich ihr sehr dankbar bin. Weiterhin haben mir Bénédicte Meurisse, Jens Kouros, Dr. Judith Eckert, Dr. Julia Jarass, Karolin Tampe-Mai, Laura Henn, Manfred Schmid, Matthias Toups, Dr. Marco Sonnberger, Dr. Regina Schröter, Ricarda Scheele und Sigrid Prehofer mit ihren Perspektiven und ihrer Zeit für Diskussion und Austausch sehr weitergeholfen. Eva Tietjen, Kristin Meimberg und Simona Theoharova danke ich für ihre Freundschaft und ihre persönliche Unterstützung, auch in schwierigen Momenten. Meiner Mutter Renate danke ich für ihr kurzfristiges, ausdauerndes, genaues und konstruktives Lektorat von zahlreichen Kapiteln dieser Arbeit. Mein größter Dank und meine Bewunderung gilt Clemens für seine Ruhe und Geduld, mit der er mich von der ersten bis zur letzten Zeile dieses Buches begleitet hat.

Berlin, im Juni 2018

# Inhaltsverzeichnis

# Tabellenverzeichnis

# Abbildungsverzeichnis

Zusatzmaterialien sind unter www.springer.com auf der Produktseite dieses Buches verfügbar.

# Abkürzungsverzeichnis

| | |
|---|---|
| ADAC | Allgemeiner Deutscher Automobilclub |
| AFV | Alternativ angetriebenes Fahrzeug (alternatively fueled vehicle) |
| BMVBS | Bundesministerium für Verkehr, Bau und Stadtentwicklung |
| BMVI | Bundesministerium für Verkehr und digitale Infrastruktur |
| BMWi | Bundesministerium für Wirtschaft und Technologie |
| CADM | Comprehensive Action Determination Model |
| GDV | Gesamtverband der Deutschen Versicherungswirtschaft |
| GFT | Goal-Framing Theorie |
| HH | Haushalt |
| I | Interviewerin |
| ICCT | International Council of Clean Transportation |
| KBA | Kraftfahrt-Bundesamt |
| MIV | Motorisierter Individualverkehr |
| MiD | Studie „Mobilität in Deutschland" |
| MOP | Deutsches Mobilitätspanel |
| NAM | Norm-Activation Model |
| Pers. | Person/Personen |
| Pkm | Personenkilometer |
| Pkw-EnVKV | Pkw-Energieverbrauchskennzeichnungsverordnung |
| PT | Praxis-Theorie |
| RCT | Rational-Choice Theorie |
| SDGs | Sustainable Development Goals |
| TPB | Theory of Planned Behavior |
| TSR | Theorie sozialer Rationalität |
| VSP | Verkehrssicherheitsprogramm des BMVI |

# 1. Einleitung

Die Senkung des Energie- und Ressourcenverbrauchs der privaten Haushalte ist ein wichtiger Schritt auf dem Weg zu nachhaltiger Entwicklung. In Deutschland entfallen 25 % der $CO_2$-Emissionen privater Haushalte auf den Bereich der Mobilität (Kleinhückelkotten, Neitzke & Moser, 2016) und das dominante Verkehrsmittel der Deutschen ist nach wie vor der Pkw. Die Automobilindustrie verweist auf große technologische Effizienzverbesserungen des Pkw. Allein, der tatsächliche Gesamtspritverbrauch der deutschen Pkw-Flotte ist bisher nicht entsprechend gesunken. Ökonomische Studien identifizieren als einen Grund dafür den sogenannten Rebound-Effekt. Da eine technische Effizienzverbesserung mit einer Senkung der Kosten pro Leistungseinheit einhergehe, steige die Nachfrage entsprechend. Dies würde bedeuten, dass die Nutzer eines effizienteren Autos aufgrund der geringeren Spritkosten pro Kilometer nun längere Strecken mit dem Pkw zurücklegen oder einen energieintensiveren Fahrstil wählen. Ebenfalls denkbar ist die gezielte Wahl eines größeren oder leistungsstärkeren Modells.

Einige wenige Studien haben bisher versucht, den Rebound-Effekt auf der Ebene des individuellen Kauf- und Nutzungsverhaltens nachzuweisen. Die Resultate sind jedoch uneindeutig bis widersprüchlich. Oftmals fehlt es an einer konzeptionellen Einordnung des Verhaltens in bewährte theoretische Ansätze der sozialwissenschaftlichen Energieverbrauchsforschung. Auch die Studien zur Größenabschätzung des Rebound-Effekts sind bisher nicht zufriedenstellend, da die Ergebnisse stark variieren (von 0 bis 87 % Rebound-Effekt, vgl. Lee & Wagner, 2012).

Die wenigen empirischen Studien zu Rebound-Effekten im individuellen Verhalten operationalisieren die technische Effizienzverbesserung im Sinne einer radikalen Innovation, d. h. durch den Wechsel von einem Pkw mit konventionellem Verbrennungsmotor (Benzin/Diesel) zu einem Pkw mit alternativem Antrieb (Elektro/Hybrid/Wasserstoff). Aus Nutzersicht bedeutet dies einen kategorialen und in der Regel intentional-bewussten Wechsel hin zu einer innovativen, effizienteren Technologie. Dies würde kognitiv bewusste Rebound-Effekte ermöglichen. Zurzeit werden alternative Antriebe jedoch noch hauptsächlich von soge-

© Springer Fachmedien Wiesbaden GmbH, ein Teil von Springer Nature 2019
S. Becker, *Individuelles Rebound-Verhalten in der Pkw-Mobilität*, Studien zur Mobilitäts- und Verkehrsforschung, https://doi.org/10.1007/978-3-658-20679-6_1

nannten Early Adoptern, die viele soziodemografische Besonderheiten aufweisen, nachgefragt (vgl. Nayum, Klöckner & Mehmetoglu, 2016). Die Übertragbarkeit solcher Studienergebnisse auf die Allgemeinbevölkerung ist stark eingeschränkt. Darüber hinaus machen alternative Antriebe derzeit weniger als 1 % des Pkw-Bestands in Deutschland aus und Kaufprognosen für den deutschen Automobilmarkt gehen davon aus, dass die deutsche Pkw-Flotte im Jahr 2020 nur zu etwa 3 % aus alternativen Antrieben bestehen wird und der Verbrennungsmotor zunächst weiterhin die dominante Technologie bleibt (Brokate, Özdemir & Kugler, 2013). Die Ergebnisse von Studien zum Rebound-Effekt alternativer Antriebe können also mittelfristig nur sehr eingeschränkt für die Gestaltung von Politikmaßnahmen zur Eindämmung von Rebound-Effekten genutzt werden. Erklärungsansätze für das Auftreten von Rebound-Effekten in Folge inkrementeller Innovationen, d. h. technologische Effizienzverbesserungen von Pkw mit Verbrennungsmotoren, sind deshalb notwendig.

Unter den bisher durchgeführten Studien zum Rebound-Effekt dominieren quantitative Arbeiten, die lediglich fragmentarische Schlaglichter auf einzelne personenbezogene Faktoren werfen, die Rebound-Effekte begünstigen könnten (z. B. Spaß am Fahren, vgl. Matiaske, Menges & Spiess, 2012). Oftmals wird dabei entweder die Kaufentscheidung oder die Nutzungsphase untersucht, nicht jedoch beides zusammen. Dies erschwert ein vollständiges und kohärentes Bild der personenbezogenen Einflussfaktoren auf Rebound-Effekte.

Sollten sich die bisherigen empirischen Hinweise auf das Auftreten von Rebound-Effekten verdichten, so bedeutet dies eine erhebliche Gefahr für die Nachhaltigkeitsstrategie der Energiesenkung durch technologische Effizienzgewinne. Ein genaueres Verständnis der Rolle, die die Nutzer dabei spielen, ist von hoher Bedeutung für eine erfolgreiche Prävention und Eindämmung von Rebound-Effekten. Nur wenn wir die Handlungsmotive der Nutzer im Kontext der Pkw-Kaufentscheidung und -Nutzung verstehen, können wir Strategien entwickeln, um unerwünschten Begleiteffekten von Effizienzmaßnahmen entgegenzuwirken.

Die vorliegende Arbeit hat deshalb zum Ziel, Rebound-Effekte durch private Pkw-Nutzer im individuellen Verhalten empirisch zu erfassen und verhaltenstheoretisch zu verstehen. Dazu habe ich einen qualitativ-explorativen Forschungsansatz mit problemzentrierten Interviews gewählt, um die Perspektive der Nutzer zu rekonstruieren. Die dabei auftretenden interindividuellen Unterschiede sollen durch eine Rebound-bezogene Nutzertypologie abgebildet werden, um die Diskussion zielgruppenspezifischer Interventionsansätze zu ermöglichen. Da das Konzept des Rebound-Effekts immer einen Vergleich zwischen den Effizienzgraden zweier Geräte (in diesem Fall Autos) impliziert, wird ein longitudinales Forschungsdesign angewendet, bei dem zum Zeitpunkt eines Autowechsels und ca. ein halbes Jahr danach die individuellen Begründungszusammenhänge, sowie die technischen Daten der Autos erhoben werden. Schwerpunktmäßig werden Besitzer von Autos mit Verbrennungsmotoren (Benzin/Diesel) befragt, um den gegenwärtigen Bestand und die mittelfristige Zukunft der deutschen Pkw-Flottenentwicklung abzubilden (Brokate et al., 2013).

Mit der vorliegenden Studie möchte ich innerhalb der Rebound-Forschung den Diskurs anregen, welche theoretischen Ansätze aus der sozialwissenschaftlichen Energieverbrauchsforschung geeignet sind, um den Rebound-Effekt analytisch zu fassen. Gleichzeitig soll die hier erarbeitete Definition, Dimensionalisierung und Operationalisierung von individuellem Pkw-Rebound-Verhalten einen Diskussionsbeitrag zu den Kontroversen um die analytische Präzision und die empirische Messung des Rebound-Konstrukts leisten. Der explorative, nutzerzentrierte Ansatz soll darstellen, welche Rolle wahrgenommene technische Effizienzverbesserungen für den autobezogenen Energiekonsum von Privatnutzern spielen. Führt eine „gefühlte" oder tatsächliche Effizienzverbesserung zu einer Änderung des Kauf- und Nutzungsverhaltens im Sinne eines Rebound-Effekts? Welche anderen Faktoren wirken auf das Verhalten ein? Wie unterscheiden sich die Nutzer hinsichtlich ihrer Motive und ihres Verhaltens?

Zur Bearbeitung dieser Fragen fasse ich zunächst den Stand der Forschung zum Rebound-Effekt zusammen, wobei der Schwerpunkt auf sozialwissenschaftlichen Erklärungsansätzen und empirischen Verhaltensstudien im Bereich der individuellen Pkw-Mobilität liegt, und stelle meine Arbeitsdefinition und Dimensionalisierung von *individuellem Rebound-Verhalten*, sowie die Forschungsfragen vor (Kapitel 2). In Kapitel 3 skizziere ich die politischen Rahmenbedingungen und fasse wichtige quantitative Daten zu Pkw-Kauf und -Nutzung in Deutschland zusammen. Anschließend stelle ich mit der Goal-Framing-Theorie eine verhaltenstheoretische Einordnung von (eventuellem) Rebound-Verhalten vor (Kapitel 4). Das methodische Vorgehen und den Operationalisierungsansatz für Rebound-Verhalten erläutere ich in Kapitel 5. In Kapitel 6 stelle ich die Ergebnisse der empirischen Erhebung dar. Diese Ergebnisse werden im sich anschließenden Diskussionskapitel reflektiert (Kapitel 7). Abschließend schlage ich in Kapitel 8 einige Implikationen für Forschung und Praxis vor.

In der vorliegenden Arbeit steht ökologische Nachhaltigkeit im Fokus. Das Verfassen eines knapp 200-seitigen Textes bietet jedoch auch Gelegenheit, sich mit sozialer Nachhaltigkeit auseinanderzusetzen, wenn es um die die Verwendung einer geschlechtergerechten Sprache geht. Die Gleichberechtigung der

Geschlechter ist das fünfte von zwanzig Sustainable Development Goals (SDG). Sie ist kein Selbstläufer, wie nicht nur der jüngste frauenfeindliche Backlash in der US-amerikanischen Politik zeigt. Sprache formt unser Denken (Vervecken & Hannover, 2015), deshalb leistet eine geschlechtersensible Sprache einen wichtigen Beitrag zum SDG der Gleichberechtigung. Es wird im Folgenden oft die Rede von der „Autokäuferin" sein, wenn es um generische, beispielhafte Überlegungen zu einer Person in dieser Entscheidungssituation geht (z. B. „Eine Autokäuferin berücksichtigt in der Regel mehrere verschiedene Kaufmotive gleichzeitig."). Im Plural werde ich oftmals von den „Autokäufern" sprechen (z. B. „Die Elektroautoprämie wird von den Autokäufern schlecht angenommen"). Mit beiden Formulierungen sind grundsätzlich beide Geschlechter gemeint, sofern nicht explizit die Begriffe „weiblich/männlich" oder „Frauen/Männer" genutzt werden. Dieser Ansatz verfolgt also nicht das Ziel einer möglichst einheitlichen Sprache, sondern einer Sprache, die die soziale Vielfalt der Gesellschaft abbildet und gleichzeitig dem Kriterium der angenehmen Lesbarkeit gerecht wird.

# 2. Stand der Forschung

Die Rebound-Forschung ist stark von ökonomischen Paradigmen geprägt und zielt meist auf Schätzungen der Höhe des Rebound-Effekts für einen Verbrauchssektor pro Jahr und territorialer Einheit ab. Die Ergebnisse dieser Schätzungen fallen jedoch sehr unterschiedlich aus (Sorrell, Dimitropoulos & Sommerville, 2009; Galvin, 2014; Gillingham, Kotchen, Rapson & Wagner, 2013). Sozialwissenschaftliche Studien zum Rebound-Effekt finden sich bisher nur vereinzelt. Sie fokussieren sich auf eine Erklärung der individuellen Motive, die dem Rebound-Effekt zugrunde liegen könnten (z. B. Peters, Sonnberger, Dütschke & Deuschle, 2012). Außerdem finden sich soziologische Arbeiten, die explizit eine praxistheoretische Perspektive wählen, um Rebound-Effekte zu erklären (z. B. Wallenborn, 2015). Weiterhin finden sich einzelne Studien aus dem Grenzbereich zwischen Ingenieurswissenschaften und Psychologie, die in einem longitudinalen Forschungsdesign versuchen, den Rebound-Effekt im Sinne einer Mehrnutzung erst einmal auf individueller Ebene empirisch nachzuweisen und zu quantifizieren (Ohta & Fujii, 2010). Darüber hinaus existieren bereits wissenschaftlich basierte Politikempfehlungen wie der Rebound einzudämmen sei (z. B. Ott, Jenny, Madlener, Karlegger & Montanari, 2013).

Die Rebound-Forschung ist seit der Sonderausgabe von *Energy Policy* (vgl. Schipper, 2000) zu diesem Thema stark gewachsen und hat sich diversifiziert (Galvin, 2014). Doch auch wenn die aktuelle Rebound-Forschung mittlerweile über die rein ökonomische Analyse hinausgeht, bleibt das ökonomische Paradigma, in dem Rebound-Effekte erstmals definiert und abgeschätzt wurden, der Bezugs- und Ausgangspunkt der meisten wissenschaftlichen Rebound-Betrachtungen. Daher skizziere ich im Folgenden zunächst die Idee des Rebound-Effekts nach ökonomischem Verständnis und die in der Literatur diskutierten Einflussfaktoren (2.1). Der Schwerpunkt der weiteren Literaturübersicht wird auf automobilitätsbezogenen Rebound-Effekten liegen (2.2). Dabei unterscheide ich zwischen drei Dimensionen von Rebound-Effekten: Rebound-Effekte in der Kaufentscheidung, in der Fahrleistung und im Fahrstil. Mit diesen drei Dimensionen sind verschiedene Verhaltensweisen verbunden, die einer analytischen Trennung bedürfen. Die zusammengetragenen Ergebnisse werden

© Springer Fachmedien Wiesbaden GmbH, ein Teil von Springer Nature 2019
S. Becker, *Individuelles Rebound-Verhalten in der Pkw-Mobilität*, Studien zur Mobilitäts- und Verkehrsforschung, https://doi.org/10.1007/978-3-658-20679-6_2

anschließend in einem Fazit kritisch diskutiert (2.3). Das Kapitel schließt mit
einer Arbeitsdefinition von *individuellem Rebound-Verhalten* (2.4) und der For-
mulierung der Forschungsfragen für die vorliegende Arbeit (2.5).

## 2.1  Die Idee des Rebound-Effekts

Die Entdeckung des Rebound-Effekts als Forschungsgegenstand wird auf den
britischen Ökonomen William Stanley Jevons zurückgeführt[1]. In seinem 1865
erschienen Buch „The Coal Question – Can Britain Survive?" zeigt er, dass
Energieeffizienzverbesserungen in der Industrie zu steigender Energienachfrage
führen (Jevons, 1865). Zunächst wurde dieses Phänomen als Jevons' Paradox
benannt. Joseph Tainter (Vorwort zu Polimeni, Mayumi, Giampietro & Alcott,
2009, S. xi) fasst die Grundidee dieses Konstrukts sehr treffend zusammen: „The
Jevons' Paradox is based on a foundation principle of economics: any time one
reduces the cost of consuming a valued resource, people will respond by consuming more of it.". Das heißt, eine Effizienzverbesserung senkt die Produkti-
onskosten eines Gutes, sodass es zu einem günstigeren Preis angeboten werden
kann. Der niedrigere Preis ermöglicht wiederum den Konsumenten ihre Nachfrage des Gutes zu erhöhen. Für Jevons stellte dieser Mechanismus jedoch kein
Umweltproblem, sondern ein mögliches Risiko für die Deckung des britischen
Kohlebedarfs dar. Erst Brookes (1979, 1990) und Khazzoom (1980) ordnen den
Rebound-Effekt als Risiko für eine erfolgreiche Effizienzpolitik zur Senkung des
Energieverbrauchs ein. Auch Small und van Dender (2007) verdeutlichen die
Problematik dieses Phänomens: "total energy consumption changes less than
proportionally to changes in physical energy efficiency." (ebd., S. 25). Die Sen-
kung des absoluten Energieverbrauchs gelingt also nicht so, wie dies aufgrund
der technischen Effizienzverbesserung zu erwarten wäre. Dieses Framing von
Rebound-Effekten als Bedrohung für den Erfolg von Energie- und Umweltpoli-
tik bestimmt den gegenwärtigen Rebound-Diskurs und bildet auch den motivationalen Hintergrund der vorliegenden Arbeit.

In der aktuellen Forschung zum Rebound-Effekt wird in der Regel zwischen drei Arten von Rebound-Effekten unterschieden (s. exemplarisch Azeve-

---

[1]  Für eine ausführlichere Darstellung der historisch-diskursiven Entwicklung des Rebound-Effekts
sei auf die gute Übersicht von Santarius (2015a) verwiesen.

do, Sonnberger, Thomas, Morgan & Renn, 2013): (1) direkter Rebound-Effekt, (2) indirekter Rebound-Effekt und (3) makroökonomischer Rebound-Effekt. (1) Der *direkte* Rebound-Effekt wird wie folgt definiert: "Efficiency gains lead to a lower cost of energy services, leading to an expanded or intensified use of the energy consuming product/service." (Azevedo et al., 2013, S. 5) Die Verhaltensänderung, im Sinne einer Mehrnachfrage, wird hier also kausal über die Preisänderung vermittelt (Preiseffekt). Die Mehrnachfrage bezieht sich dabei auf ein und dasselbe Produkt oder die gleiche (Energie-)Dienstleistung, z. B. Licht. Nach dem Kauf von energieeffizienten Leuchtmitteln, lässt die Verbraucherin nun das Licht länger brennen oder installiert mehr Lampen, da die Beleuchtungsstunde weniger kostet.

(2) Der *indirekte* Rebound-Effekt wird wie folgt definiert: „The additional income that is freed up by saving energy costs can be used for other energy- or carbon-intensive consumption." (Azevedo et al., 2013, S. 5). Beim indirekten Rebound-Effekt werden durch die Energieeinsparungen im Konsumfeld A monetäre Ressourcen frei, die im Konsumfeld B wieder ausgegeben werden. Dieser Mechanismus wird auch als *Einkommenseffekt* bezeichnet. So könnte die Verbraucherin zum Beispiel nach einer Gebäudesanierung die durch den geringeren Energieverbrauch frei werdenden Geldbeträge nutzen um Flugreisen zu unternehmen. Der indirekte Rebound-Effekt ist jedoch kaum oder nur schwer messbar (Greening & Khrusch, 1996). Wie Peters, Sonnberger und Deuschle (2012) in ihrer Fokusgruppenstudie berichten, können Verbraucher in der Regel nicht benennen, wofür sie das durch die Effizienzmaßnahme eingesparte Geld verwenden.

(3) Der makroökonomische Rebound-Effekt wird von Gillingham et al. (2013) noch einmal in zwei Subkategorien unterteilt, (3a) den makroökonomischen Preiseffekt und (3b) den makroökonomischen Wachstumseffekt. Ersterer wird am Beispiel des Ölpreises veranschaulicht. Die Verschärfungen der US-amerikanischen Spritsparstandards führen zu einer Verringerung der Ölnachfrage, was wiederum den globalen Ölpreis senkt. In anderen Weltregionen, z. B. in Schwellenländern, können die Verbraucher durch den niedrigeren Ölpreis wiederum billiger tanken und somit die Nutzung des Autos intensivieren. Der makroökonomische Wachstumseffekt (3b) entsteht dadurch, dass neue Energieeffizienztechnologien in einem Wirtschaftssektor A die Möglichkeit schaffen, dass in Sektor B wiederum neue Produkte entstehen. Als Beispiel nennen die Autoren (ebd.) Leichtbautechnologien, die im Sektor Fahrzeugbau entwickelt wurden und später auch im Flugzeugbau Anwendung finden. Wenn dann der Energieverbrauch von Flugzeugen sinkt, führt dies wiederum zu einer Steigerung des Luft-

verkehrs. Die makro-ökonomischen Rebound-Effekte sind jedoch sehr schwer zu messen (Greening, Greene & Difiglio, 2000). In seiner Metastudie schätzt Sorrell (2007) den makro-ökonomischen Rebound auf 10 %, betont aber, dass die meisten der berücksichtigten Studien aus industrialisierten Ländern stammen und generell nicht davon ausgegangen werden kann, dass der Rebound-Effekt als Mechanismus mit einer gewissen Verlässlichkeit automatisch eintritt, sobald eine Effizienzverbesserung vorliegt.

Eine alternative Konzeptualisierung von Rebound-Effekten nimmt Santarius (2015a) vor. Er unterscheidet zwischen finanziellen, motivationalen, habituellen, industriellen, volkswirtschaftlichen und strukturellen Rebound-Effekten. Diese Typologie von Rebound-Effekten wird den unterschiedlichen, disziplinär geprägten Perspektiven auf das Thema gerecht und hebt wichtige Facetten des Problems hervor. So behandelt Santarius bei den finanziellen und industriellen Rebound-Effekten v. a. ökonomische Erklärungsansätze, während er für motivationale Rebound-Effekte verschiedene umweltpsychologische Handlungsmodelle (v. a. die Theorie des geplanten Verhaltens und das Norm-Aktivationsmodell) diskutiert. Die in dieser Typologie vorgenommene Vermischung von Explanans und Explanandum sehe ich jedoch kritisch. Das Phänomen (Rebound-Effekt) und seine verschiedenen Einflussfaktoren (personenbezogene, technische u. a.) sollten konzeptionell bestmöglich voneinander getrennt werden, nicht zuletzt um sie empirisch greifbar machen zu können. Auch die Unterscheidung von Kontexten (privates Verbraucherverhalten vs. industrielles „Verhalten" von Unternehmen), in denen der Rebound-Effekt auftritt, und die Ebenen (individuelle Mikro-Ebene vs. volkswirtschaftliche Makro-Ebene), auf die sich seine empirische Messung bezieht, sollten für eine analytische Betrachtung getrennt werden und nicht konzeptionell in die Bezeichnung des zu erklärenden Phänomens integriert werden.

Nicht nur technische Energieeffizienzverbesserungen, sondern auch Zeit-„Einsparungen" können als Verursacher von Rebound-Effekten betrachtet werden (Greening et al., 2000; Jalas, 2002; Jalas & Juntunen, 2015; Sorrell & Dimitropoulos, 2008). So untersucht beispielsweise Buhl (2016) in seiner Dissertation explizit sog. Zeit-Rebound-Effekte. Grundsätzlich kann der Zeitfaktor für Mobilitätsrebound-Effekte relevant sein, wenn z. B. die Verkürzung von Reisezeiten im Zugverkehr betrachtet wird. In der vorliegenden Arbeit stehen aber *technische* Energieeffizienzeinsparungen des Pkw im Fokus, die nicht mit einer Ver-
̈rzung der Reisezeit einhergehen müssen. Das noch zu erläuternde qualitative
̈gsdesign bietet allerdings genügend Offenheit, um auf eventuelle Zeit-

einsparungseffekte näher einzugehen, falls sich diese als relevant für die vorliegende Untersuchung erweisen sollten.

Neben dem Rebound-Effekt wird auch der sogenannte *Prebound*-Effekt diskutiert. Dieses Phänomen bezieht sich analog zum *direkten* Rebound-Effekt auf ein einziges Konsumfeld und wurde von Sunikka-Blank und Galvin (2012) exemplarisch im Bereich des Wärmeenergieverbrauchs von Haushalten und entsprechenden Sanierungsmaßnahmen untersucht. Demnach liegt ein Prebound-Effekt vor, wenn der tatsächliche Energieverbrauch der Bewohner geringer als der theoretisch berechnete Energiekennwert des Gebäudes ist.

Der Schwerpunkt der vorliegenden Arbeit liegt auf dem direkten Rebound-Effekt. Makro-ökonomische Rebound-Effekte werden nicht berücksichtigt. Indirekte Rebound-Effekte werden lediglich am Rande gestreift und nur hinsichtlich der subjektiven Perspektive der Verbraucher betrachtet. Sollten zum Beispiel befragte Personen von Phänomenen berichten, die einen indirekten Rebound-Effekt darstellen könnten, so wird dies im Ergebnisteil berichtet werden, es wird aber nicht gezielt danach gesucht oder gefragt.

Der direkte Rebound-Effekt wird in der Regel als prozentualer Anteil an dem durch die technische Effizienzverbesserung ermöglichten Energieeinsparungspotenzial dargestellt (Sorrell, 2007). Wenn es zu keiner Mehrnachfrage kommt und das Einsparpotenzial vollständig realisiert wird, liegt ein Rebound-Effekt von 0 % bzw. *kein* Rebound-Effekt vor. Wird das Einsparungspotenzial vollständig durch eine Mehrnachfrage „aufgefressen", liegt ein Rebound-Effekt von 100 % vor. Wenn die Mehrnachfrage sogar das Einsparungspotenzial übersteigt, kann dies durch einen Rebound-Effekt angegeben werden, der entsprechend größer als 100 % ist. Man spricht dann vom sogenannten *Backfire*-Effekt (Saunders, 2000).

Eine gute Übersicht der aktuell diskutierten konsumentenbezogenen Einflussfaktoren auf Rebound-Effekte findet sich bei Azevedo et al. (2013). Als relevante Faktoren wurden in ihrem Expertenworkshop diskutiert: subjektiv verzerrte Wahrnehmung von Preisen, sodass Preisänderungen erst ab einer bestimmten Höhe überhaupt bewusst registriert werden; das generelle Statusbedürfnis des Menschen, wenn er durch Effizienzgewinne frei werdende Ressourcen in den Konsum weiterer, statusgewinnbringender Güter reinvestiert; eine starke intrinsische Umweltmotivation und Genügsamkeitsorientierung als hemmende Faktoren, im Gegensatz zu hedonistischen oder egoistischen Wertorientierungen; fehlende oder falsche Information zur energieeffizienten Benutzung elektrischer Geräte; Lebens- und Konsumstile zur Erklärung interindividueller Unterschiede im Rebound-Verhalten; kognitive Heuristiken wie *Moral Li-*

*censing,* die Rebound-Effekte psychologisch erleichtern (vgl. Santarius, 2012); Gewohnheiten als hemmender Faktor gegenüber einer Verhaltensänderung einerseits und das disruptive Potenzial neuer, effizienterer Technologien andererseits; Zeiteinsparung durch die Effizienzgewinne, die mehr Zeit für neue Konsumaktivitäten schafft; Sättigungseffekte als abmildernder Faktor gegen eine Mehrnachfrage.

Es ist davon auszugehen, dass die o. g. Faktoren in ihrer Einflussstärke je nach Konsumfeld variieren und dass in einem spezifischen Konsumbereich darüber hinaus noch weitere Faktoren fördernd oder hemmend auf Rebound-Effekte einwirken. Nach dieser kurzen Darstellung der übergeordneten Grundzüge der Rebound-Forschung werden deshalb nun die vorhandenen Forschungsarbeiten zum Rebound-Effekt im Bereich privater Pkw-Mobilität eingehender betrachtet.

## 2.2    Rebound-Effekte im Bereich der Pkw-Mobilität

Die Mehrzahl der bisherigen Studien zum Rebound-Effekt in der Pkw-Mobilität operationalisiert die Nachfragesteigerung auf Seiten der Konsumenten in Form von gefahrenen Autokilometern. Deutlich weniger Studien interessieren sich für die Frage, ob ein größeres oder leistungsstärkeres Auto infolge einer Effizienzverbesserung angeschafft wurde. Lediglich zwei Studien gehen bisher der Frage nach, ob eine Effizienzsteigerung zur Änderung der Fahrweise im Sinne eines energieintensiveren Fahrverhaltens beiträgt. Auch die Zahl der Studien, die untersuchen, ob effizientere Autos als zusätzliches Fahrzeug im Haushalt angeschafft werden, ist gering. Die Ergebnisse der vorhandenen Studien zu diesen drei Dimensionen von Rebound-Effekten in der Pkw-Mobilität werden im Folgenden berichtet und im anschließenden Abschnitt kritisch diskutiert.

### *2.2.1    Der Rebound-Effekt in der Fahrleistung*

Die Ergebnisse bisheriger Studien zur quantitativen Abschätzung des Fahrleistungsrebound-Effekts sind extrem heterogen. Selbst ökonometrische Schätzungen, die auf den gleichen Datensätzen basieren, variieren in ihren Ergebnissen nicht weniger als von 0 bis 87 % Rebound-Effekt, wie Lee & Wagner (2012) in ihrem Überblicksartikel feststellen. Ökonomische Meta-Analysen, die sich auf industrialisierte Länder (v. a. USA) beziehen, schätzen einen langfristigen Rebound-Effekt von 10 bis 30 % (Greening et al., 2000; Sorrell, 2007). Schätzungen für den kurzfristigen Rebound-Effekt liegen bei 3 % (Su, 2011), 7 %

(Gillingham, 2011) oder 10 % (Greene, 2012). Dabei gehen Greene (2012) und Sorrell (2007) von einer abnehmenden Tendenz in den nächsten 20 Jahren aus. Mithilfe von Haushaltsdaten des Deutschen Mobilitätspanels (MOP) der Jahre 1997-2009 schätzen Frondel, Ritter und Vance (2012) in einem Preissensibilitätsmodell, dass hierzulande 57 bis 62 % der technologischen Effizienzgewinne durch Mehrverkehr kompensiert werden.

Im Gegensatz zu den ökonometrischen Schätzmodellen wählen Ohta und Fujii (2010)[2] ein Forschungsdesign, das Rebound-Effekte unmittelbar auf der Ebene des individuellen Nutzungsverhaltens nachweisen soll. Anhand einer kleinen Stichprobe von Hybridautokäufern in Japan zeigen sie, dass sowohl der Effizienzgrad als auch die Einstellungen und Überzeugungen der Nutzer zu einem Rebound-Effekt beitragen. Diejenigen Nutzer, die eine starke Umweltbesorgnis haben und ihr Hybridauto als ein besonders umweltfreundliches Auto beurteilen (n= 31), zeigen eine Zunahme der gefahrenen Kilometer um 82 % (im Vergleich zur Fahrleistung mit ihrem vorherigen Auto). Im gleichen Zeitraum (ca. 8 Monate) zeigt sich bei den Nutzern, die weniger Umweltbesorgnis haben und ihr Hybridauto nicht unbedingt als ein besonders umweltfreundliches Fahrzeug wahrnehmen (n= 23), lediglich eine Zunahme um 11 %. Die Autoren führen dies auf geringere Schuldgefühle beim Autofahren in der ersten Gruppe zurück. Auch wenn die tatsächliche Effizienz der Fahrzeuge dieser Nutzergruppe deutlich höher ist als die der zweiten Gruppe, produziert die erstere durch ihren deutlich stärkeren Mehrverkehr insgesamt einen Backfire-Effekt von 13 %, also einen Rebound-Effekt von 113 %. Besonders starke Fahrleistungszuwächse zeigen dabei die Personen, die in den alternativen Antriebstechnologien eine gute Lösung für Umweltprobleme sehen.

Anhand einer großen Stichprobe von 1506 Personen in Kalifornien, jedoch in einem Querschnittsdesign, zeigt Flamm (2009) dagegen, dass Personen mit hoher Umweltmotivation effizientere Autos besitzen und ihre Autos weniger fahren als Personen in der Vergleichsgruppe mit niedriger Umweltmotivation. Faktenwissen über die Umweltauswirkungen verschiedener Fahrzeuge hat dagegen lediglich einen Effekt auf die Kaufentscheidung zugunsten effizienterer Fahrzeuge, nicht jedoch auf die individuelle Fahrleistung. Für Deutschland berichten Matiaske et al. (2012), dass eine niedrige Umweltbesorgnis eher mit Rebound-Effekten assoziiert ist als eine hohe Umweltbesorgnis.

---

[2] Es handelt sich hier um ein unveröffentlichtes Manuskript, dessen Inhalte die Autoren 2010 auf einem Kongress vorgestellt haben (s. Literaturverzeichnis) und das mir auf Nachfrage von Hiroyuki Ohta freundlicherweise zur Verfügung gestellt wurde.

Die Erklärungskraft von Lebensstilen für das Auftreten oder Ausbleiben von Fahrleistungsrebound schätzen Peters, Sonnberger und Deuschle (2012) in ihrer Fokusgruppenstudie als sehr begrenzt ein. Sie berichten lediglich, dass die Lebensstil-Gruppen der „Hedonisten" und der „Unterhaltungssuchenden" eine leichte Tendenz zur Mehrnachfrage haben. Es zeigt sich jedoch auch, dass Gewohnheiten ein schützender Faktor gegen Rebound sein können, denn einige Teilnehmer betonen, dass sie das effizientere Auto genauso nutzen würden wie ihr bisheriges Auto (ebd., S. 51). Außerdem scheinen v. a. Personen, die ihr Auto schon vorher als Hauptverkehrsmittel benutzten und sich stark als Autofahrer identifizieren, keinen Bedarf mehr zu haben, ihre Autofahrleistung weiter zu erhöhen. Auch Personen, die nicht besonders gern Auto fahren oder die aus Umweltschutzmotiven wenig Auto fahren, äußern, dass sie mit einem effizienteren Auto nicht mehr fahren würden als vorher. Andere Teilnehmer berichten wiederum, dass sie das Autofahren mit dem effizienteren Auto wieder mehr genießen können oder dass sie mit einem alternativ angetriebenen Roller mehr Fahrten (v. a. Kurzstrecken aus Bequemlichkeit) machen als vorher. Außerdem zeigen die Teilnehmer, die sich bisher aus Kostengründen in ihrer Automobilität eingeschränkt hatten, durchaus eine Tendenz zu Mehrfahrten.

Peters, Sonnberger und Deuschle (2012) interpretieren ihre Ergebnisse so, dass die Effizienzverbesserung zu einer Änderung der Einstellung zum Autofahren führen kann (die Befragten berichten von einem besseren Gefühl beim Autofahren) und dies unter Umständen eine enthemmende Wirkung hat, sodass die Person mehr Auto fährt als bisher. Hohe intrinsische Umweltmotivation oder hohe prinzipielle Sparmotivation scheinen dabei aber einen hemmenden Effekt zu haben, da solche Personen einen Mehrverbrauch als widersinnig zur initialen Effizienzverbesserung empfinden. Eine Person äußert sich auch unmittelbar kritisch zu potenziellen Moral Licensing Effekten in Bezug auf bereichsübergreifendes Umwelthandeln: ‚Ich glaube, wer sich mit dem Thema Energie sparen bei Leuchtmitteln befasst, hat grundsätzlich schon einmal eine bestimmte Einstellung. Der wird nicht sagen: Jetzt habe ich da etwas gespart, von mir aus $CO_2$, und kann jetzt mit dem Bleifuß nach München fahren. Ich glaube nicht, dass das zusammen passt.' (ebd., S. 42). Bei anderen Teilnehmern zeigt sich wiederum ein Gegeneinander-Aufrechnen von energiesparsamen und energieintensiven Verbrauchshandlungen, das in der Gesamtbilanz dazu führt, dass man kein schlechtes Gewissen haben müsse (ebd., S. 36).

Auch in den ökonomischen Arbeiten werden verschiedene monetäre und nicht-monetäre Einflussfaktoren auf Rebound-Effekte diskutiert, die über den reinen Preiseffekt hinausgehen und möglicherweise Rückschlüsse darauf zulassen, bei welchen Konsumentengruppen mit Rebound-Effekten zu rechnen ist. So deuten einige Studien darauf hin, dass Einkommen und Rebound-Effekte negativ miteinander korreliert sind (Greene, 2012; Hymel, Small & van Dender, 2010; Small & van Dender, 2007; Sorrell, 2007; Su, 2011). Dies würde also bedeuten, dass bei Personen mit einem hohen Einkommen das Rebound-Risiko geringer ist. Small und van Dender (2007) und Greene (2012) erklären dies damit, dass eine Veränderung von Spritkosten bei gut situierten Personen weniger ins Gewicht fällt, wenn es um Mobilitätsentscheidungen geht. Sorrell (2007) und Greene (2012) vermuten, dass für reiche Personen freie Zeit größeren Nutzen als Autofahren bringt. Sorrell (2007) ist der Überzeugung, dass ein Rebound-Effekt dann relativ gering ausfällt, wenn die laufenden Kosten einen relativ kleinen Anteil an den Gesamtkosten der Energiedienstleistung ausmachen. Sorrell (2007) vermutet außerdem, dass insbesondere Konsumentengruppen mit einem niedrigen Einkommen weniger Sättigung an Energiedienstleistungen haben und deshalb ein höheres Risiko für Rebound-Effekte aufweisen. Das umgekehrte Verhältnis zeigt sich bei Spritpreis und Rebound. Wenn der Spritpreis ohnehin schon recht niedrig ist, zeigt sich ein relativ geringer Rebound-Effekt und bei einem hohen Spritpreis zeigt sich ein höherer Rebound-Effekt (Greene, 2012; Hymel et al., 2010; Small & van Dender, 2007).

Sorrell (2007) und Greene (2012) weisen darauf hin, dass mit dem Effizienzgrad eines Fahrzeugs in der Regel auch dessen Anschaffungskosten steigen, was zunächst finanzielle Ressourcen verbraucht. Dadurch sinken zwar die reinen Spritkosten pro Kilometer, die Vollkosten pro gefahrenem Kilometer jedoch nicht unbedingt. Somit bleiben möglicherweise gar keine finanziellen Einsparungen, die in Mehrfahrten reinvestiert werden könnten. „Economically rational consumers will consider not only the price of fuel, but the fuel cost per mile of travel in deciding how much to use their vehicles." (Greene, 2012, S. 15). In dieser Vorstellung berücksichtigen „rational" agierende Verbraucher die Vollkosten pro Kilometer bei der Entscheidung, wie viel sie ihr Auto nutzen. Dabei betont Sorrell (2007) hingegen, dass die *Sichtbarkeit* der Kosten eine Rolle spielen könnte. Eine höhere Sichtbarkeit ginge mit einer höheren Preiselastizität einher. Demnach führt die bessere Sichtbarkeit der Spritkosten zu einer Überschätzung ihrer Bedeutung und damit zu einem Rebound-Effekt infolge der Effizienzverbesserung, weil die Anschaffungskosten gewissermaßen schnell vergessen sind, die Spritkosten aber bei jedem Tankstellenbesuch wieder präsent werden.

Darüber hinaus argumentieren Small & van Dender (2007), dass sich ein hoher Urbanisierungsgrad abmildernd auf Rebound-Effekte auswirken müsste, denn dieser ist näherungsweise mit Stau assoziiert und Stau erhöht die zeitlichen Kosten von Mehrverkehr. Empirisch zeigt sich hier aber kein signifikanten Zusammenhang (ebd.). Für Deutschland beobachten Matiaske et al. (2012), dass ein Rebound-Effekt eher bei Personen auftritt, die gerne Auto fahren. Außerdem berichten sie, dass Rebound-Effekte eher in Haushalten mit Dieselauto oder einem Auto, das mehr als 8 Liter pro 100 km verbraucht, auftreten (ebd.). Schipper, Marie-Lilliu und Fulton (2002) weisen in ihrer Analyse von Diesel-Autokäufen in Europa darauf hin, dass Dieselautos in der Regel zwar kosteneffizienter als Benziner sind und höhere Fahrleistungen aufweisen. Einen Rebound-Effekt diagnostizieren die Autoren hier jedoch nicht. Stattdessen verweisen sie darauf, dass Vielfahrer in der Regel gezielt zum Dieselauto greifen und es somit zu Selbstselektionseffekten kommt.

Eine sehr kritische Perspektive auf die Bedeutung monetärer Faktoren für Nutzungsentscheidungen bieten Turrentine und Kurani (2007). Die Ergebnisse ihrer Interviewstudie zeigen, dass fast keine der befragten Personen gezielt nachrechnet oder im Blick hat, wie viel Geld sie für Sprit ausgibt. Mit der Frage nach den Spritkosten konfrontiert, können 14 der 57 befragten Haushalte gar keine Angabe oder Schätzung der Spritkosten machen, 13 Haushalte überlegen, was sie das letzte Mal an der Tankstelle bezahlt haben, wovon wiederum einige dies zu einer monatlichen Kostenschätzung umrechnen. Nur wenige Haushalte schätzen im Interview die Kosten pro Woche oder pro Jahr. Viele Haushalte wissen außerdem nicht, wie viel Sprit ihr Auto verbraucht und noch weniger, was sie innerhalb eines bestimmten Zeitraums für Sprit an Geld ausgeben, z. B. im Monat oder Jahr. Daraus schließen die Autoren, dass die von ihnen befragten Haushalte gar nicht wissen können, was sie mit einem effizienteren Fahrzeug einsparen würden.

Insgesamt zeigt sich eine Heterogenität der bisher verwendeten Schätzmethoden für Fahrleistungsrebound und der erzielten Ergebnisse. In den ökonomischen Meta-Analysen scheint sich ein Wert von 10-30 % durchzusetzen. Die Liste der diskutierten Einflussfaktoren ist lang und auch hier sind die Ergebnisse teilweise widersprüchlich. Während ein hohes Umweltbewusstsein mehrmals als hemmender Faktor von Rebound-Effekten genannt wird, wird es bei Ohta und Fujii (2010) dagegen als fördernder Faktor genannt. Monetäre Einsparungen durch die Effizienzverbesserungen werden einerseits als der entscheidende Faktor für Rebound-Verhalten genannt. Qualitative Studien wie die von Turrentine und Kurani (2007) zeigen aber auch, dass Verbraucher oftmals gar nicht genau wissen, wie viel ihr Auto verbraucht und wie viel Geld sie durch die Effizienzverbesserung einsparen. Somit geben die bisherigen Forschungsergebnisse zwar wichtige Hinweise auf die potenziell relevanten Faktoren für Rebound-Effekte. Die tatsächliche Wirkweise und das Zusammenspiel dieser Faktoren erscheinen jedoch noch unklar.

### 2.2.2 Der Rebound-Effekt in der Kaufentscheidung

Die Frage, ob der Kauf eines effizienteren Autos mit der Entscheidung für ein größeres oder leistungsstärkeres Auto einhergeht, wurde bisher kaum empirisch untersucht. Haan, Peters und Scholz (2007)[3] berichten, dass die von ihnen befragten 269 Schweizer Käufer eines Toyota Prius keinen kaufbezogenen Rebound-Effekt zeigen. Im Gegenteil, der Vergleich mit einer Kontrollgruppe von 255 befragten Käufern der konventionell angetriebenen Toyota-Modelle Corolla und Avensis zeigt, dass die Hybridkäufer insgesamt eine umweltfreundlichere Kaufentscheidung getroffen haben. Der Steigerungstrend der Größe ihres neuen Autos im Vergleich zum vorherigen fällt deutlich geringer aus als es bei der Kontrollgruppe und im Marktvergleich der Fall ist, während die Spriteffizienz ihrer Hybridfahrzeuge deutlich besser ausfällt. Als Operationalisierung des Parameters Fahrzeuggröße wurde dabei das Leergewicht in kg gewählt.

Auch Sprei und Karlsson (2013) untersuchen den Trend zu größeren Pkw. Sie nehmen jedoch nicht die Käufer von Hybridautos in den Fokus, sondern betrachten die gesamte Entwicklung der in Schweden seit 1975 verkauften Neuwagen. Sie wollen wissen, ob die technologischen Effizienzgewinne der vergangenen Jahrzehnte in eine Senkung des absoluten Spritverbrauchs oder in die Steigerung der Fahrzeugausstattung („consumer amenities") geflossen sind. Dabei unterscheiden sie in ihrer Analyse physikalische Attribute (Spritverbrauch in l/100 km, Gewicht, cw-Wert, Motorgröße, Rollwiderstandskoeffizient) und Service-Attribute (nutzbarer Raum für die Insassen, Beschleunigungszeit von 0 auf 100 km/h). Sie gehen davon aus, dass die Verbesserung der Service-Attribute mit einer direkten Nutzensteigerung für die Besitzer einhergeht. Ihre Ergebnisse zeigen, dass es in den Jahren 1975 bis 2007 bei den in Schweden neu verkauften Pkw einen deutlichen Trend zu mehr Komfort-Ausstattung (z. B. Klimatisierung), mehr Sicherheit (mehr Airbags, stabilere Karosserie), und Zunahme der Beschleunigungsleistung und maximalen Geschwindigkeit gab, wodurch technisch mögliche Effizienzgewinne größtenteils „aufgefressen" wurden. Ab dem

---

[3] Das Autorenteam hat in den darauffolgenden Jahren noch einige weitere Studien zur gleichen Thematik publiziert. Da diese sich jedoch alle auf dieselbe Stichprobe beziehen und zu ähnlichen Ergebnissen kommen, werden diese hier nicht einzeln besprochen.

Jahr 2007 gab es jedoch eine Trendwende. Es kam zu einem Plateau der bisherigen Ausstattungssteigerung und die technologischen Effizienzverbesserungen wurden nun für eine Senkung des absoluten Spritverbrauchs genutzt. Dies führen die Autoren auf veränderte Regulierung und Politikmaßnahmen in Schweden und der EU zurück, die explizit Anreize für spritsparsamere Autos gesetzt habe. Die Autoren verwenden den Begriff des Rebound-Effekts selbst nicht, um die von ihnen beobachten Entwicklungen einzuordnen. Der von ihnen für die Phase 1975 bis 2007 beobachtete Trend entspricht jedoch einer Art *eingebautem* Rebound-Effekt, bei dem vorerst nicht zu klären ist, welchen Anteil die Automobilhersteller und welchen Anteil die Käufer und ihre Präferenzen daran haben. So weisen denn auch Sprei und Karlsson (2013) darauf hin, dass ihre Berechnungen keine kausalen Schlüsse erlauben. Es könne nicht geklärt werden, ob die Steigerung der Fahrzeugausstattung durch Effizienzverbesserungen kompensiert wurde – oder ob die Effizienzverbesserungen die Steigerung der Fahrzeugattribute ermöglicht haben.

Zu ähnlichen Ergebnissen kommen auch Greene, German und Delucchi (2009). Sie berechnen für den US-amerikanischen Markt, dass ein durchschnittlicher Pkw des Jahres 2006 einen Spritverbrauch von 38 MPG[4] (anstatt 29, was der tatsächliche Durchschnittswert ist) haben könnte, wenn alle technologischen Fortschrittsmöglichkeiten in die Verbesserung des Effizienzgrades geflossen wären. Auch Knittel (2011) zeigt, dass die Spritsparsamkeit US-amerikanischer Autos des Jahres 2006 um 60 % besser sein könnte, wenn die seit 1980 möglich gewordenen Verbesserungen tatsächlich in die Erhöhung der Spritsparsamkeit geflossen wären, statt in die Steigerung von PS, Gewicht und Drehmoment.

Wichtige Hinweise auf die für Rebound-Effekte relevanten Motive auf Seiten der Konsumenten liefern Peters, Sonnberger und Deuschle (2012) in ihrer Fokusgruppenstudie. Sie zeigen, dass ein Rebound-Effekt nicht automatisch bei allen Konsumenten auftritt, sondern nur bei einem Teil der Konsumenten, während andere ihr Konsumverhalten konstant halten, auch nach der Effizienzverbesserung. Laut den Autoren ist v. a. das bereits vorhandene Konsumlevel und Ausmaß der schon erfolgten Bedürfnisbefriedigung wichtig. Einige autoaffine Fokusgruppenteilnehmer finden die Vorstellung eines größeren und leistungsstärkeren Autos, das gleichzeitig effizienter ist, sehr attraktiv (ebd., S. 50). Die

---

[4]  *Miles per Gallon* (MPG) ist die im US-amerikanischen Sprachraum übliche Maßzahl für den Effizienzgrad des Fahrzeugs. Je höher der MPG-Wert, also die Anzahl der Meilen, die mit 1 Gallone Sprit zurückgelegt werden können, desto besser die Effizienz.

Effizienzverbesserung (z. B. durch Autogas) hat es deshalb einigen Personen ermöglicht, ein größeres oder ein leistungsstärkeres Auto tatsächlich zu kaufen. Grundsätzlich wird von Vertretern aller betrachteten Lebensstilgruppen als Motiv für den Kauf eines effizienteren Autos geäußert, dass man Kosten sparen wolle. Dies trifft v. a. auf Personen mit einer hohen beruflich bedingten Fahrleistung zu. Ökologische Motive werden oftmals als Zusatzvorteil genannt, sie sind aber sehr selten das wichtigste Motiv für eine Effizienzverbesserung.

Da mir keine weiteren empirischen Studien zum Rebound-Effekt in der Kaufentscheidung vorliegen[5], werde ich im Folgenden die Ergebnisse von ausgewählten Forschungsarbeiten zusammenfassen, die die Bedeutsamkeit von Effizienzverbesserungen als Motiv beim Autokauf untersuchen. Diese sollen einerseits Anhaltspunkte für meine eigene empirische Untersuchung liefern und andererseits die Einordnung der Ergebnisse selbiger erlauben. Dabei erhebe ich keinen Anspruch auf Vollständigkeit, sondern strebe an, die für die Problematik von Rebound-Effekten in der Kaufentscheidung besonders relevanten Erkenntnisse hervorzuheben.

An zwei kleineren Stichproben aus Arkansas, USA (n= 243) und Ghent, Belgien (n= 363) zeigen Popp et al. (2009), dass Spritsparsamkeit für beide Konsumentengruppen als wichtig beim Kauf eines Fahrzeugs erachtet wird, jedoch deutlich weniger Personen auch eine Zahlungsbereitschaft für den höheren Effizienzgrad haben. Sie berichten außerdem, dass umweltmotivierte Personen in beiden Ländern vergleichsweise mehr Wert auf Spriteffizienz ihres Fahrzeugs legen. Insgesamt sind die Ergebnisse mit Vorsicht zu interpretieren, da lediglich quantitativ gearbeitet wurde und es deshalb nicht überrascht, dass viele Personen im Sinne sozialer Erwünschtheit in einem Fragebogen ankreuzen, dass ihnen Effizienz wichtig sei.

Tatsächlich finden sich deutlich mehr Belege für die gegenteilige These, i.e. dass Effizienz für die meisten Autokäufer eine untergeordnete Rolle spielt (Flamm & Agrawal, 2012; Helfand & Wolverton, 2011; Macias & Gregory, 2014). Die „mangelnde" Zahlungsbereitschaft für Effizienz auf Seiten der Verbraucher beklagen beispielsweise Helfand und Wolverton (2011) in ihrem umfassenden Review, in dem sie neben Desinteresse an Effizienz und geringer Priorisierung dieses Kriteriums auf Konsumentenseite noch weitere Gründe

---

5   Die Kaufmotive und möglichen Rebound-Effekte von AFVs betrachte ich hier ausdrücklich nicht im Detail, da ich nicht davon ausgehe, dass die Ergebnisse dieser Studien mit der sehr speziellen Käufergruppe der Early-Adopter auf den Kontext der inkrementellen Effizienzverbesserung beim Verbrennungsmotor und die allgemeine Käuferschaft übertragbar sind.

nennen, warum Autokäufer den Effizienzgrad in ihren Kaufentscheidungen relativ wenig wertschätzen: sie haben einen kurzen Zeithorizont und lassen sich von
der als zu lang empfundenen Amortisierungsdauer einer Effizienzinvestition
abschrecken; sie sind verunsichert, ob die versprochenen zukünftigen Einsparungen tatsächlich eintreten, während die höheren Anschaffungskosten direkt im
Portemonnaie negativ spürbar sind; die Rolle des Autos als Symbol für sozialen
Status wirkt teilweise einer Entscheidung für ein kleines und spritsparsames
Auto entgegen; Spriteffizienz ist oftmals an andere Fahrzeugeigenschaften ge-
bunden (*bundling*). Die Autorinnen äußern deutliche Zweifel an der Gültigkeit
des Homo Oeconomicus-Modells und vermuten, dass Käufer eher im Sinne eines
*Satisficing* (Simon, 1955) als nach dem Maximierungsprinzip vorgehen. Sie
versuchen also mit möglichst geringem Aufwand ein Auto mit zufriedenstellen-
der (statt optimaler) Spriteffizienz auszuwählen.

Dem Kriterium der Effizienz im Kaufprozess nicht allzu viel Bedeutung
beizumessen, sei sogar sinnvoll und „rational", argumentiert dagegen Sallee
(2014) in seinem Beitrag „Rational Inattention and Energy Efficiency": bei langfristigen Anschaffungen wie Autos oder Elektrogeräten lohnt sich der Aufwand
einer ausgiebigen Informationssuche meist nicht. Zum einen ist die Effizienzaus-
zeichnung dieser Produkte immer noch unzureichend und für die Konsumenten
schwer verständlich. Zum anderen haben die Konsumenten meist bereits starke
Präferenzen bei den anderen Attributen des Produkts, die dann ohnehin am Ende
des Entscheidungsprozesses mehr ins Gewicht fallen als das Effizienzkriterium.
Aus dieser Perspektive heraus verhält sich die große Mehrheit der US-
amerikanischen Autokäufer rational, wie Allcott (2011) anhand einer repräsenta-
tiven Stichprobe (N= 2.100) berichtet. Dabei sagen 40 %, dass sie bei ihrer Autokaufentscheidung überhaupt nicht über die entstehenden Spritkosten nachgedacht haben. Weitere 35 % sagen, dass sie zwar mal an die Spritkosten gedacht
haben, diese aber nicht berechnet haben. Die übrigen 25 % geben an, dass sie
(mit unterschiedlichem Präzisionsgrad) Berechnungen angestellt haben. Allcott
resümiert, dass der kognitive Aufwand, den Personen für die Berücksichtigung
der Effizienz als Kaufkriterium betreiben, relativ gering ist. Die Befragten können jedoch sehr genau, mit einer durchschnittlichen Abweichung von weniger als
5 Cent, den aktuellen Spritpreis in ihrer Region benennen. Des Weiteren erwarten sie in der Zukunft spürbare Steigerungen des Spritpreises (v. a. wenn sie
etwas älter sind und wenn sie ein relativ geringes Einkommen haben), entgegen
der Einschätzung von Energieexperten.

Dass der Effizienzgrad selbst für die nach US-amerikanischen Maßstäben
relativ umweltmotivierten Nordkalifornier kein wichtiges Kaufmotiv ist, berich-

ten auch Turrentine und Kurani (2007) in ihrer viel zitierten Interviewstudie. Sie haben 57 Haushalte zu ihrer Fahrzeughalterbiografie befragt und stellen fest, dass nur wenige Haushalte von sich aus beim Thema Kaufkriterien auf Effizienz zu sprechen kommen. Wenn, dann sind dies eher Haushalte mit einem niedrigen Einkommen oder einem langen Pendelweg. Einen ganz anderen Fokus haben dagegen Haushalte mit mittlerem oder gehobenerem Einkommen und Kindern:

> „their primary goal for at least one household vehicle was often a vehicle large enough for children, friends, dogs, vacation baggage, and large shopping items. Many were interested also in four-wheel and all-wheel drive for access to winter and off-highway recreation activities (often whether or not these activities were actually undertaken by the household). Families with young children had a strong interest in safety." (Turrentine & Kurani, 2007, S. 1218)

Für (nordkalifornische) Familien, die es sich leisten können, ist das Ziel also ein geräumiges, sicheres Fahrzeug mit Allradantrieb, auch wenn dieser Antrieb nur zu wenigen Anlässen oder gar nicht benötigt wird.

Wenn die Haushalte gefragt werden, welchen Beitrag sie bereit wären für eine 1,5 mal bessere Effizienz ihres Fahrzeugs zu bezahlen und welche Amortisationsperiode für sie akzeptabel wäre, zeigt sich, dass es den meisten Haushalten, selbst solchen, die in einem Finanzberuf arbeiten, schwer fällt, eine präzise und plausible Antwort darauf zu geben (ebd.). Stattdessen beobachten die Autoren, dass Heuristiken verwendet werden, wenn die Fragestellung den befragten Personen nicht vertraut ist. So antworten die Personen auf die Frage nach der Amortisationszeit einfach mit der Laufzeit ihres Autokredits oder mit der von ihnen vermuteten Haltedauer des Wagens. „We call this a 'temporal anchor,' a familiar time period offered in response to an obviously unfamiliar question." (Turrentine & Kurani, 2007, S. 1220). Die bekannte kognitive Heuristik des Anchoring (Anker setzen) für Zahlenwerte wird hier also kontextspezifisch abgewandelt für die subjektive Abschätzung von Zeiträumen. Die Autoren schlussfolgern daraus, dass die tatsächlichen Überlegungen von Haushalten in Bezug auf Effizienzinvestitionen und deren Amortisation extrem weit von der ökonomisch angenommen rationalen Entscheidungsfindung entfernt sind.

Dass Verbraucher oftmals andere Attribute als Effizienz für wichtiger erachten, bestätigen auch Studien mit Fokusgruppen in den USA (Flamm & Agrawal, 2012; Macias & Gregory, 2014). Hier zeigt sich außerdem, dass die Studienteilnehmer fehlerhaftes oder unzureichendes Wissen über die Umweltschädlichkeit der von ihnen genutzten Autos haben und bei der Abschätzung der Emissionen sehr grobe Heuristiken anwenden. Dabei betonen Macias und Gregory (2014), dass Milieuunterschiede eine wichtige Rolle spielen, da sich soziale

Gruppen stark darin unterscheiden, welche Handlungsmöglichkeiten ihnen zur Minderung ihrer Emissionen zur Verfügung stehen. Sie verweisen hier auf die grundlegende Arbeit von Dillman, Rosa und Dillman (1983), in der beobachtet wird, dass gut situierte Haushalte eher zum Kauf effizienterer Geräte neigen, während ärmere eher versuchen, ihr Nutzungsverhalten in Richtung des Energiesparens abzuändern. Diese Dynamik könnte auch im Bereich der Pkw-Mobilität wirken. Flamm und Agrawal (2012) berichten, dass ihre Fokusgruppenteilnehmer als Hemmnis von emissionsärmeren Autokäufen u. a. Wohnortentscheidungen und Gewohnheiten nennen. Sie beobachten außerdem, dass es eine Gruppe von Autofahrern gibt, die sich dezidiert gegen die Berücksichtigung von Umweltaspekten in ihrer Kaufentscheidung ausspricht.

Diese Beobachtung macht auch Anable (2005) in seiner typenbildenden Studie in Großbritannien. Clusteranalysen von Einstellungsitems, die auf der Theorie des geplanten Verhaltens basieren, ergaben sechs distinkte Nutzergruppen. Davon sind zwei Gruppen autofrei: die freiwillig autofreien und umweltmotivierten *Car-less Crusaders* (4 %) und die eher älteren und ökonomisch schwachen, unfreiwillig autofreien *Reluctant Riders* (3 %). Die anderen vier Gruppen besitzen ein Auto: *Die Hard Drivers* (19 %) fahren sehr gerne Auto und zeigen zwar ein abstraktes Umweltbewusstsein, sind aber nicht bereit, dafür in irgendeiner Form ihr Autokauf- oder Autonutzungsverhalten zu ändern. *Complacent Car Addicts* (26 %) spüren keinen Druck aus Umweltgründen oder finanziellen Gründen etwas an ihren Autogewohnheiten zu verändern. *Malcontented Motorists* (30 %) haben teilweise Schuldgefühle wegen der negativen Umweltauswirkungen ihrer Autonutzung. Sie bezweifeln jedoch, dass ihre individuelle Verhaltensänderung wirklich etwas bewirken würde (niedrige wahrgenommene Verhaltenskontrolle). *Aspiring Environmentalists* (18 %) fahren eher ungern Auto, sind relativ jung und fühlen sich klar verantwortlich für die Umweltfolgen ihres Handelns, sehen sich aber mit praktischen Hemmnissen einer geringeren Autonutzung konfrontiert. Diese Ergebnisse deuten darauf hin, dass Umweltmotive durchaus eine Rolle für Autokauf- und Nutzungsentscheidungen spielen.

Van Rijnsoever, Farla und Dijst (2009) diagnostizieren jedoch anhand einer großen niederländischen Stichprobe (N= 1.400 Haushalte) eine Kluft zwischen Umwelteinstellungen und Verhalten, wenn es um den Kauf eines neuen Autos geht. Positive Umwelteigenschaften eines potenziellen Neuwagens werden dabei meist zu Gunsten von Leistungsattributen (besseres Fahrerlebnis) und Komfortattributen (Praktikabilität) aufgegeben. Viele Autokäufer sind der Überzeugung, dass eine Priorisierung von Umweltattributen mit Nachteilen bei der Leistung, dem Komfort oder dem Anschaffungspreis einherginge. Dagegen zeigen Nayum,

Klöckner und Prugsamatz (2013) in einer kleineren retrospektiven Befragung (N= 198) in Norwegen, dass Umweltmotivation durchaus einen statistisch bedeutsamen Einfluss auf das $CO_2$-Ausstoßlevel des neu angeschafften Autos hat. Dennoch stellt sich heraus, dass Markentreue einen großen Einfluss auf die Kaufentscheidung hat.

Weitere Studien aus Kalifornien belegen ebenfalls, dass umweltmotivierte Personen effizientere Autos besitzen (Flamm, 2009; Kahn, 2007). Dabei operationalisiert Kahn (2007) die Variable Umweltbewusstsein (*environmentalism*) näherungsweise durch den Stimmenanteil der Grünen Partei (green party) in verschiedenen Postleitzahl-Regionen des Bundesstaates und verbindet diese Datensätze mit großen Haushaltsbefragungen zum Verkehrsverhalten (aus den Jahren 2000-2005). Seine regressionsanalytischen Ergebnisse, bei denen er die Bevölkerungsdichte als Kontrollvariable berücksichtigt, offenbaren einen positiven Zusammenhang zwischen dem Umweltbewusstsein einer Gemeinde und dem ökologischen Fußabdruck im Verkehrssektor. Letzterer wurde hier operationalisiert als Spritverbrauch des Haushalts in Gallonen, SUV-Besitz des Haushalts und Nicht-Nutzung des Öffentlichen Verkehrs innerhalb der vergangenen zwei Monate. Weiterhin zeigen die Ergebnisse, dass Grünenwähler eine kürzere Pendelzeit haben und ihren Arbeitsweg eher zu Fuß erledigen als Nicht-Grünenwähler und dass die Grünenwähler mit höherer Wahrscheinlichkeit in einem autofreien Haushalt leben. Zur Illustration des Kontrasts greift Kahn zwei Automodelle heraus, die in ihrer Umweltauswirkung besonders stark divergieren: der wuchtige SUV *Hummer* von General Motors und das wohl bekannteste Hybridmodell *Prius* von Toyota. Auch hier zeigt sich deutlich, dass in den grüneren Wahlbezirken viel weniger Hummer-Modelle und mehr Prius-Modelle registriert sind. Dass insbesondere für sog. Early Adopter der umweltschützende Effekt eines Hybridautos auch einen symbolischen Wert hat, zeigen (Heffner, Kurani & Turrentine, 2007) mithilfe von Interviews, die ebenfalls im US-Bundesstaat Kalifornien durchgeführt wurden. Als Kaufmotive stellten sich hier insbesondere Umweltschutz, aktive Unterstützung von Innovationen, nationale Energie-Autarkie und Kosteneinsparung heraus. Dabei besitzen die befragten Hybridkäufer, selbst die mit starkem Umweltmotiv beim Kauf, relativ wenig Umweltwissen und auch nur selten eine Biografie mit Bezügen zum Umweltaktivismus. Was sie über sich selbst kommunizieren wollen, ist, dass sie klug sind und ihnen ihre Mitmenschen am Herzen liegen.

Insgesamt zeigt sich, dass Effizienzmotive tendenziell eine untergeordnete Rolle beim Kauf eines neuen Autos spielen. Zudem stehen Effizienzmotive in starker Konkurrenz zu anderen Ansprüchen an das neue Fahrzeug, wie Leistung,

Komfort, Marke und finanzielle Motive. Das Einkommen könnte darüber hinaus beeinflussen, welche Personen überhaupt die finanziellen Ressourcen haben, um gezielt in eine Effizienzverbesserung zu investieren. Es ist noch unklar, welches Wissen über Effizienz und Umweltauswirkungen von Pkw wir auf Seiten der Verbraucher vorfinden. Umweltmotive spielen insgesamt vermutlich für einen Teil der Verbraucher eine Rolle bei der Kaufentscheidung, jedoch im Wechsel-spiel mit den o. g. anderen Ansprüchen an das neue Auto. Unter welchen Bedin-gungen es zu einem Rebound-Effekt in der Kaufentscheidung kommt, scheint noch recht unklar.

### 2.2.3   Der Rebound-Effekt im Fahrstil

Bisher wurde die Frage, ob effizientere Fahrzeuge zu einem energieintensiveren Fahrstil beitragen, noch nicht anhand empirischer Individualdaten untersucht. Dies konstatiert auch  Galvin (2016) in seiner kürzlich erschienen Simulations-studie zu dieser Fragestellung. Mithilfe einer ökonometrischen Modellierung, die auf dem Vergleich eines Elektroautos mit einem Verbrennungsmotorauto bei verschiedenen Fahrzyklen im Teststand basiert, schätzt er einen Geschwindig-keitsrebound von 20,5 % für das Elektroauto. Aufgrund der gewählten Simulati-onsmethode hat dieser Wert jedoch hypothetischen Charakter. Für das andere Fahrzeug kann er aufgrund messtechnischer Probleme keine Angaben machen. Peters, Sonnberger und Deuschle (2012) berichten aus ihren Fokusgruppen, dass einige Teilnehmer durch die Effizienzverbesserung des Autos eher für einem spritsparenden Fahrstil sensibilisiert werden und z. B. laut eigener Aussage vo-rausschauender fahren als vorher. Andere wiederum berichten, dass sie jetzt dynamischer fahren, weil die hohe Effizienz des Autos ihre Kosten im Zaum halte. Die Ergebnisse deuten also auf deutliche interindividuelle Unterschiede hinsichtlich des Auftretens von Fahrstil-Rebound-Effekten hin.

Da es meines Wissens nach keine weiteren Studien zum Fahrstil-Rebound-Effekt gibt, sollen zur Orientierung und Einordnung der geplanten empirischen Erhebung nun kurz die Bedeutung, Bestandteile und Einflussfaktoren einer sprit-sparenden Fahrweise diskutiert werden.

Der hohe Aufwand einer empirischen Messung des Fahrstil-Rebound-Effekts mag zwar ein Grund für die fehlende Datenlage sein. Von hoher Bedeu-tung ist er aber in jedem Fall, da der Unterschied zwischen einem energieintensi-ven und einem energiesparsamen Fahrstil 20 bis 25 % im Spritverbrauch eines Pkw ausmachen kann (Gonder, Earleywine & Sparks, 2012; Smokers et al.,

2006). Durchschnittlich beträgt die Verbesserung durch einen spritsparenderen Fahrstil (im Englischen meist als *Ecodriving* bezeichnet) etwa 10% (Barkenbus, 2010; Smokers et al., 2006). Auch Santos, Behrendt und Teytelboym (2010) messen dem Ecodriving in ihrem umfassenden Review zu Politikinstrumenten für nachhaltigen Verkehr eine wichtige Rolle bei. Es gilt als erwiesen, dass Spritspartrainings einen signifikant positiven Effekt auf Ecodriving haben und damit eine effektive Maßnahme zur Energieverbrauchssenkung darstellen (Barkenbus, 2010; Beusen et al., 2009; Strömberg, Karlsson & Rexfelt, 2015).

Sivak & Schoettle (2012) unterscheiden beim Eco-Driving zwischen strategischen, taktischen und operativen Entscheidungen der Fahrerin. Zu den strategischen Entscheidungen gehören die Fahrzeugwahl und –instandhaltung (z. B. optimaler Reifendruck, um den Rollwiderstand möglichst gering zu halten), zu den taktischen die Streckenauswahl (z. B. hinsichtlich des Höhenprofils) und die Beladung. Die operativen Entscheidungen sind diejenigen, die während des Fahrens getroffen werden. Dazu gehören Motor laufen lassen im Stand, hohe Geschwindigkeiten fahren, den Tempomat nutzen (gleichmäßigere Geschwindigkeit wirkt positiv auf Spritsparsamkeit, vgl. Montag, 2015), Klimaanlage nutzen oder die Fenster weit geöffnet haben (beides wirkt negativ auf Spritsparsamkeit, vgl. Van Mierlo, Maggetto, van de Burgwal & Gense, 2004) und aggressives Fahren (schnelles Beschleunigen und, teils damit verbunden, schnelles Abbremsen). Diese konzeptionelle Klassifizierung bestätigen Strömberg et al. (2015) in ihrer qualitativen Untersuchung zu subjektiven Ecodriving-Konzepten und praktizierten Spritsparverhaltensweisen auch empirisch. Ericsson (2001) nennt darüber hinaus noch vorausschauendes Fahren (z. B. Ausgleiten lassen und Motorbremse nutzen), sowie ein gutes Schaltverhalten (relativ früh hochschalten während des Beschleunigungsvorgangs) als wichtige Bestandteile von Ecodriving. Als spezifische Empfehlung für die Begrenzung der Geschwindigkeit nennen Beusen et al. (2009) 120 km/h, da bei Überschreitung dieser Geschwindigkeit der Spritverbrauch stark ansteigt.

Als Faktoren, die Ecodriving beeinflussen, werden personenbezogene, situative und technische Faktoren diskutiert. Van Mierlo et al. (2004) sind der Meinung, dass die meisten Autofahrer im Grunde wissen, dass schnelles Beschleunigen und hohe Geschwindigkeiten schlecht für den Energieverbrauch sind und demnach auch wissen, was sie tun bzw. unterlassen müssten, um spritsparender zu fahren. Ob ein „sportlicher" Fahrstil durch einen spritsparorientierten, defensiven Fahrstil ersetzt werden kann, sei also weniger eine Frage des Wissens als der Motivation. Franke, Arend, McIlroy & Stanton (2016) zeigen jedoch an einer kleinen, im deutschsprachigen Raum über das Portal www.spritmonitor.de rekrutierten, Stichprobe (n =39; 92 % männlich) von Hybrid-Auto-Fahrern mit auffallend spritsparender Fahrweise, dass bei diesen nicht nur die Spritsparmotivation, sondern auch das technische Wissen über die Funktionsweise des Hybridantriebs wichtige Prädiktoren für Eco-Driving sind. Ob diese Ergebnisse auf die allgemeine Autofahrerpopulation übertragbar sind, ist jedoch nicht erwiesen.

Weiterhin untersuchen Dogan, Bolderdijk und Steg (2014) den relativen Einfluss von monetären und umweltschutzbezogenen Zielen auf die Motivation spritsparend zu fahren. Sie kommen zu dem Ergebnis, dass ökologische Motive motivierender wirken. Lauper, Moser, Fischer, Matthies & Kaufmann-Hayoz (2015) erforschen mit dem Fokus auf Verkehrslärm, wie sich Personen zu einer spritsparenden und geräuschärmeren Fahrweise motivieren lassen. Sie konstatieren eine Lücke zwischen der Intention zum Ecodriving und dem tatsächlichen Verhalten, woraus sie schließen, dass die Umsetzung der guten Absichten vielen Fahrern schwer falle. Als bester Prädiktor für Ecodriving zeigt sich die wahrgenommene Handlungskontrolle der Fahrerin.

Barkenbus (2010) betont das Vorhandensein von kontinuierlichem Feedback über die Anzeigeinstrumente im Pkw als wichtigen Faktor für die erfolgreiche langfristige Implementierung von Ecodriving. In ihrer Metaanalyse resümieren Hermsen, Frost, Renes und Kerkhof (2016), dass digitale Feedbacktechnologien grundsätzlich einen sehr guten disruptiven Effekt auf Verhaltensgewohnheiten haben, die langfristige Stabilisierung der neuen Gewohnheiten jedoch noch nicht ausreichend erforscht ist. Darüber hinaus bemerken Gonder et al. (2012), dass sich eine hohe PS-Stärke des Autos negativ auf Ecodriving auswirkt. Dieser Effekt mag teilweise auch dem rein technischen Umstand geschuldet sein, dass man mit mehr PS schneller beschleunigen kann, aber auch situative Faktoren wie Zeitdruck und eine stressige Verkehrssituation (z. B. hohes Verkehrsaufkommen) wirken sich negativ auf Ecodriving aus. Die Simulationsstudie von Dogan, Steg & Delhomme (2011) widmet sich explizit den Zielen, die in einer gegebenen Situation in Konkurrenz zu einem Spritsparziel stehen: Zeitdruck und Sicherheit. Diese Ziele sind in der Regel dominanter als das Spritsparziel. Sie könnten m. E. auch einen Erklärungsansatz für die von Lauper et al. (2015) berichtete Lücke zwischen Intention und Spritsparverhalten darstellen. Auch Strömberg et al. (2015) erfahren in ihrer qualitativen Befragung schwedischer Autofahrer verschiedenen Alters, dass für alle Fahrer Sicherheit oberste Priorität vor anderen Zielen wie Spriteinsparung hat. Sie betonen außerdem den stark habitualisierten Charakter der individuellen Fahrweise. So zeigen sie, dass jüngere Autofahrer in der Fahrschule durch das im Jahr 2007 geänderte Curriculum gleich von Anfang an spritsparendes Fahren lernen und es ihnen dadurch zur natürlichen Gewohnheit wird, über die sie nicht weiter nachdenken. Ältere Fahrer zeigen zwar eine generell positivere Einstellung zu Ecodriving, aber gleichzeitig eine viel größere Heterogenität bei Wissen und Anwendung von Spritspartechniken. Allen befragten Fahrern ist jedoch gemeinsam, dass niemand das volle Spektrum möglicher Spritspartechniken anwendet und somit den tatsächlichen Handlungsspielraum unterschätzt.

Insgesamt zeigt sich, dass es kaum Anhaltspunkte für eine Vorhersage zum Auftreten von Rebound-Effekten im individuellen Fahrstil gibt. Die Bedeutung des Fahrstils für den tatsächlichen Endenergieverbrauch ist jedoch unstrittig und es herrscht Einigkeit darüber, welche Verhaltensweisen zum *Ecodriving* gehören. Grundsätzlich wird der Fahrstil als ein gewohnheitsmäßiges Verhalten betrachtet. Dieses Gewohnheitsverhalten kann aber durch Feedbacktechnologien im Fahrzeug und durch Spritspartrainings gezielt beeinflusst werden. Situative Faktoren wie Zeitdruck und stressige Verkehrssituationen binden jedoch Aufmerksamkeit, was sich negativ auf Ecodriving auswirkt. Durch diese Faktoren können Sicherheitsziele in den Vordergrund rücken und Spritsparziele in den Hintergrund treten. Unter welchen Bedingungen eine technische Effizienzverbesserung eher einen spritsparenden oder eher einen verschwenderischen Fahrstil fördert und ob sie überhaupt einen Einfluss auf den Fahrstil hat, ist bisher noch ungeklärt.

## 2.3 Fazit aus dem Stand der Forschung

In der Gesamtbetrachtung des bisherigen Forschungsstands zum Rebound-Effekt im Bereich der Pkw-Mobilität fällt auf, dass sich deutlich mehr Studien zum Fahrleistungsrebound-Effekt finden als zu den anderen Dimensionen des Rebound-Effekts. Außerdem ist die bisherige Rebound-Forschung stark ökonomisch dominiert. Erst langsam nimmt sich auch die sozial- und umweltwissenschaftliche Nachhaltigkeitsforschung diesem Thema an und entwickelt eigene Zugänge dazu (Wallenborn, 2015; Walnum, Aall & Løkke, 2014). Insbesondere in der vergangenen Dekade haben dabei Studien zu Adoption und Folgewirkungen von alternativ angetriebenen Autos (alternatively fueled vehicles – AFVs) stark zugenommen. Ich gehe jedoch davon aus, dass der Kauf eines AFV eine gezielte Entscheidung der Konsumentin für diese Technologie, im Sinne einer radikalen Innovation, ist und diese Entscheidung das Thema Effizienz viel stärker in den Aufmerksamkeitsfokus der Käuferin rückt als dies bei einem konventionellen Pkw der Fall wäre. Ein weiteres Problem sind die soziodemografischen Besonderheiten der Studien mit Early Adoptern von AFVs (s. exemplarisch

Franke et al., 2016; Nayum et al., 2016). In wie weit die Ergebnisse zu einem möglichen Rebound-Effekt von Hybrid- oder Elektroautos auf den Kontext konventionell betriebener Fahrzeuge übertragbar sind, bleibt deshalb fraglich.

Ein weiteres methodisches Problem ist die Operationalisierung und Messbarkeit von Rebound-Effekten auf der Ebene individuellen Verhaltens (Greene, 2012; Greening et al., 2000; Sorrell, 2007). Haan et al. (2007) und Ohta und Fujii (2010) liefern hierzu zwei praktikable Vorgehensweisen, auch wenn sich die Studien beide auf AFV beziehen. Bei den Studien zur Abschätzung der Höhe des Fahrleistungsrebound-Effekts erschreckt die extreme Spannbreite der Ergebnisse. Die ökonometrischen Abschätzungen dieser Dimension von Rebound-Effekten erfolgen meist über Preiselastizitätsschätzungen, obwohl dieses Vorgehen auch innerhalb der ökonomischen Forschungscommunity kritisiert wird (s. exemplarisch Greening et al., 2000). Kausale Schlüsse sind schwierig, da oftmals Näherungsvariablen und Ex-Post-Analysen verwendet werden (Greene, 2012; Sprei & Karlsson, 2013). Galvin (2014) spricht sich bereits dafür aus, das Postulat der Kausalität aus der Definition des Rebound-Effekts herauszunehmen. Bisher problematisiert keine der empirischen Arbeiten die Frage, ob das verwendete Maß für Effizienz, die Herstellerangabe für den Spritverbrauch in l/100 km, ein valides Maß ist. Somit wäre auch denkbar, dass Rebound-Effekte bisher eher überschätzt werden, weil die Effizienzverbesserung größer eingeschätzt wurde als sie tatsächlich ist (siehe dazu ausführlicher Kap. 5.3).

Wie so oft zeigt sich ein klarer Überhang an Studien, die im US-amerikanischen Raum durchgeführt wurden. Auf Deutschland beziehen sich Frondel et al. (2012), Peters, Sonnberger und Deuschle (2012) und Matiaske et al. (2012).

Nicht nur die ökonomischen, auch die sozialwissenschaftlichen Arbeiten zum Rebound-Effekt sind überwiegend quantitativer Natur, was eine Exploration der tatsächlich relevanten Motivkonstellationen und situativen Faktoren erschwert. Spielen monetäre Motive die entscheidende Rolle für den Rebound-Effekt, wie es die ökonomischen Studien i. d. R. postulieren? Die wichtige Interviewstudie von Turrentine und Kurani (2007) deutet in eine andere Richtung und zeigt auf, welch großen Einfluss nicht-monetäre Kaufkriterien haben. Die bisher untersuchten Faktoren ergeben noch kein kohärentes Bild der Motive und Mechanismen des Rebound-Effekts, liefern jedoch erste Anhaltspunkte für die weitere empirische Forschung.

## 2.4 Definition und Dimensionen des individuellen Rebound-Verhaltens

Um die von der ökonomischen Rebound-Definition implizierte Kausalitätsannahme zwischen technologischer Effizienzverbesserung und menschlicher Verhaltensänderung zu vermeiden, wird für die vorliegende Arbeit folgende Arbeitsdefinition gewählt, die verschiedene Erklärungen für das im Fokus stehende Phänomen zulässt:

> Ein *Rebound* liegt dann vor, wenn es zu einer Diskrepanz zwischen der aufgrund von technischer Energieeffizienzverbesserung erwarteten Energieverbrauchsminderung und dem tatsächlichen, verhaltensbedingten Energieverbrauch kommt.

Das zu untersuchende Phänomen bezeichne ich hier als *Rebound* (Plural *Rebounds*, vgl. Santarius, 2015a), statt als Rebound-Effekt, da der Begriff „Effekt" impliziert, dass es eine Ursache gibt, die eine spezifische Wirkung (Effekt) hat.

Eine technische Energieeffizienzverbesserung ist als Verbesserung des Verhältnisses von Energieeinsatz und Leistung definiert (vgl. Kap. 5.3). Ich gehe im Folgenden davon aus, dass diese Effizienzverbesserung[6] technologiebasiert ist – und nicht etwa durch sparsamere Fahrweise zustande kommt. Ebenso gehe ich davon aus, dass die technologische Effizienzsteigerung durch einen Produktaustausch bzw. –wechsel zustande kommt, wie es beim Wechsel eines privat gehaltenen Pkw, der im Vergleich zum vorherigen Pkw effizienter ist, der Fall ist.

Die sich als Rebound manifestierende Diskrepanz kann verschiedene Ursachen haben. Herstellerangaben zur Energieeffizienz eines Pkw beziehen sich in der Regel auf Laborbedingungen. Somit können hier bereits erste Abweichungen zwischen dem aufgrund technischer Leistungsdaten erwarteten Energieverbrauch des Pkw und seinem tatsächlichen Energieverbrauch im Nutzungsumfeld entstehen (vgl. Kap. 5.3.1). Im Fokus der vorliegenden Arbeit stehen jedoch solche Abweichungen, die unmittelbar durch menschliches Kauf- und Nutzungsverhalten bedingt sind („verhaltensbedingte Abweichungen"). Diese verhaltensbedingten Abweichungen fasse ich im Folgenden unter dem Begriff *individuelles Rebound-Verhalten*[7] zusammen.

---

[6]  In der vorliegenden Arbeit wird der Begriff „Effizienz" als Kurzform für „Energieeffizienz" verwendet, sofern nicht anders angegeben.

[7]  *Individuelles Rebound-Verhalten* wird im Folgenden der Einfachheit halber häufig nur als *Rebound-Verhalten* bezeichnet.

*Individuelles Rebound-Verhalten* liegt dann vor, wenn eine technische Energieeffizienzsteigerung mit einer Steigerung des Nachfrageverhaltens einhergeht.

Mit dem Begriff „einhergehen" ist hier eine zeitliche Nähe gemeint, die entweder für eine Gleichzeitigkeit beider Steigerungen steht (im Moment der Kaufentscheidung) oder für einen sequentiellen zeitlichen Zusammenhang (nach dem Kauf des effizienteren Autos verändert sich das Nutzungsverhalten in einem spezifischen Beobachtungszeitraum). Der Begriff „individuell" betont noch einmal die Analyseebene der vorliegenden Arbeit: Einzelpersonen in ihrer Rolle als (vornehmlich) private Konsumenten.

**Rebound-Verhalten und andere Konstellationen**

Ein Rebound-Verhalten ist zunächst nur eine von mehreren denkbaren Konstellationen der beiden Parameter Effizienzveränderung und Nachfrageveränderung: die Effizienz kann sich verbessern, verschlechtern oder konstant bleiben; gleichzeitig kann sich die Nachfrage erhöhen, verringern oder konstant bleiben. Die sich daraus ergebenden Konstellationen veranschaulicht Abbildung 2-1.

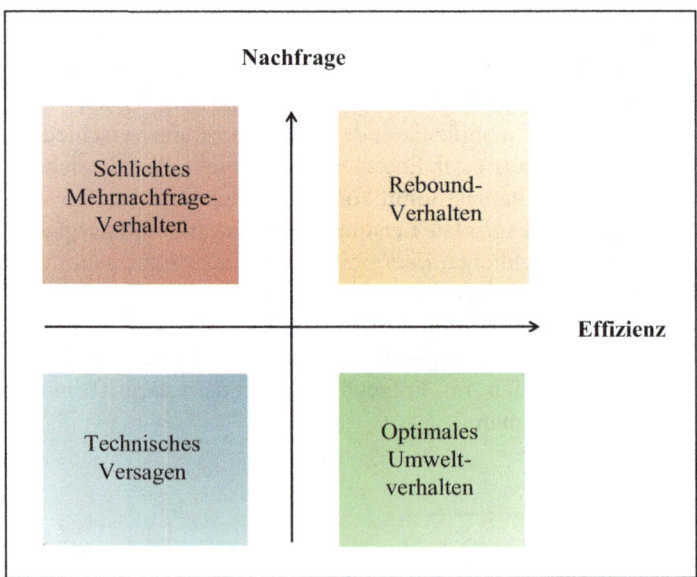

*Abbildung 2-1 Mögliche Konstellationen von Effizienzveränderung und Nachfrageveränderung. Eigene Darstellung*

Nur wenn eine Käuferin gleichzeitig die Effizienz und die Nachfrage steigert, liegt ein *Rebound-Verhalten* vor. Ein *schlichtes Mehrnachfrage-Verhalten* liegt dann vor, wenn die Autokäuferin ihre Nachfrage erhöht und es dabei zu einer Effizienzverschlechterung kommt. Dies tritt z. B. dann auf, wenn der Nachfragesprung sehr groß ist und es zu keiner Verbesserung der technischen Effizienz kommt.

Sollte der Fall eintreten, dass die Autokäuferin ihre Nachfrage zwar senkt, die Effizienz sich aber gleichzeitig verschlechtert, wäre dies ein *technisches Versagen*, denn die Parameter Größe/PS und Energieverbrauch kovariieren tendenziell positiv miteinander. Dementsprechend geht eine Nachfragesenkung in den meisten Fällen auch mit einer Verbesserung der Effizienz einher, was einem *optimalen Umweltverhalten*[8] entspricht.

**Drei Dimensionen von individuellem Pkw-Rebound-Verhalten**

Die möglichen Konstellationen und die o. g. generelle Definition von individuellem Rebound-Verhalten lassen sich für den Bereich des Pkw-basierten Mobilitätsverhaltens noch weiter spezifizieren. Individuelles Rebound-Verhalten kann sich auf (mindestens) drei Dimensionen manifestieren. In den Erläuterungen zur jeweiligen Verhaltensänderung sind die „Nachfragesteigerungen" als Definitionskomponente von individuellem Rebound-Verhalten jeweils spezifiziert.

(1) Kaufrebound-Verhalten: Die Person kauft ein effizienteres, aber größeres oder leistungsstärkeres Auto als das vorherige.

(2) Fahrleistungsrebound-Verhalten: Die Person kauft ein effizienteres Auto, aber fährt mit diesem mehr Kilometer als bisher.

(3) Fahrstilrebound-Verhalten: Die Person kauft ein effizienteres Auto, aber fährt dieses mit einem energieintensiveren Fahrstil als das vorherige.

Weiterhin wäre als verhaltensbezogene Komponente denkbar, dass der Auslastungsgrad sinkt, d. h. man würde mit weniger Personen pro Auto fahren. Zum einen vermute ich jedoch, dass bei dieser Frage andere Faktoren eine viel größere Rolle spielen als der Effizienzgrad des neuen Autos. Zum anderen würde die Untersuchung dieser Frage ein speziell darauf abzielendes Untersuchungsdesign erfordern. Sie wird deshalb hier nicht weiter verfolgt. Gleiches gilt für die Frage, ob eine Person ein effizienteres Auto kauft und nun eine weitere Entfernung

---

[8]  Mit dem Begriff *Umweltverhalten* ist hier nicht die Motivlage, sondern nur die Auswirkung des Verhaltens auf natürliche Ressourcen gemeint.

zwischen Wohnort und Arbeitsort wählt, beispielsweise von der Stadt in den suburbanen oder ländlichen Raum zieht, was sich letztlich in der zweiten Dimension des Rebound niederschlagen müsste, hier jedoch nicht im Fokus der Analyse steht. Auch die Frage, ob ein effizienteres Auto zu einer Erhöhung der Anzahl von Autos pro Haushalt führt (ein Fuhrpark-Rebound-Verhalten), kann in der vorliegenden Arbeit nicht bearbeitet werden. Diese Fragestellung würde ein speziell darauf zugeschnittenes Forschungsdesign notwendig machen, das sich auf AFVs fokussiert.

Alle drei o. g. Dimensionen von Rebound haben deutliche Auswirkungen auf den tatsächlichen Energieverbrauch und können technische Effizienzgewinne ganz oder teilweise kompensieren. Ihre Operationalisierungsschritte werden in Kap. 5.3 erläutert.

Als Energieverbrauch berücksichtige ich im Folgenden ausschließlich den Energieverbrauch in Litern Sprit auf 100 Kilometer, der in der Nutzungsphase durch die Fahrerin verursacht wird. Die Berücksichtigung des Energie- und Ressourcenverbrauchs, der durch die gesamte Produktions-, Nutzungs- und Entsorgungsphase des Fahrzeugs („Life-Cycle-Assessment") und durch Extraktion, Verarbeitung und Transport des Treibstoffs („Well-to-Tank"-Analyse) entsteht, würde den Rahmen der vorliegenden Arbeit sprengen. Durch die Fokussierung auf den Energieverbrauch berücksichtige ich indirekt die, aus einer Nachhaltigkeitsperspektive besonders relevanten, $CO_2$-Emissionen, da diese stark mit dem Spritverbrauch korrelieren. Weitere Emissionen werden jedoch im Folgenden nicht berücksichtigt[9]. Die Fokussierung auf die Ressource Energie ermöglicht die Anschlussfähigkeit der vorliegenden Studie an die bisherige Rebound-Forschung, die sich auf die *Energie*-Effizienz und die *Energie*-Mehrnachfrage konzentriert.

## 2.5    Forschungsfragen

Das zentrale Erkenntnisinteresse der vorliegenden Arbeit ist die Erklärung[10] von individuellem Pkw-Rebound-Verhalten. Aufgrund der in den vorangegangenen Abschnitten dargestellten Unsicherheit über das Auftreten und die Diagnostik dieses Verhaltens muss jedoch zunächst untersucht werden, ob überhaupt ein

---

[9]    Weitere umwelt- und gesundheitsschädliche Emissionen, wie z. B. Stickstoff und Feinstaub, und die Lärmbelastung von Pkw sind aus einer Perspektive der integrierten Ökoeffektbewertung hoch relevant, sie sind jedoch nicht Bestandteil meiner o. g. Definition von Rebound.

Rebound-Verhalten vorliegt. Daraus ergeben sich die folgenden zwei Hauptfragestellungen:

(1) Bei welchen Personen lässt sich ein Rebound-Verhalten beobachten?

(2) Wie ist das Auftreten oder Ausbleiben von Rebound-Verhalten jeweils zu erklären?

Diese zwei Hauptfragestellungen werden auf jede der drei Dimensionen von Rebound-Verhalten (Kauf, Fahrleistung, Fahrstil) angewendet.

Zur Bearbeitung der ersten Fragestellung wird im Methodenkapitel ein Punkteschema erarbeitet, das die beiden Komponenten von Rebound-Verhalten, d. h. Effizienzverbesserung und Mehrnachfrage, empirisch operationalisiert (Kap. 5.3.2) und zueinander in Beziehung setzt. Bei der Bearbeitung der zweiten Fragestellung dient die Goal-Framing Theorie als theoretische Einbettung der zu entwickelnden Erklärungsansätze (Kap. 4.1), v. a. in Bezug auf die Kaufentscheidung. Welche Erklärungskraft haben Goal-Frames für die Kaufentscheidung und ein eventuelles Kaufrebound-Verhalten? Welche weiteren Faktoren sind für die Erklärung von Kaufrebound-Verhalten relevant?

Für das Auftreten oder Ausbleiben von Fahrleistungsrebound- und Fahrstilrebound-Verhalten werden ebenfalls die relevanten Einflussfaktoren herausgearbeitet: Welches sind die hemmenden und die fördernden Faktoren für das jeweilige Rebound-Verhalten?

Die bisherigen Studien und Rebound-Definitionen gehen von der Annahme aus, dass technische Energieeffizienzverbesserungen einen starken Einfluss auf das Nachfrageverhalten ausüben. Deshalb wird bei der Erklärung aller drei Rebound-Verhaltensdimensionen im Folgenden ein besonderes Augenmerk auf der Bedeutung von technischen Effizienzverbesserungen liegen: Welche Rolle spielen (wahrgenommene und tatsächliche) Effizienzverbesserungen als Einflussfaktor auf Verhalten?

Vor der theoretischen Einbettung und der methodischen Operationalisierung dieser Fragestellungen gebe ich im folgenden Kapitel zunächst einen kurzen Überblick über die relevanten politischen Rahmenbedingungen und repräsentative Erhebungen zu Pkw-Kauf und -Nutzung in Deutschland. Dadurch soll der sozio-politische Kontext, in dem die geplante eigene empirische Erhebung stattfindet, skizziert werden.

---

[10] Die qualitative Sozialforschung versteht ihren Erkenntnisprozess als *deutende* und *verstehende* Analyse des jeweiligen empirischen Materialkorpus'. Wenn im Folgenden der Begriff *erklären* oder *Erklärung* verwendet wird, dann ist damit ein deutender Suchprozess nach sinnhaften Mustern/Typen oder Einflussfaktoren gemeint.

# 3. Rahmenbedingungen

Dieses Kapitel dient als Hintergrundfolie der geplanten empirischen Erhebung. Zu Beginn gehe ich auf ausgewählte Politikinstrumente, die für die Betrachtung von Rebound-Verhalten relevant sind, ein (3.1). Außerdem stelle ich einige quantitative Trends und eine Bestandsaufnahme des Pkw-Bestands und der Neuzulassungen in Deutschland vor (3.2). In ähnlicher Weise werden Entwicklungen des Pkw-Nutzungsverhalten anhand von Repräsentativerhebungen skizziert (3.3).

## 3.1 Ausgewählte verkehrspolitische Steuerungsinstrumente

Verkehrspolitik und –regulierung findet ebenso wie Energiepolitik auf verschiedenen Governance-Ebenen statt, angefangen mit der internationalen Klimaschutzpolitik (zuletzt das Abkommen von Paris 2015), über die Verkehrspolitik der europäischen Union (z. B. $CO_2$-Grenzwerte für Neuwagen) und nationale Politikmaßnahmen (z. B. die Abwrackprämie und die Elektroautoprämie) bis hin zur kommunalen Verkehrspolitik (z. B. Fahrverbote bei zu hoher Feinstaubbelastung in einer Stadt oder Parkraumbewirtschaftung in einem Stadtbezirk). Dass dies ein hoch komplexes Policy-Netzwerk ist, steht außer Frage (vgl. Dambach, 2006; Whitmarsh & Köhler, 2010). Im Folgenden möchte ich lediglich drei Schlaglichter auf politische Instrumente betrachten, die mir für die Rebound-Thematik besonders relevant erscheinen: das Effizienzlabel für Verbraucher, die $CO_2$-Abgasgrenzwerte und die novellierte Kfz-Steuer.

Im Jahr 2002 wandelten Bundestag und Bundesrat die EU-Richtlinie über die Bereitstellung von Verbraucherinformationen zum Kraftstoffverbrauch und $CO_2$-Ausstoß von Neuwagen (1999/94/EG) in nationales Recht um (BMWi, 2002). Die in späteren Novellierungen als Pkw-Energieverbrauchskennzeichnungsverordnung (Pkw-EnVKV) bezeichnete Verordnung verpflichtet alle Verkäufer von Neuwagen ein den Vorgaben entsprechendes Energieeffizienzlabel gut sichtbar neben dem Produkt auszustellen. Seit Ende des Jahres 2011 muss dabei die von Elektroneugeräten bekannte Farbskala zur Einordnung des Effizienzgrades benutzt werden (vgl. Abbildung 3-1).

© Springer Fachmedien Wiesbaden GmbH, ein Teil von Springer Nature 2019
S. Becker, *Individuelles Rebound-Verhalten in der Pkw-Mobilität*, Studien zur Mobilitäts- und Verkehrsforschung, https://doi.org/10.1007/978-3-658-20679-6_3

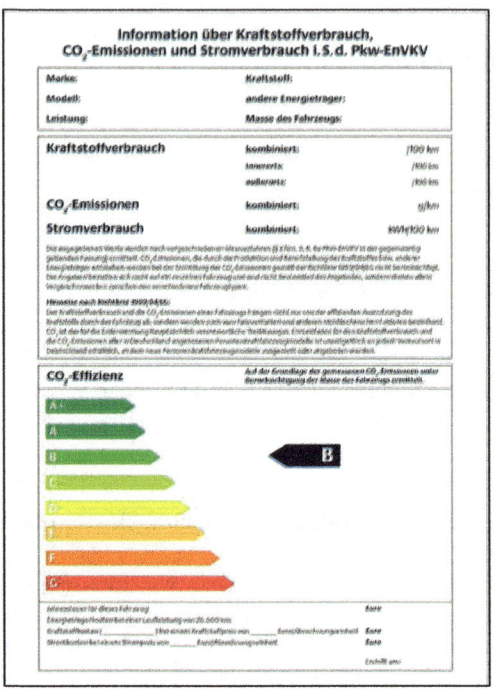

*Abbildung 3-1 Muster für das nach der Pkw-EnVKV vorgeschriebene Effizienzlabel für Neuwagen in Deutschland; Darstellung entnommen von: https://www.pkw-label.de/pkw-label/das-pkw-label/ [Zugriff 27.04.2016]*

Der $CO_2$-Ausstoß, als Herstellerangabe über den NEFZ (Neuer Europäischer Fahrzyklus) gemessen, wird dabei in Relation zum Gewicht des Fahrzeugs gesetzt. Der Effizienzgrad (von A+ bis G) ist also nur eine relative Größe, kein absoluter Kennwert. Er ermöglicht lediglich den Vergleich von Autos der gleichen Gewichtsklasse. Dieses Vorgehen ruft Kritik von Umweltverbänden hervor, da nicht der absolute, sondern der *relative* $CO_2$-Ausstoß im Fokus steht und so ein Kleinwagen ein „schlechteres" Effizienzlabel als ein SUV bekommen kann (vgl. Bund für Umwelt- und Naturschutz[11]). Berücksichtigt man beispielsweise, dass ein Mercedes GLK 220 CDI Blue Efficiency mit Automatikschaltung (145

---

[11]   http://www.bund.net/fileadmin/bundnet/pdfs/verkehr/autoverkehr/20111128_verkehr_effi-zienzlabel_pkw_faktenpapier.pdf [Zugriff 05.10.2016]

g $CO_2$/km) in der Effizienzklasse A gelistet wird, während sich ein Smart Fortwo Coupé CDI (87 g $CO_2$/km) in der Effizienzklasse B wiederfindet, dann erscheint das Pkw-Effizienzlabel aus einer nachhaltigkeitspolitischen Perspektive fragwürdig, wenn es zum Ziel haben soll, die Verbraucher zum Kauf von Pkw mit geringen *absoluten* Emissionswerten zu motivieren. Damit steht das Effizienzlabel teilweise im Widerspruch zum Bemühen der EU, die Abgasgrenzwerte für Neuwagen *absolut* zu senken.

Im Rahmen der EU-Klimaschutzziele (Senkung der $CO_2$-Emissionen bis zum Jahr 2020 um 20 % gegenüber 1990) wurde 2009 vom Europäischen Rat und Parlament beschlossen, die zulässigen Emissionsgrenzwerte von Neuwagen schrittweise zu senken (Europäisches Parlament und Europäischer Rat, 2009). Für das Jahr 2015 lag der Zielwert bei 120 g/km und ab dem Jahr 2020 soll ein verkaufter Neuwagen durchschnittlich nur noch 95 g/km emittieren. Nach einem langwierigen Verhandlungsprozess, indem zuletzt Deutschland versuchte die Vorgaben aufzuweichen, wurde Ende des Jahres 2013 dieses Abkommen auch von den EU-Mitgliedsländern ratifiziert. Deutschland konnte dabei jedoch heraushandeln, dass bis 2020 nur 95 % der Flotte den Grenzwert einhalten müssen und erst ab 2021 die komplette Flotte den durchschnittlichen Grenzwert von 95 g/km einhalten muss. Außerdem können Fahrzeuge, die weniger als 50 g/km ausstoßen als sog. „Super Credits" auf die Umweltbilanz der Flotte eines Herstellers angerechnet werden. Das bedeutet, dass sie bis zum Jahr 2020 mit doppelter Gewichtung in die Bilanz des Herstellers eingehen. Dies soll für die Hersteller einen Anreiz zur Produktion und Vermarktung von alternativ angetriebenen Fahrzeugen bieten.

Der Bericht des $CO_2$-Monitorings der Europäischen Umweltbehörde zeigt, dass im Jahr 2014 mit einem durchschnittlichen Emissionswert von 123,4 g/km in der EU bereits der für 2015 vorgegebene Richtwert von 130 g/km eingehalten wurde (European Environment Agency, 2015). Allerdings lagen die in Deutschland neu zugelassenen Pkw mit einem durchschnittlichen Emissionswert von 133 g/km im Jahr 2014 deutlich darüber (KBA, 2015c). Auch das Leergewicht der in Deutschland verkauften Neuwagen lag deutlich über dem europäischen Durchschnitt (European Environment Agency, 2015).

Seit dem Jahr 2009 gilt in Deutschland eine $CO_2$-orientierte KfZ-Steuer für alle ab dem 1.7.2009 zugelassenen Pkw[12]. Zudem sind Elektroautos für 10 Jahre

---

[12]  http://www.zoll.de/DE/Fachthemen/Steuern/Verkehrsteuern/Kraftfahrzeug-steuer/Grundsaetze_Besteuerung/Steuerhoehe/steuer-hoehe_node.html#doc34460bodyText2 [Zugriff 6.10.2016]

von der KfZ-Steuer befreit und müssen danach lediglich einen stark ermäßigten Steuersatz bezahlen, der sich an ihrem Gewicht orientiert. Bei den konventionell angetriebenen Pkw setzt sich der zu zahlende Steuerbetrag aus einem Sockelbetrag für den Hubraum und einem Betrag für die eventuelle Überschreitung eines jährlich gestaffelten $CO_2$-Grenzwertes zusammen. Je angefangene 100 cm³ Hubraum müssen für einen Benziner 2,00 Euro und für einen Diesel 9,50 Euro als Sockelbetrag gezahlt werden. Im Jahr 2011 lag der $CO_2$-Grenzwert bei 120 g/km, im Jahr 2014 bei 95 g/km. Für jedes zusätzliche Gramm werden 2,00 Euro (gleicher Betrag für Benziner u. Diesel) berechnet, wobei als Datengrundlage die im Fahrzeugbrief vermerkten Herstellerangaben dienen. Mit diesem Besteuerungssystem setzt die Bundesregierung also v. a. auf der Nachfrageseite finanzielle Anreize für die Wahl eines verbrauchs- und emissionsarmen Pkw.

Abschließend sei erwähnt, dass es zum Zeitpunkt meiner empirischen Erhebung in Deutschland noch keine Kaufprämie für Elektro- oder Hybridautos gab. Am 18. Mai 2016 wurde ein solches Förderprogramm von der Bundesregierung beschlossen[13]. Seitdem können Käufer eines reinen Elektroautos 4.000 Euro und solche eines Hybridautos 3.000 Euro Prämie bekommen. Die Kosten von 1,2 Mrd. Euro für diesen sog. „Umweltbonus" und begleitende Maßnahmen (v. a. Ausbau der Ladeinfrastruktur) tragen je zur Hälfte der Bund und die deutsche Automobilwirtschaft. Eine erste Zwischenbilanz zum 1.12.2016 zeigt, dass zu diesem Termin insgesamt 7.370 Anträge auf den Umweltbonus gestellt wurden, wovon ca. 4.200 auf reine Elektroautos und ca. 3.200 auf Plug-In-Hybride entfallen (Bundesamt für Wirtschaft und Ausfuhrkontrolle, 2016). Unter den Elektroautos ist der BMW i3 mit Abstand das gefragteste Modell (1.281 Anträge). Mit einem Anteil von 50 % liegt der Anteil der Privatkäufer hier deutlich höher als bei den allgemeinen Neuzulassungen. Insgesamt wurde damit jedoch bislang nur ein Bruchteil der zur Verfügung stehenden Gelder abgerufen.

## 3.2    Zahlen zum Pkw-Besitz in Deutschland

Die folgenden Grafiken und Statistiken geben einen deskriptiv-quantitativen Überblick des Pkw-Bestands und der Neuzulassungen in Deutschland. Der Fokus liegt dabei auf dem Jahr 2014, dem Durchführungszeitpunkt der t1-Interviews, um die Ergebnisse der empirischen Erhebung in den Kontext einordnen zu können.

---

[13]   http://www.bmwi.de/DE/Themen/Industrie/Elektromobiltaet/rahmenbedingungen-und-anreize-fuer-elektrofahrzeuge.html [Zugriff 05.10.2016]

Laut Kraftfahrtbundesamt (KBA) waren am Stichtag des 1. Januar 2015 in Deutschland 44,4 Mio. Personenkraftwagen zugelassen[14]. Die Fahrzeugdichte ist mit 665 Kfz pro 1.000 Einwohner unverändert hoch. Lediglich 33,6 % der Pkw-Halter sind weiblich. Das Durchschnittsalter eines in Deutschland zugelassenen Pkw beträgt 9 Jahre und der Anteil deutscher Marken liegt bei 65,1 %.

Ein Blick auf die Antriebstechnologien zeigt, dass konventionelle Verbrennungsmotoren mit einem Anteil von 98,4 % (Benzin 67,2 %, Diesel 31,2 %) vorherrschen. Flüssiggas ist der Kraftstoff für lediglich 1,1 % der Pkw, Erdgas für 0,1 % der Pkw. Hybridantriebe bewegen 107.754 Pkw (0,25 % des Bestands) und Elektroantriebe lediglich 18.948 Pkw (0,04 % des Bestands).

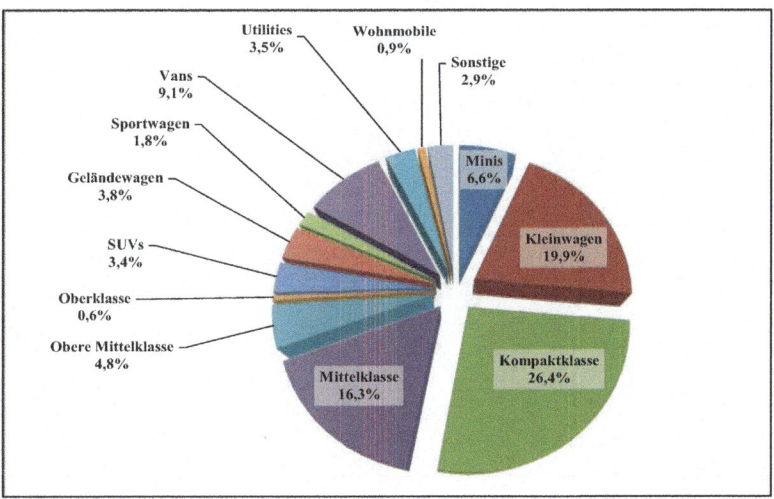

*Abbildung 3-2 Pkw-Bestand in Deutschland nach Segmenten (Stichtag 1.1.2015), Quelle: KBA, 2015a; Darstellung: eigene Darstellung.*

---

[14] http://www.kba.de/DE/Statistik/Fahrzeuge/Bestand/2015_b_jahres-bilanz.html?nn=644526 [Zugriff 03.02.2016]

Wie Abbildung 3-2 zeigt, gehören laut KBA (2015a) etwa ein Viertel der deutschen Pkw zum Segment der Kleinwagen (Bsp. Ford Fiesta) und Minis (Bsp. VW Up). Auf das Segment der Kompaktklasse (Bsp. VW Golf) entfällt ein weiteres Viertel. Mittelklasse (Bsp. Volvo V50) und obere Mittelklasse (Bsp. Audi A6) machen zusammen gut ein Fünftel des Pkw-Bestands aus. Es verbleiben ca. 30 % Marktanteil für große oder hochmotorisierte Modellsegmente, wie etwa SUVs (Bsp. Mazda CX-5), Vans (Bsp. Ford C-MAX) und Sportwagen (Bsp. Porsche 911).

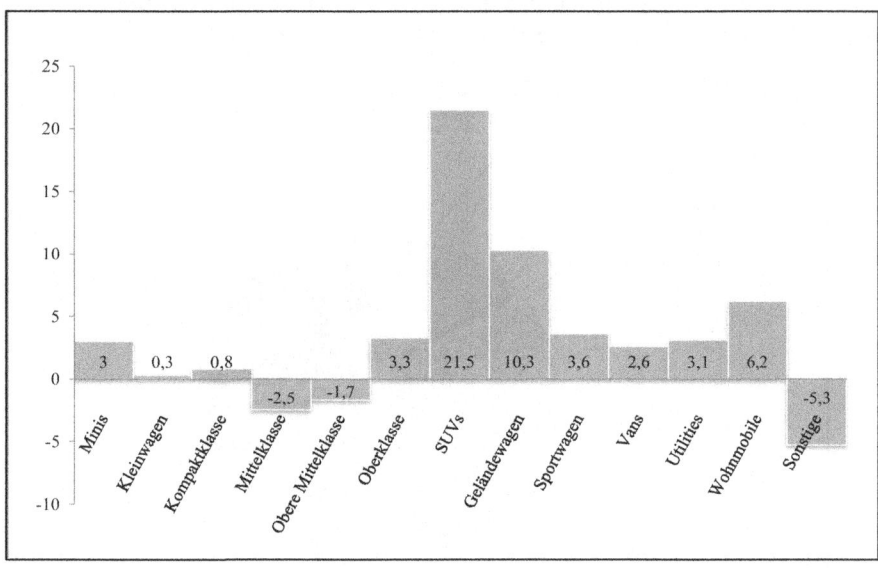

*Abbildung 3-3 Prozentuale Veränderung der zugelassenen Pkw in den jeweiligen Segmenten im Bestand am Stichtag 1.1.2015, im Vergleich zum Vorjahr (Stichtag 1.1.2014). Quelle: KBA, 2015a; Darstellung: eigene Darstellung.*

Bei der Betrachtung der Neuzulassungen zeigt sich ein klarer Trend zu größeren, leistungsstärkeren und gewichtsstärkeren Fahrzeugen. Abbildung 3-3 zeigt die prozentualen Veränderungen der zugelassenen Pkw in den jeweiligen Segmenten in Deutschland am Stichtag 1.1.2015 im Vergleich zum Vorjahr (KBA, 2015a). Den mit Abstand größten Zuwachs verzeichnen die Segmente SUV und Geländewagen. Auch wenn Minis einen Zuwachs von 3 % aufweisen, verdeutlicht die Übersicht in Abbildung 3-3 den klaren Trend zum Wachstum der oberen Segmente.

So verwundert es nicht, dass die im Jahr 2014 neu zugelassenen Pkw mit einer durchschnittlichen Motorleistung von 140 PS (103 kW) ausgerüstet sind (KBA, 2015b). Damit hat die durchschnittliche Leistung der Neuwagen in Deutschland einen neuen Rekord erreicht. Im Jahr 1995 lag die durchschnittliche Motorleistung neu zugelassener Pkw in Deutschland noch bei moderaten 95 PS[15]. Der direkte Vergleich ergibt hier dementsprechend eine deutliche Steigerung der Motorleistung von 47 %.

Auch ein Blick auf weitere technische Merkmale lohnt. Abbildung 3-4 zeigt einen Vergleich ausgewählter technischer Merkmale der neu zugelassenen Pkw der Jahre 2005 und 2014. Die durchschnittliche Höchstgeschwindigkeit der im Jahr 2014 neu zugelassenen Pkw liegt bei 196 km/h, sie stieg um 3,7 % im Vergleich zum Jahr 2004.

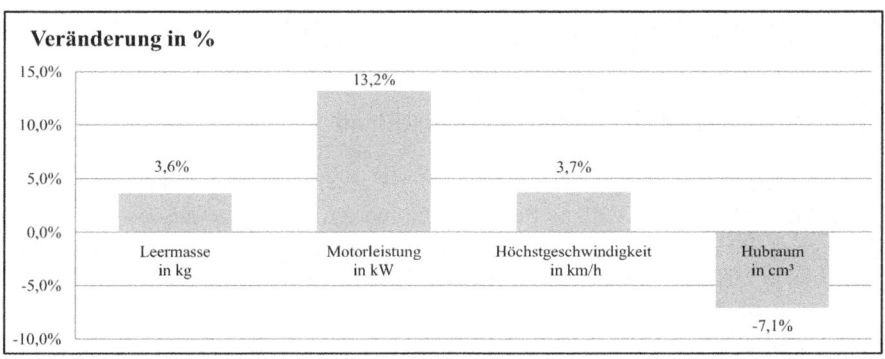

*Abbildung 3-4 Veränderung der technischen Merkmale von Pkw-Neuzulassungen im Jahr 2014 gegenüber 2005, Darstellung angelehnt an KBA, 2014, S.1*

In diesem Vergleichszeitraum stieg auch das durchschnittliche Pkw-Leergewicht um 3,6 % (auf 1.477 kg), während der durchschnittliche Hubraum um 7,1 % auf 1.724 cm³ sank. „Diese Entwicklung wird auch als Downsizing bezeichnet, dies bedeutet die Verkleinerung des Hubraums der Motoren bei gleichzeitiger Effizienzsteigerung" (KBA, 2015b, S. 1). So zeigt sich tatsächlich ein relativ niedriger durchschnittlicher Verbrauch der Neuwagen im Jahr 2014. Hier weist das KBA einen Wert von 5,7 l/100 km für Benzinmotoren und 5,1 l für Dieselmoto-

---

15   http://app.handelsblatt.com/auto/nachrichten/studie-deutsche-neuwagen-werden-immer-staerker/9913622.html [Zugriff 4.10.2016]

ren aus (KBA, 2015c, S. 17-18). Als Datenquelle dienen dafür die Herstellerangaben, so wie sie in den Zulassungsdokumenten vermerkt sind. Dass die Herstellerangaben jedoch höchstwahrscheinlich den realen Energieverbrauch stark un-
terschätzen, zeigen Studien des International Council of Clean Transportation
(ICCT, 2015), auf die ich in Kap. 5.3.1 näher eingehen werde.

Insgesamt wurden im Jahr 2014 3,04 Mio. Pkw neu zugelassen, davon 64
% als Dienstwagen oder gewerblich genutzte Wagen[16]. Beim Dienstwagen muss
die Fahrerin i. d. R. 1 % des Listenpreises als geldwerten Vorteil versteuern.
Viele Firmen regeln die Abrechnung der Treibstoffkosten über eine sog. Tank-
Flatrate statt über eine kilometergenaue Abrechnung anhand eines Fahrtenbuchs.
Dadurch, dass viele Dienstwagen auch privat genutzt werden können, besteht
somit die Möglichkeit auch alle privaten Fahrten ohne eigene Spritkosten mit
dem Dienstwagen zu erledigen. Wie viele und welche Wege deutsche Autofahrer
generell mit dem Auto zurücklegen, wird anhand der Ergebnisse repräsentativer
Erhebungen im folgenden Abschnitt dargestellt.

### 3.3    Zahlen zur Pkw-Nutzung in Deutschland

In den vergangenen knapp 20 Jahren ist die Verkehrsleistung des Motorisierten
Individualverkehrs (MIV)[17] in Personenkilometern (Pkm) gemessen um 13 %
gestiegen (BMVI, 2015). Gleichzeitig stieg die Leistung des gesamten Personenverkehrs um 15 %, sodass der Anteil des MIV an der Verkehrsleistung relativ
konstant geblieben ist, mit einer leicht sinkenden Tendenz. Beide Entwicklungen
sind in Abbildung 3-5 veranschaulicht.

Betrachtet man die Wegezwecke des MIV, zeigt sich in der Statistik des
BMVI (2015) im Vergleichszeitraum 2003 bis 2013 ein Rückgang der Pkm für
den Zweck Urlaub (-12 %), während die Zwecke Ausbildung (+6 %), Freizeit
(+6 %), Beruf (+10 %) und Geschäft (+15 %) eine gestiegene Verkehrsleistung
aufweisen. Konstant geblieben sind die Verkehrsleistungen der Zwecke Einkauf
(+/- 0 %) und Begleitung (+/- 0 %). Damit weisen alle Wegezwecke, die unmittelbar oder indirekt mit einer Arbeitstätigkeit verbunden sind (Beruf, Geschäft,
Ausbildung), einen steigenden Trend auf.

---

[16]   http://www.kba.de/DE/Statistik/Fahrzeuge/Neuzulas-sungen/Halter/2014_n_halter_dusl.html
       [Zugriff: 5.10.2016]
[17]   Unter dieser Kategorie fasst das BMVI (2015) den „Verkehr mit mot. Zweirädern, Personen- und
       Kombinationskraftwagen; einschl. Taxi- und Mietwagenverkehr" zusammen.

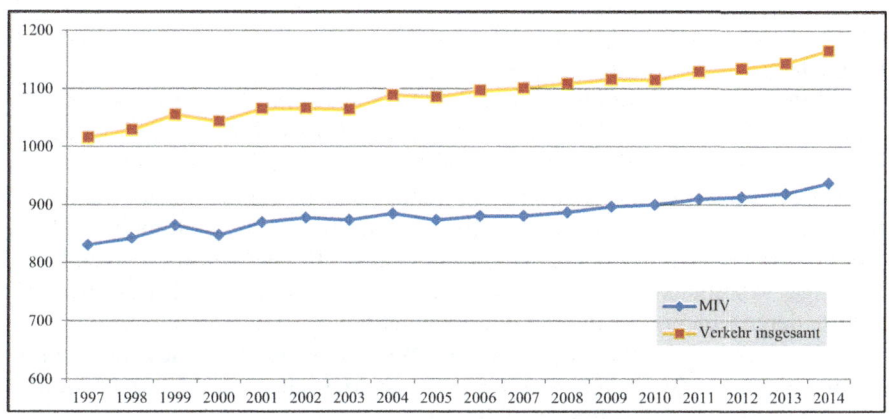

*Abbildung 3-5 Verkehrsleistung des MIV und des gesamten Personenverkehrs in Mrd. Pkm in Deutschland für die Jahre 1997-2014; Datenquelle: BMVI (2015); eigene Darstellung.*

Bei den rein privaten Wegezwecken Urlaub und Freizeit zeigt sich dagegen ein zweiseitiges Bild. Während bei Freizeitfahrten, z. B. ein Wochenendbesuch bei Freunden, die mit dem MIV zurückgelegten Pkm steigen, sinken die Pkm bei längeren Urlaubsreisen, z. B. dem jährlichen Sommerurlaub. Gleichzeitig stiegen die Pkm des Luftverkehrs bei den Wegezwecken Urlaub (+25 %) und Freizeit (+240 %) stark an. Es deutet sich beim Wegezweck Urlaub also ein Trend zu einer Verlagerung der Verkehrsleistung vom MIV (83 Mrd. Pkm im Jahr 2003 versus 73 Mrd. Pkm im Jahr 2013) auf das Flugzeug (60 Mrd. Pkm versus 75 Mrd. Pkm) an.

In der Alltagsmobilität und der Anzahl der Wege an einem gewöhnlichen Werktag zeigt sich jedoch ein konstanteres Bild. Die Ergebnisse der größten und umfassendsten Repräsentativerhebung *Mobilität in Deutschland* (MiD 2008) zeigen, dass eine Person im Durchschnitt 3,4 Wege und eine Gesamtstrecke von 39 Kilometern zurücklegt (DLR/Infas, 2010). Damit bleibt die Anzahl und Länge der Wege im Vergleich zur MiD 2002 relativ stabil, mit einer nur schwachen Wachstumstendenz. In der Betrachtung einzelner Nutzersegmente zeigt sich jedoch ein deutlicher Zuwachs an Mobilität bei älteren Menschen (ab 65 J.). Zum einen ist diese Gruppe durch den demografischen Wandel zahlenmäßig größer geworden, zum anderen ist auch ihr Mobilitätsverhalten aktiver geworden. Ältere Menschen neigen außerdem zu einer stärkeren Nutzung des Pkw als die Jüngeren. Darüber hinaus zeigt sich ein klarer Zusammenhang zwischen dem ökonomischen Status und der Pkw-Mobilität einer Person. Reiche Personen besitzen mehr und größere/leistungsstärkere Pkw, fahren diese mehr und verursachen damit höhere $CO_2$-Emissionen als Haushalte mit geringem Einkommen (s. a. Kleinhückelkotten et al., 2016).

Einiges deutet daraufhin, dass sich die Alltagsmobilität in Deutschland v. a. im urbanen Raum in den Jahren nach der letzten MiD (2008) etwas flexibilisiert hat. Es gibt mehr Car- und Bikesharing-Nutzer, eine leicht sinkende Tendenz (bzw. Lebensalter-Verzögerung) beim Führerschein-Besitz junger Menschen und neue digitale Dienstleistungen (z. B. Smartphone-Apps), die multimodale Mobilität erleichtern– um nur einige Trends zu nennen. In wie weit diese Trends das bisherige Mobilitätsverhalten verändern, wird die neue MiD-Erhebungswelle zeigen, deren Ergebnisse 2017/18 erwartet werden.

In der Gesamtbetrachtung deutet der Wachstumstrend der Gesamtverkehrsleistung des Personenverkehrs darauf hin, dass Menschen generell mehr Mobilität nachfragen. Auf den Pkw entfällt dabei der Großteil der Verkehrsleistung. Die gefahrenen Kilometer steigen in den Bereichen, die mit einer Berufstätigkeit verbunden sind, und im Freizeitbereich. Bei den längeren Urlaubsreisen zeigt sich dagegen ein Trend zur Nutzung des Flugzeugs.

# 4. Theorie

Der Überblick zum Stand der Forschung (Kapitel 2.2) hat gezeigt, dass sich noch kein verhaltenstheoretisches Modell zur Erklärung von Rebound-Verhalten etabliert hat. Viele bisherige Arbeiten zum Rebound nehmen sogar keinerlei explizit verhaltenstheoretische Einordnung des Phänomens vor, was zu fragmentarisch wirkenden Befunden mit geringer Erklärungskraft führt.

Die vorliegende Studie betrachtet Rebound-bezogenes Verhalten als ein für eine nachhaltige Entwicklung bedrohliches Verhalten[18], weil es der Senkung des absoluten Energieverbrauchs entgegenwirkt. Rebound-Verhalten ist *umweltrelevantes Verhalten* (auch: *Umweltverhalten, engl.: environmentally significant behavior*). Umweltrelevantes Verhalten bezeichnet all solches Verhalten, das in den Fokus der Analyse rückt, weil es potenziell schädliche Auswirkungen auf die natürliche Umwelt hat (Stern, 2000). Dies kann z. B. Energieverbrauchsverhalten, Ernährungsverhalten, Recyclingverhalten bis hin zum allgemeinen Konsumverhalten sein.

Durch diese Einordnung von Rebound-Verhalten können wir theoretische Modelle aus dem Bereich der sozialwissenschaftlichen Nachhaltigkeitsforschung heranziehen, um menschliches Verhalten in diesem speziellen Anwendungsfall zu verstehen. In der Umweltsoziologie[19] werden vor allem Rational-Choice Theorien - RCT (z. B. Preisendörfer, 2004), die Praxistheorie -PT (Shove, 2003), aber auch Lebensstil- und Mileumodelle (z. B. Götz, Loose, Schmied & Schubert, 2002; Otte, 2008) verwendet um zu verstehen, wie und warum der Mensch auf eine die Umwelt schädigende Weise handelt. In der Umweltpsychologie[20] ist die Theorie geplanten Verhaltens (Theory of Planned Behavior) -TPB (Ajzen, 1991) sehr populär, aber auch das Norm-Aktivationsmodell- NAM (Schwartz, 1977). In der letzten Zeit sind darüber hinaus stärker integrative Modelle in der

---

[18] Auch wenn die Begriffe „Verhalten" und „Handeln" in den Sozialwissenschaften teilweise unterschiedliche Verwendungstraditionen und Konnotationen haben, gebrauche ich sie im Folgenden synonym.

[19] siehe Groß (2011) für eine Übersicht

[20] siehe Steg, van den Berg und de Groot, Judith I. M. (2012) für eine Übersicht

© Springer Fachmedien Wiesbaden GmbH, ein Teil von Springer Nature 2019
S. Becker, *Individuelles Rebound-Verhalten in der Pkw-Mobilität*, Studien zur Mobilitäts- und Verkehrsforschung, https://doi.org/10.1007/978-3-658-20679-6_4

Umweltpsychologie entwickelt worden, wie zum Beispiel das Comprehensive Action Determination Model – CADM (Klöckner & Blöbaum, 2010) und die Goal-Framing-Theory – GFT (Lindenberg & Steg, 2007). Während das CADM verschiedene theoretische Ansätze innerhalb der Umweltpsychologie integrieren möchte, geht die GFT noch einen Schritt weiter und versucht psychologische und soziologische Forschungsansätze zu integrieren.

**Welches Modell ist für die Erklärung von Rebound-Verhalten im Bereich individueller Pkw-Mobilität geeignet?**

Da es zu individuellem Rebound-Verhalten noch relativ wenig gesicherte Erkenntnisse gibt, sollte der theoretische Rahmen genügend Offenheit für die Entdeckung, Identifizierung und Gewichtung neuer Faktoren bieten. Dies schließt formalisierte Modelle, wie zum Beispiel das Modell der Frame-Selektion (Esser, 1999) aus der Rational-Choice Theoriefamilie, aus, da hierfür deutlich mehr Vorwissen zur Spezifizierung der Determinanten und Hypothesen notwendig wäre. Gleichzeitig sollte der theoretische Rahmen jedoch auch Orientierung und Strukturierungshilfe bezüglich möglicher Einflussfaktoren bieten, damit man sich nicht im Dschungel der vielfältigen potenziellen Faktoren verliert. Kroneberg und Kalter (2012) sprechen hier vom Anspruch der *theoriegeleiteten* Forschung („theory guidance"). Das heißt, eine Theorie soll in der Lage sein, empirische Forschung zu leiten und zu orientieren. Dies spricht auch gegen den integrierten Ansatz des CADMs, der postuliert, dass habituelle Prozesse und normative Prozesse (jeweils mit mehreren Unterpunkten) auf die Intentionsbildung und diese wiederum auf umweltrelevantes Verhalten einwirken, wobei situative Einflüsse ebenfalls auf das Verhalten einwirken. In diesem Modell scheint jeder erdenkliche Einflussfaktor auf Verhalten abgebildet. Durch die zahlreichen Pfeile in der grafischen Modelldarstellung entsteht der Eindruck, dass, überspitzt gesagt, alles mit allem irgendwie zusammenhängt. Dadurch wird die Person-Situation-Interaktion analytisch nicht präzise gefasst und es bleibt unklar, welche der zahlreichen Faktoren unter welchen Bedingungen für ein Verhalten entscheidend sind.

Dagegen stellen Lebensstilmodelle eine weniger individuumszentrierte und stärker soziologisch geprägte Perspektive dar. Für die Anwendung in spezifischen Konsumbereichen wie Stromverbrauch (Hauser, 2013) und Mobilität (speziell Rebound: siehe Peters, Sonnberger, Dütschke et al., 2012) stehen sie jedoch wegen ihrer geringen Erklärungskraft in der Kritik.

Darüber hinaus bringen die oben spezifizierten drei Formen von verhaltensbezogenem Rebound bei individueller Pkw-Mobilität die Herausforderung mit sich, eine Theorie auszuwählen, die als Orientierungsmodell sowohl für einmaliges Entscheidungsverhalten als auch stärker habituiertes Nutzungsverhalten herangezogen werden kann. Dies spricht gegen Modelle, die aufgrund ihrer starken kognitivistischen Struktur hauptsächlich zur Erklärung von (high-cost-) Entscheidungssituationen geeignet sind, wie beispielsweise die TPB, die als erweiterte Erwartungs-mal-Wert Theorie stark auf die Intention (beeinflusst durch Einstellungen, wahrgenommene Verhaltenskontrolle und subjektive Normen) als Einflussgröße auf Verhalten setzt. In ähnlicher Weise spricht dieses Kriterium gegen die Auswahl der Praxistheorie, die sich auf die sozio-technische Einbettung des habitualisierten Nutzungsverhaltens fokussiert und deshalb für (high-cost)-Entscheidungssituationen weniger geeignet erscheint.

Ein weiteres Kriterium, das der theoretische Ansatz zur Erklärung von Rebound-Verhalten erfüllen sollte, ist, verschiedene Arten von Handlungsmotiven abzubilden. Im Idealfall sollte sogar berücksichtigt werden, wie sie im Zusammenspiel auf das Verhalten einwirken. Dieses Kriterium spricht gegen das NAM, das sich hauptsächlich auf den Einfluss von normativen Motiven auf Verhalten fokussiert. Die Berücksichtigung verschiedener Motivtypen ist deshalb wichtig, weil wir aufgrund der Forschungslage noch keine Vorannahmen darüber treffen können, welche Motive für Rebound-Verhalten tatsächlich relevant sind. Zudem müssen wir davon ausgehen, dass bei einer so komplexen und (im Vergleich zu alltäglichen Kaufentscheidungen) teuren Anschaffungsentscheidung wie dem Auto *verschiedene* Motivtypen und Faktoren gleichzeitig auf die Entscheidung einwirken.

Alle oben genannten Kriterien erfüllt die Goal-Framing Theorie (Lindenberg, 2001b, 2006; Lindenberg & Steg, 2007). Deshalb wird sie den theoretischen Rahmen für die vorliegende Arbeit bilden. Im Folgenden werde ich die GFT zunächst in ihren Grundzügen und Grundannahmen darstellen (4.1.1) und anschließend stärker auf den spezifischen Anwendungskontext dieser Studie eingehen (4.1.2). Es folgt eine kritische Würdigung des Ansatzes (4.1.3). Ergänzend zur GFT werden außerdem Moral Licensing Prozesse vorgestellt, die für Rebound-Verhalten relevant sein können (4.2).

## 4.1    Goal-Framing Theorie

Die Goal-Framing-Theorie (GFT) basiert hauptsächlich auf der Theorie sozialer Rationalität (TSR) des Soziologen Siegwart Lindenberg (2001a, 2001b, 2013).

Die TSR ist zunächst ein allgemein formuliertes Handlungsmodell. Etwas später (2006) stellt Lindenberg die TSR, in komprimierter Form und auf den Kontext des prosozialen Verhaltens angewendet, als „Goal-Framing Theorie" vor. Gemeinsam mit der Umweltpsychologin Linda Steg (2007) spezifiziert Lindenberg die GFT kurz darauf auch für den Kontext des umweltrelevanten Verhaltens. Da Lindenberg die Grundgedanken der GFT in seinem Grundsatzartikel zur TSR (Lindenberg, 2001b) theoretisch herleitet und detaillierter erläutert, steht zu Beginn die TSR als Grundlage und ausführlichere Fassung der GFT im Fokus.

### 4.1.1  Herleitung und Entwicklung der Goal-Framing Theorie

In der Theorie sozialer Rationalität (TSR) verbindet Lindenberg (2001b) seine Arbeiten zur Theorie sozialer Produktionsfunktionen (Lindenberg, 1996; Lindenberg & Frey, 1993) mit kognitionspsychologischen Erkenntnissen über den elementaren Einfluss von durch Zielzuständen geprägten Frames auf die Wahrnehmung, das Denken, Fühlen und Handeln einer Person in einer gegebenen Situation. Lindenberg (2001b) entwickelt die TSR als Gegenentwurf zu formalisierten Theorien rationaler Wahl, wie sie vor allem in der Ökonomie, aber teilweise auch in der Soziologie und Psychologie verwendet werden. Hierbei grenzt er sich vor allem von neoklassischen Konsumententheorien und der „Theorie rationaler Egoisten" ab. Diesen gemeinsam sei die Definition von Rationalität als Maximierungsprinzip und eine so starke Simplifizierung der Grundannahmen, dass dies auf Kosten der ökologischen Validität und eines angemessenen Komplexitätsniveaus der Erklärung gehe. Dies verstoße gegen das *Prinzip hinreichender Komplexität* (principle of sufficient complexity), nach dem die einfachste Modellannahme das zu erklärende Phänomen nicht ausschließen dürfe (2001b). Hiermit ist gemeint, dass z. B. das Explanandum *Entscheidung unter Unsicherheit* nicht durch eine Theorie erklärt werden kann, die vollständige Informationsverfügbarkeit annimmt.

Als einen Lösungsansatz dieses Problems schlägt Lindenberg (1992) das *Prinzip der abnehmenden Abstraktion* (principle of decreasing abstraction) vor. Demnach sollte man bei der Modellbildung mit einer relativ abstrakten Annahme starten und diese durch schrittweise Spezifizierungen realistischer machen. Dieses Vorgehen gewährleistet eine hohe Nachvollziehbarkeit des Modellbildungsprozesses. So könnte beispielsweise die Annahme, dass alle Menschen Egoisten sind durch die Annahme ersetzt werden, dass es drei Typen von Menschen gibt (ebd.): die Individualistischen (Maximiere deinen eigenen Gewinn!), die Kompetitiven (Maximiere deinen Mehrgewinn im Vergleich zu deinem Mitbewerber!) und die Kooperativen (Maximiere den Gewinn der Allgemeinheit!).

Vor diesem Hintergrund nimmt Lindenberg (2001b) eine Respezifizierung des soziologischen RREEMM-Modells vor. Während die gängige Ausbuchstabierung dieses Akronyms zum *Resourceful, Restricted, Evaluating, Expecting, Maximizing Man*" führt, versteht Lindenberg (ebd.) menschliche Rationalität als eine Ansammlung der folgenden 6 Eigenschaften, die zwar zum gleichen Akronym führen, jedoch teils andere Konzepte repräsentieren. Die vier ersten Konzepte bleiben gleich, wenn auch mit einer eigenen konzeptuellen Ausbuchstabierung von Lindenberg versehen. Die letzten beiden Begriffe „Maximizing" und „Man" ersetzt Lindenberg durch „Motivated" und „Meaning".

(1) Resourceful
Der Mensch mobilisiert Ressourcen, um seine Ziele erreichen zu können, z. B. eignet er sich mehr Informationen und Wissen an. Der Mensch ist in der Lage, das vorhandene Set von Handlungsalternativen eigeninitiativ zu erweitern, indem er neue Handlungsoptionen sucht und findet oder neue kreativ erschafft.

(2) Restricted
Der Mensch ist (bewusst oder unbewusst) mit Knappheit und dem Zwang zur Auswahl einer Handlungsoption von vielen konfrontiert. Somit entstehen Opportunitätskosten durch das Nicht-Realisieren der vielen anderen Alternativen und Gelegenheiten. Im Gegensatz zu klassischen R-C-Modellen, in denen Restriktionen oftmals in Form von Preis, Einkommen, Zeit und Aufwand operationalisiert werden, schlägt Lindenberg hier als Operationalisierung auch die Möglichkeiten und Unmöglichkeiten von sozialen Produktionsfunktionen (s. u.) zur Verbesserung der eigenen Lage vor. Betrachtet man z. B. eine Jugendliche, die ihre eigene Lage verbessern will, so können auch die verfügbaren sozialen Netzwerke und Normen als Restriktionen verstanden werden, die jeweils eine legale oder eine kriminelle Handlung zur Erreichung dieses Ziels erschweren.

(3) Expecting
Erwartungen, i. S. v. Einschätzungen von Eintrittswahrscheinlichkeiten, sind subjektiv und sie sind sozial und situativ beeinflusst. Die TSR möchte v.a. verstehen, *wie* Erwartungen generiert werden. Dafür sind fünf Aspekte wichtig: (1) Framing-Prozesse (s. u.) beeinflussen die Erwartungsbildung. So bewirkt beispielsweise ein hedonistischer Frame, dass kurzfristige Handlungsergebnisse mehr Beachtung finden als langfristige. (2) Die Bildung von Erwartungen ist beeinflusst von Erfahrung, Information, Wissen, Theorien und Ideologien. Wenn es z. B. viel mediale Berichterstattung über Einbrüche gibt, dann rechnet man

selbst auch etwas mehr mit einem Einbruch in der nahen Zukunft. Grundsätzlich ist es wichtig, die *Quelle* der Erwartungsbildung zu analysieren. (3) Framing-Prozesse beeinflussen die situative Verfügbarkeit von Wissen und Informationen. Eine Person in einem hedonistischen Frame wird vor allem Zugang zu den Kognitionen haben, die ihr dabei helfen, sich in der unmittelbaren Situation besser zu fühlen. (4) Auch wenn es über die Auswirkungen bestimmter Handlungsoptionen überhaupt kein Wissen gibt, werden subjektive Eintrittswahrscheinlichkeiten geschätzt. Es liegt dann jedoch nicht nur subjektive Unsicherheit in der Einschätzung der Eintrittswahrscheinlichkeiten von Handlungsergebnissen vor, sondern *fundamentale Unsicherheit* (Knight, 1921, zitiert nach Lindenberg, 2001b). (5) Die Bildung von Erwartungen ist oftmals durch gemeinsame Kategorien und institutionalisierte Regeln sozial orchestriert. Ein prägnantes Beispiel sind Verkehrsregeln, die Erwartungssicherheit schaffen.

(4) Evaluating
Der Mensch *bewertet* Zustände in der Gegenwart, Vergangenheit und Zukunft. Laut neoklassischer Theorie bewertet der Mensch einen Zustand in Hinblick auf seinen *Nutzen*. Die Theorie rationaler Egoisten nimmt an, dass Nutzen mit Eigeninteresse (*self-interest*) gleichzusetzen ist. Beide Ansätze öffnen jedoch laut Lindenberg (2001b) der Beliebigkeit Tür und Tor und operationalisieren Nutzen meist aus pragmatischen Gründen mit materiellem Gewinn oder materiellen Konsumgütern (vgl. Reich, 2000). Weiterhin werden in diesen Ansätzen keine Aussagen zu den Relationen verschiedener Ziele und zu möglichen Inkompatibilitäten gemacht und man ist auf die Annahme der Stabilität von Präferenzen angewiesen. Dem entgegen setzt Lindenberg seine Grundannahme einer universellen menschlichen Zielhierarchie. Er ersetzt das Konzept des Nutzens (utility) durch das des *subjektiven Wohlbefindens* (subjective wellbeing). Dieses ist ein universelles Ziel, also das Ziel jedes (psychisch gesunden) Menschen. Es setzt sich zusammen aus *physischem Wohlbefinden* und *sozialem Wohlbefinden*. Diesen universellen Zielen sind wiederum Ziele untergeordnet, die zugleich universellen und instrumentellen Charakter haben. Sie sind also einerseits für alle Menschen wichtig (universell) und sie werden gleichzeitig benötigt, um die Ziele der beiden obersten Ebenen zu erreichen (instrumentell). So ergibt sich eine Zielhierarchie. Abbildung 4-1 zeigt eine grafische Darstellung dieser Zielhierarchie von Lindenberg (2001b).

| Top level Universal Goals | Subjective Well-being | | | | |
|---|---|---|---|---|---|
| | Physical Well-being | | Social Well-being | | |
| Universal instrumental goals | Stimulation/ Activation (optimal level of arousal) | Comfort (abscense of physiological needs and fears) | Status (control over scarce resources) | Behavioral Confirmation (approval for "doing the right things") | Affection (positive inputs from caring others) |
| Examples of activities and endowments (means of production for universal instrumental goals) | Physical and mental activities producing arousal; fantasy | Avoidance of fatigue; vitality | Excel in work or sports, life style, talent | Compliance with external and internal norms: conscience | Intimate ties, offering and receiving emotional support: empathy |
| Examples of resources + enhancing activities | physical and mental stamina; training | Food, health care eating | Education, unique skills schooling | Social kills, competence networking | Spouse, child listening |

*Abbildung 4-1  Zielhierarchie des subjektiven Wohlbefindens; Darstellung angelehnt an Lindenberg, 2001b, S.649*

Demnach braucht der Mensch für die Erreichung von physischem Wohlbefinden sowohl *Komfort* als auch das richtige *Stimulations- und Aktivationslevel*. Komfort erlebt ein Mensch dann, wenn er in einem Zustand ist, in dem physiologische Grundbedürfnisse (z. B. Essen, Schlaf) befriedigt sind und er keine starken negativen Emotionen, wie z. B. Ängste, empfindet. Die Abwesenheit von Stress oder unangenehmen Empfindungen ist also Voraussetzung für ein Gefühl von Komfort. Ein optimales Aktivierungslevel erreicht der Mensch durch das Aufsuchen von stimulierenden Situationen, aber auch durch Fantasie. Analog dazu können Rückzug und Ruhe vor einer Überstimulation schützen.

Für soziales Wohlbefinden braucht der Mensch *Status* (status), *Verhaltensbestätigung* (behavioral confirmation) und *Zuneigung* (affection). Status bezieht sich auf eine relative Rangordnung, die vor allem auf der Kontrolle über knappe Ressourcen basiert, und ist mit den emotionalen Zuständen Stolz und Dominanz verknüpft. Verhaltensbestätigung entspricht dem Gefühl, aus Sicht relevanter

Anderer (man selbst eingeschlossen) „das Richtige" zu tun oder getan zu haben. Dies bezieht sich allerdings nicht nur auf das Tun, sondern auch auf das Denken. Somit steht Verhalten in diesem Fall für all das, wofür man sich selbst verantwortlich fühlt bzw. von andern verantwortlich gemacht werden kann. Die Emotionen Schuld und Scham, sowie ein gutes oder schlechtes Gewissen sind mit dieser Kategorie verknüpft. Zuneigung steht für das Gefühl von Liebe und Fürsorge zwischen Menschen in einer Beziehung oder Freundschaft. Dazu gehört das Gefühl, als die Person, die man ist, akzeptiert zu werden - und nicht für das, was man hat oder was man tut. Liebe und Mitgefühl sind die dazugehörigen Emotionen.

Laut Lindenberg *produziert* der Mensch sein subjektives Wohlbefinden selbst. Dies tut er mithilfe von *sozialen Produktionsfunktionen*. Eine solche Produktionsfunktion ist die Verkettung eines Ziels mit einem Mittel um es zu erreichen, z. B. eine Führungsposition oder einen Bildungsabschluss zu erlangen, um damit gesellschaftlichen Status zu erreichen. Soziale Produktionsfunktionen sind zwar von subjektiven Einschätzungen geprägt, aber sie sind nicht idiosynkratisch, sondern ‚soziale Fakten' (Durkheimer 1950, zitiert nach Lindenberg, 2001b). Somit sollte sich nach Lindenberg (2001b) die soziologische Analyse insbesondere darauf fokussieren, die Systematiken der sozialen Produktionsfunktionen für subjektives Wohlbefinden zu verstehen.

(5) Motivated
Statt des Maximierungsprinzips postuliert Lindenberg, dass die grundlegende Motivation des Menschen die *Verbesserung der eigenen Lage* (improving one's condition) sei. Dieses übergeordnete Motiv[21] versteht er als *operationales Ziel*, während er die universellen Ziele des Wohlbefindens als *substantielle* Ziele bezeichnet, die nicht substituierbar sind.

Eine Verbesserung impliziert einen Vergleichspunkt. Dieser kann ein zukünftiger oder ein früherer Zustand sein (z. B. „früher war mein Status besser") oder aber der Zustand einer sozial relevanten Vergleichsperson (z. B. „die Kollegin verdient mehr als ich"). Insofern ist das operationale Ziel immer als *relatives* Ziel zu verstehen, das zur Beurteilung einen Referenzpunkt braucht. Wie Lin-

---

[21]  Lindenberg (2001b) unterscheidet nicht absolut trennscharf zwischen den Begriffen „Motiv" und „Ziel". In der vorliegenden Arbeit wird der Begriff „Motiv" als allgemeinere Bezeichnung für eine stabile, menschliche Bewertungsdisposition in bestimmten Handlungssituationen verwendet (vgl. Dorsch Lexikon der Psychologie https://portal.hogrefe.com/dorsch/motiv/ , Zugriff 24.10.2016 ). Der Begriff „Ziel" wird hauptsächlich im Zusammenhang mit der Goal-Framing Theorie verwendet.

denberg weiter ausführt, wurden insbesondere soziale Vergleichsprozesse in zahlreichen Studien als extrem wichtig anerkannt, jedoch meist außerhalb des Themas der Zielerreichung diskutiert. Deshalb haben auch bisherige Versuche, Nutzen als ein relatives statt absolutes Konzept zu verstehen (z. B. Kahnemann & Tversky, 1979, zitiert nach Lindenberg, 2001b) bisher nicht zu den entsprechenden Änderungen in der R-C-Theorie geführt.

Ganz generell definiert Lindenberg (2001b) den Begriff Ziel wie folgt: „A goal is a desired state of affairs" (S. 652). Während ein Mensch ein bestimmtes operationales Ziel verfolgt, verengt und fokussiert sich seine Aufmerksamkeit auf diesen gewünschten Zielzustand. Lindenberg rekurriert hier auf grundlegende kognitionspsychologische Arbeiten von Kruglanski (1996) und Gollwitzer und Moskowitz (1996), wonach Ziele den größten Einfluss auf die kognitiven Aktivitäten einer Person und damit auf ihre Handlungen haben. Die meiste kognitive Aktivität ist zielabhängig (goal-dependent).

(6) Meaning

Die letzte Lindenbergsche Komponente menschlicher Rationalität ist die Strukturierung der Situation durch kognitive Prozesse der Interpretation und Orientierung. Auch wenn das operationale Ziel (Verbesserung der eigenen Lage) immer aktiv ist, stellt sich die Frage, welches instrumentelle Ziel in einer bestimmten Situation dominant wird. Zur Beantwortung dieser Frage hebt Lindenberg (2001b) zunächst die Bedeutung von Framing-Prozessen für die Handlungsauswahl hervor, bevor er dann die motivationale Komponente der Ziele mit der perzeptiv-strukturierenden Komponente des Frames kombiniert. Er beschreibt Framing als einen Lichtkegel, der nur eine ganz bestimmte Auswahl von Überzeugungen sichtbar macht.

> „While all these beliefs are part of a person's repertoire of beliefs, the flashlight of framing shines only on some of them at any given point of time, which will create different weights for different beliefs at different times. (ebd., S.653 f)

*Framing* ist der (meist unbewusst ablaufende) kognitive Prozess der Selektion der augenblicklich relevanten Aspekte einer Situation, durch die wiederum die jeweils relevanten Bruchstücke von Überzeugungen, Einstellungen und Wissen einer Person kognitiv zugänglich werden. Ein Frame ist gewissermaßen das

Ergebnis des Framing-Prozesses[22] und kann auch als „die Definition der Handlungssituation" (definition of an action situation, ebd., S. 652) bezeichnet werden.

    Doch was lenkt das Framing? Was entscheidet darüber, *welche* Aspekte si-
tuativ relevant sind? Lindenbergs Antwort auf diese Frage lautet: Ziele steuern
den Framingprozess.

> „goals govern or 'frame' what people attend to, what knowledge and attitudes become
> cognitively most accessible, how people evaluate various aspects of the situation, and
> what alternatives are being considered" (Lindenberg & Steg, 2007, S.119).

Ziele steuern oder rahmen (*frame*) demnach, worauf eine Person ihre Aufmerksamkeit richtet und welche Wissensbestände und Einstellungen kognitiv am
ehesten zugänglich werden. Die Ziele steuern die Bewertung und Gewichtung
verschiedener Aspekte einer Situation und beeinflussen, welche Handlungsoptionen in Betracht gezogen werden. So entsteht aus einem dominanten Ziel eine
dominante Zielrahmung (*goal frame*), die die weiteren kognitiven Prozesse bis
hin zur Handlungswahl in einer gegebenen Situation beeinflusst. Das situativ
dominante Ziel bewirkt die Aktivierung eines Goal-Frames. Dieser saliente
Goal-Frame bestimmt die Vorderbühne, den Vordergrund der Aufmerksamkeit
und hat direkten, unmittelbaren Einfluss auf das Handeln. Im Hintergrund sind in
der Regel weitere situative Ziele aktiv, ihr Einfluss auf das Handeln ist jedoch
viel schwächer und nur indirekt. Die Ziele auf der Hintergrund-Ebene können die
Salienz des Goal-Frames auf der Vordergrund-Ebene stärken oder schwächen.
Die Hintergrund-Ziele können z. B. die Externalitäten (also die eigentlich unerwünschten Folgen) des Vordergrund-Ziels enthalten.

    Wie können wir nun aber zu analytischen Zwecken Ordnung und Struktur
in die schier unendliche Vielfalt möglicher Goal-Frames bringen? Dazu verbindet Lindenberg sein Konzept der universellen Hierarchie der übergeordneten
Ziele jedes Menschen mit dem Prinzip des Goal-Framings und schlägt drei sogenannte Master Frames vor.

---

[22]  In anderen Kontexten wird der Begriff des Framings auch für die gezielte Beeinflussung von
Wahrnehmungs- und Entscheidungsprozessen (etwa durch eine bestimmte Aufbereitung der Informationen als Gewinne oder Verluste) benutzt. Siehe exemplarisch Kastner, Matthies und Willenberg (2011) zu Framing-Effekten im Kontext von Solarenergieinvestitionsentscheidungen.

**Master Frames**

Lindenberg (2001b) postuliert, dass die universellen, übergeordneten Ziele (vgl. Abbildung 4-1) drei Master Goal-Frames zugeordnet werden können: diese Master Frames sind der (1) hedonistische (*hedonic*) Goal-Frame, (2) der gewinnorientierte (*gain*) Goal-Frame und (3) der normative (*normative*) Goal-Frame.

(1) Hedonistischer Goal-Frame

Wenn der hedonistische[23] Goal-Frame bei einer Person in einer gegebenen Situation dominiert, ist sie auf die Verbesserung ihres unmittelbaren Wohlbefindens fokussiert („to feel better right now", Lindenberg & Steg, 2007, S. 119). Die Person reagiert dann besonders stark auf Faktoren, die ihre momentane Stimmung, ihr Energielevel (müde oder energetisch) oder die soziale Atmosphäre im direkten Umfeld beeinflussen. Die hedonistische Rahmung aktiviert entsprechende untergeordnete Ziele: z. B. die Suche nach Vergnügen oder einem Zustand positiver Erregung, aber auch die Vermeidung von Anstrengung, negativen Gedanken oder momentanen Unsicherheitsgefühlen. Der Zeithorizont eines hedonistischen Goal-Frames ist kurz. Affektive Faktoren sind hier für Wahrnehmung und Verhalten entscheidend. Der hedonistische Goal-Frame lässt sich v. a. den übergeordneten Zielen *Stimulationslevel* und *Komfort* (physisches Wohlbefinden) zuordnen. Emotionen rücken ins *Zentrum* der Aufmerksamkeit einer Person. Die situativen Ziele sind direkt auf die Regulation des Stimulations-/Erregungslevels oder auf die Herstellung/Wahrung von Komfort (angenehme Gefühle suchen, unangenehme Gefühle vermeiden) gerichtet.

Es gibt einen bestimmten Ereignistyp, der besonders stark damit verknüpft ist, einen hedonistischen Goal-Frame zu triggern, und zwar Verlust (loss). Ein (gefühlter/subjektiver) Verlust hat disruptiven Charakter und damit das Potenzial, einen hedonistischen Goal-Frame zu triggern, um die Bewältigung der mit dem Verlust verundenen negativen Emotionen zu ermöglichen.

Bereits Kahnemann et al. (1991, zitiert nach Lindenberg, 2001b) betonen die Asymmetrie in der Bewertung und Einschätzung von wahrgenommenen Gewinnen und Verlusten (loss aversion). Die Intensität von negativen Emotionen, die ein Verlust (auch finanzieller Art) hervorruft ist demnach größer als die Intensität von positiven Emotionen, die ein Gewinn hervorruft.

---

[23] Der Begriff *hedonistisch* ist hier lediglich die näherungsweise Entsprechung des englischen Originalbegriffs „hedonic". Die negativen Konnotationen der Begriffe „Hedonisten" oder „hedonistisch" aus dem alltäglichen Sprachgebrauch sind hier nicht gemeint.

(2) Gewinnorientierter Goal-Frame

Ist der gewinnorientierte Goal-Frame für eine Person dominant, dann ist sie entweder darauf bedacht, die eigene Ressourcensituation zu verbessern („to guard and improve one's resources", Lindenberg & Steg, 2007, S. 119) oder die Effizienz ihrer sozialen Produktionsfunktionen zu verbessern, z. B. für die gleiche Arbeit ein höheres Gehalt zu erzielen. Eine Person in diesem Goal-Frame reagiert besonders deutlich auf Informationen zur Kosten-Nutzen-Abwägung von knappen Ressourcen wie etwa Geld, Zeit oder soziale Anerkennung. Dabei werden entsprechende untergeordnete Ziele aktiviert: z. B. das eigene Einkommen verbessern, Geld sparen oder finanzielle Risiken abwehren. Die Person handelt also strategisch, so dass sich ihre eigene Ressourcensituation verbessert. Der Zeithorizont eines gewinnorientierten Goal-Frames ist mittel- bis langfristig.

Der gewinnorientierte Frame kann dem übergeordneten Ziel *Status* (soziales Wohlbefinden) zugeordnet werden. Wichtig dabei ist, dass Status als ein Ziel gilt, dessen Grenznutzen sich nicht im gleichen Ausmaß verringert wie bei den anderen Zielen des sozialen Wohlbefindens (Verhaltensbestätigung und Zuneigung). Das heißt, dass die persönliche Wertschätzung von Status nicht unbedingt abnimmt, je mehr eine Person davon besitzt. Der Grund dafür ist die doppelte Funktion von Status, zum einen als direkte Quelle von sozialem Wohlbefinden, zum anderen als generelle Ressource um andere Ziele zu erreichen. So verhält es sich auch mit Geld. Geld hat als Ressource eine Sonderstellung, weil es unmittelbar eine Quelle von Status ist, gleichzeitig aber auch eine indirekt bei der Erfüllung anderer (auch universeller) Ziele hilft, wie z. B. Nahrung kaufen und eine Wohnung mieten. Eine weitere Besonderheit von Geld ist, dass es, im Gegensatz zu anderen sozialen Gütern, sehr präzise messbar ist.

(3) Normativer Goal-Frame

Ein normativer Goal-Frame bewirkt, dass die Frage der Angemessenheit einer Handlung im Fokus steht („to act appropriately", Lindenberg & Steg, 2007, S. 119). Die Person ist besonders empfänglich für Informationen, die angeben, was sie tun *sollte* und möchte sich „richtig" oder angemessen verhalten („to do the right thing", ebd., S. 119). Wenn ihr die Situation auf den ersten Blick keine eindeutigen Hinweise für das sozial Angemessene liefert, wird die Person gezielt nach solchen Hinweisen suchen (z. B. indem sie sich daran orientiert, was andere machen). Die aktivierten untergeordneten Ziele des normativen Goal-Frames sind z. B. sich richtig benehmen, zu einer sauberen Umwelt beitragen, vorbildlich handeln. Wie bei Cialdini, Reno und Kallgren (1990) kann die wahrgenommene soziale Norm eine *injunktive* Norm (was andere vermutlich für angemessen halten) oder eine *deskriptive* Norm (wie sich andere Personen vermutlich oder tatsächlich verhalten) sein.

Lindenberg argumentiert (2001b), dass Normen internalisiert sein müssen, damit sie funktionieren. Nur so können sie auch dann im Individuum wirken, wenn keine Kontrolle und Sanktionen oder Belohnungen da sind. Deshalb bringen Erwachsene ihren Kindern bei, dass moralisch „richtiges" Verhalten einen Eigenwert besitzt – auch wenn dieses Verhalten durch soziale Bestätigung/Ablehnung und eine am Gemeinwohl orientierte Argumentation zusätzlich stabilisiert werden kann. Deshalb ist auch normatives Verhalten (entgegen dem eigentlichen Anspruch) nicht unabhängig von sozialer Bestätigung und anderen Formen von Incentives.

**Relative Stärke der Master Goal-Frames**

Lindenberg nimmt an, dass einige Goal-Frames stabiler sind als andere, doch unter welchen Bedingungen wird welches Ziel dominant? Lindenberg (2001b) hat darauf eine zweiseitige Antwort. Zum einen gibt es eine Art natürliche a-priori Stärke der drei Goal-Frames. Zum anderen hat der soziale und institutionelle Kontext auch einen sehr großen Einfluss auf die Aktivierungswahrscheinlichkeit eines Goal-Frames. Lindenberg (ebd.) weist darauf hin, dass die universellen Ziele des psychischen und sozialen Wohlbefindens über Emotionen funktionieren und die Goal-Frames wiederum unterschiedlich stark mit Emotionen verknüpft sind. Überdies kann die Verknüpfung eines Goal-Frames zum operationalen Ziel (die eigene Lage zu verbessern) direkt oder indirekt sein. Daraus erstellt Lindenberg eine Matrix, die die relative a-priori Stärke der drei Master Frames erklärt (s. Abbildung 4-2).

| Master Frame | Tie to emotions | Tie to operational goal | A priori frame strength |
|---|---|---|---|
| Hedonic | Direct | Direct | +++ |
| Gain | Indirect | Direct | ++ |
| Normative | Indirect | Indirect | + |

*Abbildung 4-2 Matrix der relativen a-apriori Stärke der drei Master Frames. Darstellung angelehnt an: Lindenberg (2001b, S. 661)*

Demnach hat der hedonistische Goal-Frame die höchste Auftrittswahrscheinlichkeit, weil er direkt mit Emotionen und direkt mit dem operativen Ziel verknüpft ist. Es folgt der gewinnorientierte Goal-Frame, der zwar direkt mit dem operativen Ziel (Verbesserung der eigenen Lage), aber nur indirekt mit Emotionen verknüpft ist. Der normative Goal-Frame hat die vergleichsweise geringste Auftrittswahrscheinlichkeit, weil seine Verbindung zu Emotionen und zum operativen Ziel lediglich eine indirekte ist. Zur Erläuterung dieser natürlichen Kraftverhältnisse der Master Frames verweist Lindenberg auch auf die *Low-Cost-Hypothese* (siehe z. B. Kirchgässner, 1992, zitiert nach Lindenberg, 2001b), wonach eine Person dann moralisch handelt, wenn ihr dadurch keine oder nur geringe Gewinne entgehen: „Morality can reign when gain is too weak to compete." (Lindenberg, 2001b, S. 662).

Trotz der Ausführungen zur a-priori Stärke der Master Frames warnt Lindenberg (ebd.) jedoch davor anzunehmen, dass der Mensch in jede neue Situation grundsätzlich mit der immer gleichen a-priori Matrix der relativen Stärke der Master Frames hineingehe. Im Gegenteil, die Wirkungskraft von situativen Framing-Effekten durch soziale Kontexte hebelt die oben dargestellte feste Hierarchie der Frame-Salienzen aus. In einer Gesellschaft gibt es zahlreiche sozial institutionalisierte Frames für bestimmte Kontexte und Situationen. So herrscht z. B. in einem privatwirtschaftlichen Unternehmen der gewinnorientierte Frame vor dem hedonistischen oder normativen Frame. Religiöse Kontexte erhöhen wiederum die Salienz eines normativen Frames. Insofern versteht Lindenberg gerade das Nachvollziehen und Sichtbar-Machen der sozial institutionalisierten Vorprägungen von Frame-Salienzen, sozialen Zielen, Erwartungen und Restriktionen als Aufgabe der sozialwissenschaftlichen Analyse.

### 4.1.2    Anwendung der Goal-Framing Theorie auf umweltrelevantes Verhalten

Zwischen dem allgemein formulierten Handlungsmodell, das Lindenberg (2001b) zunächst als Theorie sozialer Rationalität vorstellt, und der auf den Umweltverhaltenskontext angewendeten Goal-Framing Theorie, wie sie von Lindenberg und Steg (2007) vorgestellt wird, gibt es keine inhaltlichen Unterschiede. Die GFT wird hier weiter ausgearbeitet und es werden Empfehlungen gegeben, wie umweltfreundliches Verhalten durch passende Governance Interventionen gefördert werden kann. Damit folgt Lindenberg seinem Prinzip der abnehmenden Abstraktion (1992), da die Version von 2007 spezifischer für den Kontext umweltrelevanten Verhaltens definiert ist als das allgemeine Handlungsmodell. Dazu wird umweltrelevantes Verhalten dem normativen Goal-

Frame zugeordnet. Hier verweisen Lindenberg und Steg (2007) u. a. auf die Arbeiten von Loukopoulos, Jakobsson, Gärling, Schneider und Fujii (2004), die zeigen, dass Personen mit einem hohen Umweltproblembewusstsein (environmental concern) stärker auf die Umweltkonsequenzen ihres Handelns achten, als Personen mit einem niedrigen Umweltproblembewusstsein. In den Worten der GFT führt dies zu der Annahme, dass höheres Umweltproblembewusstsein einen (in Bezug auf Umweltschutz) normativen Goal-Frame stärkt und dies wiederum die Wahrscheinlichkeit für mehr umweltschützendes Verhalten erhöht (Lindenberg & Steg, 2007). Den normativen Goal-Frame sehen die Autoren mit dem NAM verknüpft. Dieses Modell könne jedoch nur „low-cost" Umweltverhalten erklären, also solches, das für die Person keine größeren Einbußen auf anderen Dimensionen verursacht.

Aber auch der hedonistische Goal-Frame ist für Umweltverhalten relevant. Lindenberg und Steg (2007) verweisen hier auf Nilsson und Küller (2000), die berichten, dass Personen mit einer emotionalen Bindung zum Autofahren mehr fahren und auf Steg (2005), die aufzeigt, dass Affekte eine höhere Erklärungskraft für die Autonutzung haben als instrumentelle Motive. Daraus leiten Lindenberg und Steg (2007) die Hypothese ab, dass viele Autofahrer auf finanzielle Incentives relativ wenig reagieren werden, da diese auf der Ebene des hedonistischen Goal-Frames nicht wirken.

Doch auch der gewinnorientierte Goal-Frame ist für Umweltverhalten relevant. Lindenberg und Steg (2007) verweisen darauf, dass diese Motivlage im Fokus von Rational-Choice Modellen steht, wie in der Theorie geplanten Verhaltens. Hier wird auch die Konformität bzw. die Non-Konformität mit sozialen Normen als Kostenpunkt aufgefasst, und zwar als soziale Kosten. Dies bedeutet also, dass in Situationen des guten Willens, z. B. passive (Umwelt-)Politikakzeptanz, ein normativer Goal-Frame durchaus auftreten kann, wenn die individuellen Verhaltenskosten gering sind. Wenn diese jedoch steigen, wird ein gewinnorientierter Goal-Frame wahrscheinlicher.

Weiterhin führen Lindenberg und Steg (2007, S. 127) vier typische „Ausreden" an, mit denen ein umweltnormativer Goal-Frame geschwächt wird: (1) die Schwere von Umweltproblemen verleugnen, (2) die eigene Verantwortlichkeit für diese Probleme zurückweisen, (3) die eigenen Möglichkeiten und Kompetenzen etwas dagegen zu tun verleugnen, und (4) glauben, dass der eigene Beitrag ohnehin keinen Unterschied mache. Eine weitere Gefährdung des normativen Goal-Frames ist, wenn eine Person gar nicht weiß, was das „angemessene", hier i. S. v. umweltschützende, Verhalten wäre. So besteht normatives Handeln gewissermaßen aus zwei Schritten. Zuerst befindet sich die Person in einem normativen Goal-Frame, sie hat also das Ziel sich angemessen zu verhalten. Dann sucht sie nach einer Antwort auf die Frage: Welches Verhalten ist in meiner aktuellen Situation angemessen? Dazu wird sie in ihrem Gedächtnis und in der unmittelbaren Situationsumgebung nach Hinweisen suchen, die ihr bei der Antwortfindung helfen. Dies ist insbesondere dann der Fall, wenn „smart norms" (Lindenberg, 2005) im Spiel sind. Das sind relativ abstrakte Normen (z. B. allgemeiner Natur- und Klimaschutz), deren Spezifizierung erst von der Person in der jeweiligen Situation vorgenommen werden muss. Abstrakte Normen bringen einerseits Flexibilität in der Auslegung einer Norm für die spezifische Situation mit sich, andererseits bergen sie dadurch auch die Gefahr von Heuchelei. Personen können ihre Interpretation einer smarten Norm sehr weit vom eigentlichen Sinn entfernen und ihr Verhalten damit vor sich selbst als ein normkonformes deklarieren, ohne den vollen Preis (bzw. die Verhaltenskosten) dessen zu bezahlen.

Etwas später veröffentlichen Lindenberg und Steg (2013) eine weitere Ausarbeitung der GFT für Umweltverhalten, in der sie den normativen Charakter von Umweltverhalten noch genauer beleuchten. Dazu folgen sie Hornes Definition des Begriffs der sozialen Norm aus soziologischer Perspektive: „Social norms are informally enforced rules about which there is at least some consensus" (ebd., S. 37). Soziale Normen unterscheiden sich von formalen Regeln des Zusammenlebens (Gesetzen) durch den informellen Charakter der Sanktionsmechanismen, die ihre Einhaltung einfordern. Diese bewirken ein Gefühl der moralischen Verpflichtung (oughtness) innerhalb einer sozialen Gruppe, die für sie geltende Norm einzuhalten. Dieses Gefühl der Verpflichtung zur Einhaltung einer sozialen Norm hat mindestens drei Komponenten (Lindenberg & Steg, 2013): (1) man misst der Norm Wichtigkeit zu, v.a. relativ zur Erwägung anderer Aspekte, wie z. B. Stimmung; (2) man lehnt es ab, wenn andere die Norm verletzen; (3) man fühlt sich selbst verpflichtet die Norm zu erfüllen. Wie stark eine Norm also in einer gegebenen Situation handlungsrelevant ist, hängt von ihrer Aktivierung ab, was mit dem momentanen, situationsspezifischen Gefühl der Verpflichtung gleichzusetzen ist.

In einer späteren Arbeit bezeichnen Lindenberg und Steg (2013) die Goal-Frames auch als *Modi*. Sie verstehen menschliches Wahrnehmen, Denken und Entscheiden als ein modular organisiertes System, auch wenn diese Modularität porös, durchlässig, „semi" (also nicht vollständig) ist. Hier widmen sie sich auch noch einmal detaillierter der Frage, wie Goal-Frames durch situative Signalreize (cues) *getriggert* werden und führen genauer aus, was dazu führen kann, dass ein normativer Goal-Frame salient bzw. dominant wird und welche Signalreize das relative Gewicht des normativen Goal-Frames erhöhen. Diese sind: die Anwesenheit anderer Menschen, ganz besonders dann, wenn diese Community-Normen hochhalten, wenn diese angesehene Führungspersonen sind (z. B. religiöse Führungspersönlichkeiten) oder wenn diese einem persönlich nahestehen.

### 4.1.3    Würdigung und Kritik der Goal-Framing Theorie

Die GFT erklärt das Zusammenwirken verschiedenartiger Ziele (hedonistisch, gewinnorientiert, normativ) und die Auftretenswahrscheinlichkeit bestimmter Goal-Frames in einer gegebenen Situation. Die GFT interessiert sich dabei weniger dafür, warum ein hedonistischer Goal-Frame salient wird oder gar, wie man diesen fördern könnte. Im Gegenteil, sie untersucht die fragilen Bedingungen, unter denen ein normativer Goal-Frame dominant wird und wie man normatives Verhalten fördern könnte. Deshalb verwundert es nicht, dass die Anwendungsbereiche der Goal-Framing Theorie in verschiedenen Formen von normativem Verhalten liegen.

Die Goal-Framing Theorie wurde bisher nicht nur auf den Bereich des umweltschützendes Verhaltens (Lindenberg & Steg, 2007), sondern auch auf den Bereich des prosozialen und des anti-sozialen Verhaltens angewendet (Lindenberg, 2006; Sijtsema, Veenstra, Lindenberg & Salmivalli, 2009).

Etienne (2011) konzipiert mithilfe der GFT Compliance-Verhalten als normatives Verhalten. Er hält die GFT für sehr gut geeignet, um Compliance oder Nicht-Compliance Verhalten zu erklären und sogar die Einzelbefunde vorhandener Empiriearbeiten plausibel zu integrieren. Er merkt jedoch auch kritisch an, dass die GFT Unwissen, Missverständnis und Unvermögen in Bezug auf das gewünschte normative Verhalten nur marginal berücksichtigt, obwohl diese sehr wichtig für die erfolgreiche Ausübung von Compliance-Verhalten sind. Ich denke, dass diese drei Komponenten auch für Umweltverhalten sehr relevant sind.

Huijts, Molin und Steg (2012) integrieren die GFT in ein umweltpsychologisches Rahmenmodell zur Erklärung von Akzeptanz gegenüber nachhaltigen Energietechnologien. Steg, Bolderdijk, Keizer und Perlaviciute (2014) entwickeln auf Basis der GFT ein Rahmenmodell zur Förderung umweltschützenden Verhaltens. Dabei widmen sie sich auch der Bedeutung von persönlichen Werten. Demnach hängt die Stärke eines normativen Goal-Frames zum einen von den Werten einer Person und zum anderen von situativen „Cues" ab, die bestimmte Werte aktivieren oder deaktivieren. Darüber hinaus spielen auch Verhaltenskosten im Sinne von situativen Faktoren eine wichtige Rolle. Hohe Verhaltenskosten senken die Wahrscheinlichkeiten eines normativen Goal-Frames.

Dogan et al. (2011) wenden die GFT in einer experimentellen Simulationsstudie zum Eco-Driving an. Hier zeigen sie, dass ein Spritsparziel zwar auf der strategischen Ebene ein wichtiges Ziel sein kann, in der konkreten Handlungssituation jedoch leicht von Sicherheits- und Zeitsparzielen in den Hintergrund gedrängt wird: „the deciding factor for which goal is prioritized depends highly on the situation." (ebd., S. 1624). Daher empfehlen sie, dass zukünftige Forschung näher untersuchen sollte, welche kontextuellen Faktoren dazu beitragen, dass ein bestimmtes Ziel dominant wird und andere Ziele in den Hintergrund rücken.

Was die GFT nicht explizit berücksichtigt, sind Situationen, in denen mehrere normative Ziele miteinander konfligieren oder es sogar zu moralischen Dilemma-Situationen kommt. Man mag sich hier in den Bereich der Philosophie bewegen, doch auch im Alltag und im Kontext von umweltschützenden Entscheidungen können solche Konflikte schnell entstehen, z. B. beim Thema Biokraftstoffe. Eine gut informierte Autofahrerin wird sich fragen, wie die erwarteten positiven Umwelteffekte von Biosprit mit den unerwünschten Preissteigerungseffekten für Grundnahrungsmittel auf dem Weltmarkt zueinander stehen und ob es in der Gesamtbetrachtung wirklich ethisch sinnvoll ist, Biosprit zu tanken.

Grundsätzlich versteht Lindenberg (2001b) seine Theorie sozialer Rationalität als „a heuristic guidance through the thicket of the social world" (S. 665). Er will damit keine formalisierte Theorie liefern, sondern der Realität näher kommen. Somit ist auch die GFT ein heuristisches Werkzeug, um die Wahrnehmung von Situationen und das Handeln besser in sinnvolle Kategorien einordnen und damit strukturieren und nachvollziehen zu können. Ihr Verdienst ist, dass sie situative Flexibilität explizit berücksichtigt und somit die Interaktion, das Zusammenspiel von Person und Situation abgebildet werden kann. Die Frames werden dabei nicht nur als Wahrnehmungsschablone für die Situation gesehen, sondern bekommen eine motivationale Komponente, indem Lindenberg sie mit Zielen verknüpft. Hierin besteht ein deutlicher Unterschied zum Frame-Modell von Esser (1999).

Auch das Zusammenspiel von Werten und situativen Einflüssen auf die Salienz dieser Werte wird abgebildet. Eine Person mit hoher Umweltschutzmotivation ist vermutlich geneigter, auf Umweltschutz-Cues mit der Salienz eines normativen Frames zu reagieren und diesen eher stabil zu halten. Neben personenbezogenen Faktoren wie Werten wird in der GFT aber auch auf die Bedeutung von sozialen und sozial institutionalisierten Kontexten für die Vorgewichtung von Ziel-Frames hingewiesen. Die situativen Faktoren haben sogar den größten Einfluss auf das Dominantwerden eines Goal-Frames, nicht die personenbezoge-

nen. Außerdem werden die universellen Ziele und Subziele als so stark angenommen, dass man fragen darf, ob hier noch ein freies Individuum selbstbe-
stimmt seine Ziele vorantreibt oder der Mensch als Sklave seiner Bedürfnisse
dargestellt wird, über deren sozial geprägte Ausformung er selbst nicht einmal
entscheiden kann. Entspricht dies noch der Vorstellung vom selbstgesteuerten
Individuum, wie sie essentiell für Rational-Choice Theorien ist? Wird das Agens
(die Handlungsträgerschaft) hier noch innerhalb der Person liegend konzipiert?
Lindenberg bewegt sich mit seiner GFT so weit an den Rand des Rational-
Choice-Paradigmas, dass man fragen muss, ob er sich nicht sogar *darüber hinaus*
bewegt. Auch Kroneberg und Kalter (2012) stellen exakt diese Frage, diskutieren
die GFT und auch Lindenbergs Theorie sozialer Produktionsfunktionen jedoch
noch als Mitglied der Rational-Choice-Familie.

Dem ist entgegenzuhalten, dass die als universell angenommene Zielhierarchie eine große Stärke der GFT ist. Mit dieser Zielhierarchie wird zunächst
einmal der physischen Grundbedürfnisse menschlichen Daseins und Strebens
Rechnung getragen. Gleichzeitig formuliert die GFT aber auch *soziale* Grundbedürfnisse und setzt wiederum die verschiedenen Bedürfnisse miteinander in
Beziehung. Die GFT besticht durch ihre Klarheit der Annahme, dass es drei
Master Goal-Frames gibt und dass diese mit den Begriffen hedonistisch, gewinnorientiert und normativ benannt werden können. Durch das Prinzip der
abnehmenden Abstraktion bringt Lindenberg einerseits Struktur und Orientierung in die Vielzahl menschlicher Ziele, lässt gleichzeitig aber auch Offenheit
für kontextsensible Spezifizierungen der instrumentellen Ziele zu.

Da die GFT keine Aussagen zu möglichen Moral Licensing Prozessen im
Zusammenhang mit normativen Zielen macht, diese jedoch für Rebound-
Verhalten sehr relevant sein könnten (vgl. Kapitel 2.2), werde ich im Folgenden
kurz in das Konstrukt des *Moral Licensing* einführen. Moral Licensing Prozesse
sind eine spezielle Form der moralischen Selbstregulation und damit eng mit der
Idee des normativen Master Goal-Frames verknüpft. Wie im nächsten Abschnitt
noch zu zeigen sein wird, spielt die subjektive Wahrnehmung normati-
ver/moralischer Aspekte einer Situation eine wichtige Rolle für das Auftreten
von Moral Licensing Prozessen.

## 4.2 Moral Licensing Prozesse

Das Konzept der "psychologischen Erlaubnis" (psychological license) hilft, zu
verstehen, unter welchen Bedingungen Menschen ihre Einstellungen ausdrücken

und umsetzen oder sie für sich behalten (Miller & Effron, 2010). Diese Bedingungen sind (ebd.): das eigene Verhalten in der Vergangenheit, der aktuelle sozial-situative Kontext und die Zugehörigkeit zu einer bestimmten sozialen Gruppe (z. B. Geschlecht, Familienstand, Alter). Demnach wird eine Person nur dann ihre Einstellungen ausleben, wenn sie aufgrund der genannten Bedingungen keine Sorge hat, sich selber in Misskredit zu bringen. Für den Kontext umweltrelevanter Handlungen im Sinne eines Rebound-Verhaltens ist dabei die persönliche Bilanz des eigenen Verhaltens in der Vergangenheit besonders relevant. Ist es denkbar, dass eine Person ihren SUV-Autokauf durch eine vorherige Spende an Greenpeace für sich selbst legitimiert oder sich selbst erlaubt? Wenn ja, läge hier ein sog. *Moral Licensing* Prozess vor.

> "generally, when people can call to mind previous instances of their own socially desirable or morally laudable behaviors, they will feel more comfortable taking actions that could be seen as socially undesirable or morally questionable. We call this phenomenon *moral licensing*." (Miller & Effron, 2010, S. 120, Hervorhebungen im Original)

Die zentrale Frage, die eine Person sich dabei stellt, ist: „,,Can I say or do this without signaling something morally discrediting about myself?'" (Miller & Effron, 2010, S. 119). Moral Licensing ist also ein Prozess der moralischen Selbstregulation, der auf Wahrung eines guten sozialen Ansehens abzielt. Die Person prüft, ob ein geplantes Verhalten ihr soziales Ansehen in moralischer Hinsicht schädigen könnte. Als Kriterium dafür zieht sie ihr vergangenes Verhalten in der gleichen Angelegenheit oder einer anderen moralischen Frage (z. B. Gleichberechtigung, Kinderschutz, Menschenrechte, Umweltschutz, Tierschutz) heran. Wenn sie bereits etwas (sichtbar) Gutes für die moralisch erstrebenswerte Sache getan hat, wird sie sich eher erlauben, nun auch mal etwas zu tun oder zu sagen, das mit den moralischen Zielen nicht übereinstimmt (ebd.).

Schon die Intention, in der Zukunft ein moralisch wertvolles Verhalten zu zeigen, kann ebenfalls die gleiche moralische Erlaubnis geben wie das Verhalten in der Vergangenheit, auch wenn die guten Absichten vielleicht gar nicht umgesetzt werden. Genauso verhält es sich mit der Unterlassung unmoralischer Verhaltensweisen, die man sich als „Credits" für die Ausführung anderer unmoralischer Taten anrechnet. Diese Vorstellung entspricht dem *Moral Credits Model* (Merritt et al., 2012) das zur Erklärung von Moral Licensing herangezogen werden kann (Miller & Effron, 2010). Man hat ein inneres Konto, auf das gute Taten als Guthaben eingezahlt werden und schlechte Taten als Schulden eingehen. Als Beispiel nennen Miller und Effron (2010) hier $CO_2$-Ausgleichszahlungen für

Flugreisen. Durch die Zahlung fühlt man sich weniger schlecht mit der Flugreise, wodurch die moralische Hemmschwelle für die Flugentscheidung sinkt.

Anders verhält es sich beim *Moral Credential Model*. Hier dient das bisherige Verhalten als Referenzpunkt für zukünftiges Verhalten und für das persönliche Selbstbild als moralisch agierende Person (ebd.). Somit beeinflusst das bisherige Verhalten den Blick auf das zukünftige Verhalten. Auch hier finden selbstregulatorische Prozesse statt, jedoch mehr im Sinne einer Konsistenzprüfung des zukünftigen Verhaltens mit dem eigenen Selbstbild, z. B. „Wäre ich nicht eine Heuchlerin, wenn ich gestern für den Tierschutz spende und mir heute einen Nerzmantel kaufe?"

Zur Kontrastierung der beiden Modelle führen Miller und Effron (2010) ein Szenario an, in dem eine Frau als Ehrenamtliche bei der Tafel für Obdachlose arbeitet. Nach ihrer Arbeit wird sie von zwei Bettlern angesprochen. Laut dem Moral Credits Model würde sie zumindest beim ersten Bettler problemlos nein sagen, da sie ja gerade erst eine gute Tat mir ihrer ehrenamtlichen Arbeitsschicht getan hat. Beim zweiten Bettler wären diese „Credits" jedoch dann schon verbraucht und sie wird sich entweder schlecht fühlen, wenn sie nein sagt, oder ihm etwas geben, damit ihr moralisches Konto nicht ins Negative rutscht[24]. Somit schwankt beim Moral Credits Model das moralische Selbstkonzept, je nachdem wie der Kontostand der moralischen und unmoralischen Taten gerade aussieht. Beim Moral Credential Model würde die gleiche Frau ihr ablehnendes Verhalten gegenüber den Bettlern jedoch gar nicht erst als unmoralisch ansehen. Ihre vorherige Tat, die ehrenamtliche Arbeit bei der Tafel, bestärkt sie darin, dass direkte Almosen für Obdachlose sinnlos sind, weil diese das Geld sowieso gleich wieder für Alkohol oder Drogen ausgeben würden. Darüber hinaus würde sie ihr moralisches Selbstverständnis nicht von der einen, kleineren Handlung abhängig machen, sondern auf der regelmäßigen ehrenamtlichen Arbeit aufbauen.

Letztlich schließen sich beide Modelle nicht aus, sondern können auch gemeinsam zu Moral Licensing beitragen. Laut Miller und Effron (2010) hängt dies von der Ambiguität des zweiten Verhaltens und der Ähnlichkeit der beiden Verhaltensdomänen ab.

Einige experimentelle Studien aus der Sozialpsychologie weisen darauf hin, dass Moral Licensing auch empirisch nachweisbar ist und die zeitliche Reihenfolge von moralischer und unmoralischer Tat keinen Unterschied macht (Hahnel et al., 2015; Mazar & Zhong, 2010; Tiefenbeck, Staake, Roth & Sachs,

---

[24] Schon hier zeigt sich, dass die persönliche Einschätzung der Effektgröße verschiedener moralisch guter Taten viel Raum für Subjektivität lässt.

2013). Sie nutzten jedoch ausschließlich quantitative Designs mit relativ kleinen, teilweise rein studentischen Stichproben und einem experimentellen Laborsetting, sodass die ökologische Validität der Ergebnisse noch nicht geklärt ist. In ihrem jüngsten Review kommen Effron und Conway (2015) allerdings zu dem Ergebnis, dass Moral Licensing Effekte vermutlich auch außerhalb des Laborsettings gibt (vgl. Hofmann, Wisneski, Brandt & Skitka, 2014). In ihrer Meta-Analyse zum Moral Licensing zeigen Blanken, van de Ven, Niels und Zeelenberg (2015) darüber hinaus, dass der mittlere Effekt bei d= 0.31 liegt. Somit mehren sich die empirischen Hinweise für die Relevanz von Moral Licensing.

Es ist vorstellbar, dass Moral Licensing ein so unbewusster Prozess ist, dass die handelnden Personen ihn nicht verbalisieren können. Trotzdem wäre es wünschenswert, diese Annahme auch in einem qualitativen Design zu prüfen und zu explorieren, ob sich in den Aussagen über umweltrelevante Entscheidungsprozesse tatsächliche Hinweise auf Moral Licensing finden lassen – wie es der phänomenologische Anspruch von Alfred Schütz (zitiert nach Reich, 2000, S. 251) fordert: "Each term in a scientific model of human action must be constructed in such a way that a human act performed within the life-world by an individual actor [...] would be understandable for the actor himself". Das Gegenteil davon geschieht in der Studie von Tiefenbeck et al. (2013). Sie zeigen zwar anhand eines Feldexperiments mit 154 US-amerikanischen Haushalten, dass Wassersparverhalten mit einem leicht erhöhten Stromverbrauch einhergeht – ob dabei aber moralische Abwägungen die entscheidende Rolle gespielt haben, wissen wir nicht, denn es wurden weder einstellungsbezogene Variablen erhoben, noch Interviews mit den Personen durchgeführt. Da die Erhebung von Mai-Juli stattfand, könnte es auch sein, dass die Haushalte ihre Klimaanlage intensiver genutzt haben, um weniger zu schwitzen und damit weniger duschen und Wäsche waschen zu müssen. Ohne einen phänomenologisch-empirischen Anhaltspunkt zu haben, ist der Schluss von den Ressourcenverbrauchswerten auf kognitive Prozesse nur schwer nachvollziehbar.

Aus einer analytischen Perspektive stellt sich die Frage, unter welchen Bedingungen das vergangene Verhalten eher zu moralischer Konsistenz führt und wann es eher zu einem Moral Licensing Prozess führt. Schon Festinger (1957) hat mit seiner Theorie der kognitiven Dissonanz auf das Bestreben des Menschen nach kognitiver Konsistenz (das Gefühl innerer Kohärenz und Widerspruchsfreiheit) hingewiesen. Moral Licensing könnte einerseits kognitive Konsistenz fördern, da sie innere Legitimierungen für Handlungen ermöglicht. Andererseits könnte ein zu häufiges Moral Licensing auch zu kognitiver Dissonanz führen, wenn die Person sich gewahr wird, dass sie heute so und morgen anders handelt.

Zur Erhellung dieser Frage führen Miller und Effron (2010) drei Faktoren an: Goal-Framing, Sorge vor einem Heuchler-Image und Einstellungsstärke als interindividueller Unterschiedsfaktor.

Betrachtet man den Zusammenhang zwischen moralischer Selbstregulation und Zieltheorien (goal theories), ergibt sich eine interessante Differenzierung. Mit Verweis auf Fishbach und Dhar (2005) betonen Miller und Effron (2010), dass das individuelle Framing der Handlung und des Ziels eine entscheidende Rolle spielt:

> „if studying is framed as *progress* toward the goal of completing academic tasks, the student should feel liberated to put down the books and socialize with her friends (a licensing effect), whereas if studying is framed as *commitment* to this goal, she should be more likely to forego socializing and continue studying (a consistency effect)." (Miller & Effron, 2010, S. 133)

Wenn die Studentin ihre Lerneinheit eher als ein Mittel zum Zweck des akademischen Abschlusses sieht, wird sie sich erlauben nach getaner Arbeit in Ruhe mit ihren Freundinnen auszugehen, was ein *Licensing Effekt* der moralischen Selbstregulation ist. Wenn sie aber die Lerneinheit eher als Bestärkung ihrer Hingabe zum übergeordneten Ziel akademischer Erkenntnis sieht, wird sie eher noch weiter lernen, was einem *Konsistenzeffekt* entspricht.

Ein weiterer konsistenzfördernder Faktor ist die Angst als Heuchlerin zu gelten. Die Sorge ist besonders groß, wenn die beiden Verhaltensdomänen gleich oder sehr ähnlich sind, wenn man mit dem bisherigen Verhalten den offenen Anspruch moralisch korrekten Handelns erhebt, und wenn eine intendierte Verhaltensweise hinsichtlich ihres moralischen Wertes uneindeutig ist, also relativ viel Interpretationsspielraum lässt (ebd.).

Außerdem spielen die Stärke eines moralischen Wertes und die damit verbundene Identifizierung mit diesem Wert eine große Rolle für die Frage ob es zu einem Licensing Effekt oder zu einem Konsistenzeffekt kommt. So führen Miller und Effron (2010) als Beispiel an, dass ein Personaler, dem Chancengleichheit eher oberflächlich wichtig ist, sich nach der Einstellung einer einzigen Person aus einer ethnischen Minderheit bereits als Kämpfer für die Chancengleichheit rühmen wird, was ihm wiederum erlaubt in Zukunft diesen Aspekt in Personalentscheidungen nicht mehr berücksichtigen zu müssen. Ein anderer Personaler wiederum, dem Chancengleichheit sehr am Herzen liegt, wird seine Entscheidung für eine Kandidatin aus einer ethnischen Minderheit eher als einen kleinen Schritt hin zum gesamtgesellschaftlichen Ziel der tatsächlichen Gleichberechtigung interpretieren, weil er weiß, wie viele Schritte noch nötig sein werden um dieses Ziel wirklich zu erreichen.

# 5. Methoden

Das Ziel dieses Kapitels ist die Begründung und Dokumentation der gewählten empirischen Forschungsmethoden zur Erfassung und Erklärung von individuellem Pkw-Rebound-Verhalten. Dazu wird zunächst das qualitative Forschungsdesign vorgestellt (5.1). Im Anschluss folgen Erläuterungen zum problemzentrierten Interview und den verwendeten Interviewleitfäden (5.2). Nachfolgend fällt der Blick auf die schwierige Operationalisierung von „Effizienz" und „Rebound-Verhalten" (5.3). Die Verwendung realitätsnaher Spritverbrauchsangaben (5.3.1) und ein Punkteschema (5.3.2) sollen dieses Problem näherungsweise lösen.

Im nächsten Abschnitt legt der qualitative Stichprobenplan offen, welche Kriterien für die Stichprobenziehung herangezogen wurden (5.4). Anschließend wird die praktische Umsetzung der Erhebung beschrieben, wobei auch die Erfüllung der Stichprobenkriterien evaluiert wird (5.5). Wie das umfangreiche Interviewmaterial transkribiert, ausgewertet, kodiert und für eine Typenbildung genutzt wurde, beschreibt der nachfolgende Abschnitt (5.6). Das Kapitel schließt mit Betrachtungen zu den Gütekriterien qualitativer Forschung (5.7) und der Charakterisierung der Stichprobe (5.8).

## 5.1 Qualitatives Forschungsdesign mit zwei Erhebungszeitpunkten

Ein Forschungsdesign ist ein Plan zur systematischen Sammlung und Analyse von Daten zur Beantwortung einer Fragestellung (Flick, 2009). Bei den Forschungsdesigns bisheriger Rebound-Studien dominieren quantitative Ansätze. Wie in Kapitel 2.3 dargestellt, sind die Ergebnisse dieser Studien teilweise widersprüchlich und schwer interpretierbar. Sie liefern allerdings fragmentarische Schlaglichter auf Einzelaspekte des Rebound-Phänomens. Es scheint Unterschiede zwischen den Nutzern hinsichtlich des Rebound-Verhaltens zu geben, aber es bleibt unklar, was die Kriterien zu einer möglichst trennscharfen Bildung von Subgruppen sein könnten. Deshalb habe ich für die vorliegende Arbeit ein qualitatives Forschungsdesign gewählt, um die interindividuellen Unterschiede und relevanten Einflussfaktoren differenziert betrachten zu können. Nach Strauss und Corbin (1990) eignen sich qualitative Designs besonders für Forschungsbe-

© Springer Fachmedien Wiesbaden GmbH, ein Teil von Springer Nature 2019
S. Becker, *Individuelles Rebound-Verhalten in der Pkw-Mobilität*, Studien zur Mobilitäts- und Verkehrsforschung, https://doi.org/10.1007/978-3-658-20679-6_5

reiche, in denen es wenig Vorwissen gibt oder in denen neue, detailliertere Perspektiven auf vorhandene Wissensbestände gewonnen werden sollen. Die qualitative Exploration von Differenzmustern zwischen Nutzern erlaubt die Bildung einer Nutzertypologie, die wiederum der Erstellung zielgruppenspezifischer Interventionen dienen kann.

Das Design zur Erfassung von Rebound-Verhalten muss einen Vorher-Nachher-Vergleich beinhalten, da Rebound durch seinen definitorischen Bestandteil der Effizienz*verbesserung* impliziert, dass es einen bisherigen Effizienzgrad und einen neuen Effizienzgrad gibt. Bezogen auf Autos bedeutet dies in der Regel, dass ein Wechsel des Fahrzeugs stattgefunden haben muss[25]. Zu einem Wechsel kommt es dann, wenn eine Person z. B. ihren bisherigen Pkw verkauft und sich einen neuen Pkw anschafft. Allgemeiner formuliert kommt es zur Abschaffung des bisherigen Pkw (*Pkw1*) mit dem Effizienzgrad a und einer Anschaffung eines anderen Pkw (*Pkw2*) mit dem Effizienzgrad b. Für die folgende Untersuchung macht es dabei keinen Unterschied, auf welchem Wege Pkw1 abgeschafft wird, sei es durch Verkaufen, Verschrotten, Verschenken, Diebstahl oder das Ende des Leasing-Turnus. Analog dazu sind auch bei der Neuanschaffung verschiedene Formen möglich, vom Bargeldkauf eines Gebrauchtwagens aus privater Hand über das online abgeschlossene Leasing eines Neuwagens bis hin zum Kreditkauf eines Wagens beim lizensierten Autohändler des Vertrauens. Alle diese Formen der Neuanschaffung bezeichne ich im Folgenden zusammenfassend als *Kauf* oder *Kaufentscheidung*. Um die Ziele und den Prozess der Wechselentscheidung möglichst ohne Erinnerungsverzerrungen nachzeichnen zu können, sollen Autokäufer zunächst unmittelbar nach dem Wechsel in einem ca. einstündigen Interview (s. Kap. 5.2) befragt werden (vgl. Turrentine & Kurani, 2007). Dieser Befragungszeitpunkt sollte maximal drei Monate nach der Kaufentscheidung liegen und wird im Folgenden *t1* genannt.

Der Vergleich von Pkw1 mit Pkw2 hinsichtlich ihrer Effizienzgrade ist für die deskriptive Diagnose von Rebound-Verhalten eine wichtige Voraussetzung. Käme es beispielsweise zu einer Effizienz*verschlechterung* kann per definitionem kein „Rebound"-Verhalten auftreten – auch wenn andere Phänomene des Mehrkonsums hier natürlich trotzdem möglich sind. Für die Erfassung von Fahr-

---

[25] Es gibt auch andere Wege der Effizienzverbesserung, beispielweise die Umrüstung auf einen effizienteren Treibstoff wie Erdgas. Da dies jedoch mit hohen Umbaukosten verbunden ist und eher selten vorkommt, konzentriere ich mich im Folgenden ausschließlich auf den Fall des Fahrzeugwechsels.

leistungsrebound-Verhalten und Fahrstilrebound-Verhalten ist ein weiterer Messzeitpunkt notwendig. Nur wenn die ersten Wochen des Ausprobierens mit dem neuen Wagen vorüber sind, die ein oder andere Urlaubsfahrt unternommen wurde und sich somit (eventuell) neue Gewohnheiten im gesamten Nutzungsspektrum eingestellt haben, wird erkennbar, ob das neue Auto mehr genutzt wird als das vorherige. Deshalb sollen 6 bis 8 Monate nach dem Wechsel einstündige Folgeinterviews mit denselben Personen durchgeführt werden. Dies ist Befragungszeitpunkt *t2*.

Abbildung 5-1 fasst das Forschungsdesign grafisch auf einer Zeitachse zusammen.

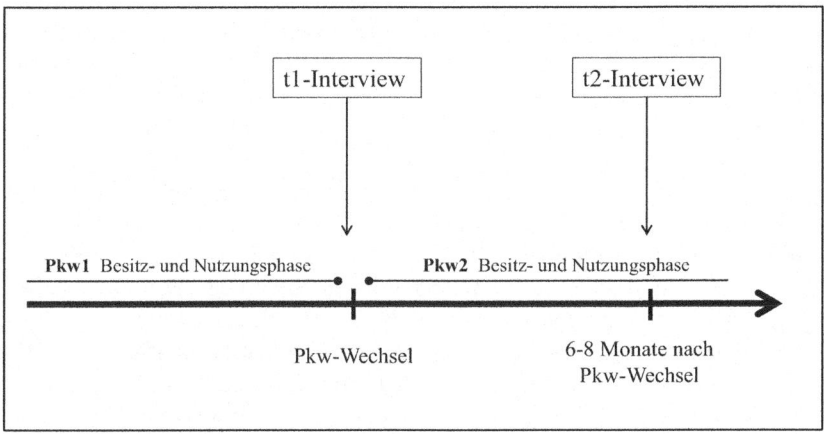

*Abbildung 5-1 Forschungsdesign der vorliegenden Arbeit. Eigene Darstellung.*

## 5.2 Das problemzentrierte Interview und die Interviewleitfäden

Qualitative Interviewformen lassen sich entlang der zentralen Dimension Offenheit vs. Strukturierung unterscheiden (Kruse, 2014). Während narrative und ethnografische Interviewformen die größte Offenheit aufweisen, zeichnen sich Struktur-Lege-Techniken und das sogenannte fokussierte Interview durch einen hohen Strukturierungsgrad aus. Das problemzentrierte Interview (PZI) stellt einen Mittelweg dar. Es findet sowohl in der psychologischen als auch in der soziologischen Forschung breite Anwendung und ist für die vorliegende Arbeit am besten geeignet. Sein Vorteil ist, dass es ein (für qualitative Forschung verhältnismäßig) hohes Maß an Einbindung von Vorwissen und theoretischer Vorstrukturierung des Gegenstands ermöglicht und trotzdem offen genug für neue Entdeckungen ist (Helfferich, 2009).

Das PZI hat die „Aushandlung der subjektiven Sichtweise der Interviewten" zum Ziel (Witzel, 2000, Abs. 6) und strebt dafür eine hohe *Prozessorientierung* und *Gegenstandsorientierung* an. Unter Prozessorientierung versteht Witzel (ebd.) eine akzeptierende und sensible Haltung im Interview, ein gemeinsames Herausarbeiten und Rekonstruieren der persönlichen Perspektive der befragten Person. Dabei helfen narrative Elemente, v. a. zum Einstieg ins Gespräch, da sie das Künstliche der Interviewsituation abbauen[26], sowie Spiegelungen und Nachfragen. Eng damit verbunden ist die Gegenstandsorientierung, die für Witzel (ebd.) bedeutet, dass die Kommunikationsstrategie dem gerade präsenten Thema angepasst werden sollte. Für die vorliegende Arbeit heißt dies, dass die technischen Pkw-Daten in Form eines Datenblatts schriftlich erhoben werden, während die Begründungszusammenhänge der Kaufentscheidung zunächst narrativ und dann dialogisch-diskursiv durch gezielte Nachfragen bei Hinweisen auf relevante Goal-Frames im Gespräch herausgearbeitet werden.

Die dritte wichtige Orientierung des PZI ist die (namensgebende) Problemzentrierung. Darunter versteht Witzel (ebd.) die Orientierung an einer gesellschaftlich relevanten Problemstellung. Meines Erachtens muss damit jedoch nicht gemeint sein, dass diese Problemstellung auch von den Befragten subjektiv als problematisch angesehen wird. Im Gegenteil, es erscheint im Falle des Rebound-Themas sogar angebracht, die Personen zunächst nicht unmittelbar mit dem eigentlichen Thema, im Sinne einer umweltbezogenen Problematik, zu konfrontieren, um keine normative Interpretation des Themas vorwegzunehmen oder überzustülpen. Schließlich soll ja gerade erforscht werden, inwieweit Effizienzkriterien oder umweltnormative Motive bei Autokauf und –nutzung für die Befragten überhaupt eine Rolle spielen (vgl. Sprei & Karlsson, 2013; Turrentine & Kurani, 2007).

Das PZI wird mithilfe eines elaborierten Leitfadens geführt und kann sehr dialogische Phasen, aber auch narrative Anteile, haben (Witzel, 1982, 2000). Der Themenbereich ist i. d. R. klar umgrenzt. Das theoretische Vorwissen dient dabei zur Generierung von Frageideen, die jedoch offenen Charakter haben, also kein

---

[26] Zum gleichen Zweck habe ich als Interviewerin das „du" akzeptiert, wenn es mir vom Gegenüber (oftmals aufgrund eines ähnlichen Alters oder der Vermittlung über Dritte) beim ersten Kontakt angeboten wurde. Deshalb wurden einige Interviews in der Sie-Form und andere in der Du-Form geführt.

reines „Abfragen" von Tatbeständen darstellen. Stattdessen haben die Frageideen eine thematische Lenkungsfunktion und sollen die befragte Person zum Erzählen anregen (z. B. „Was halten Sie persönlich von Elektro-Autos?"). Die Einbindung des theoretischen und empirischen Vorwissens geschieht durch einen Interview-Leitfaden, der die (thematische) Vergleichbarkeit der Interviews unterstützt, auch wenn beispielsweise die Reihenfolge und der Detailliertheitsgrad der Themen über die Gespräche hinweg variieren kann.

Im Folgenden werden die Interviewleitfäden für beide Erhebungszeitpunkte kurz vorgestellt. Beide Leitfäden finden sich darüber hinaus im Anhang 10.1 und 10.2. Im t1-Interview liegt der inhaltliche Schwerpunkt auf den subjektiven Begründungen der Kaufentscheidung, während der Fokus des t2-Interviews auf der subjektiven Wahrnehmung und Bewertung der Effizienz des Fahrzeugs und auf subjektiven Erklärungen von eventuellen Änderungen im Fahr- und Nutzungsverhalten liegt.

### 5.2.1 Gesprächsleitfaden für das t1-Interview

Im t1-Interview wird die Person zu Beginn gebeten zu erzählen, wie es zu dem Autowechsel kam und unter welchen Umständen der Wechsel stattgefunden hat. Dann soll sie erläutern, warum sie sich für dieses spezifische Automodell entschieden hat, welche mögliche Alternativen zu diesem Modell in Betracht kamen und was letztlich den Ausschlag gegeben hat. Außerdem werden mögliche äußere Einflussfaktoren auf die Entscheidung thematisiert, z. B. der/die Verkäufer/in im Autohaus oder Einflüsse aus dem sozialen Umfeld. Falls die Person von sich aus keinerlei Effizienz- oder Umweltaspekte nennt, wird explizit nachgefragt, ob solche Aspekte bei der Entscheidung eine Rolle gespielt haben. Es folgen Fragen zur Nutzungsweise des bisherigen Autos, insbesondere zu Fahrstil und bevorzugter Geschwindigkeit auf Autobahnen. Im nächsten Themenbereich wird die Person gefragt, ob sie generell gerne Auto fährt und welche Rolle Umweltschutz für sie im Alltag und in ihrem täglichen Verhalten spielen. Außerdem wird sie gebeten, Auskunft über ihre monatlichen Kosten[27] für das Autofahren zu geben und einzuschätzen, ob sie durch das neue Auto Einsparungen erwartet. Anschließend wird das Autonutzungsverhalten über die Art und Anzahl der Wege in der ver-

---

[27] bei Turrentine & Kurani (2007, S.1221, Fig. 7) zeigte sich, dass die meisten Personen die Kosten mit einem *monatlichen* Bezugsrahmen immerhin etwas besser schätzen können als jährlich oder wöchentlich.

gangenen Woche erhoben und nach weiteren, längeren Autofahrten, die anfallen, gefragt. Zum Schluss werden eventuelle Änderungen in der individuellen Lebenssituation thematisiert, sowie die Berufstätigkeit und Haushaltsgröße (Anzahl Kinder und Erwachsene) erfasst.

Im Anschluss an das Interview wird die Person gebeten, ein Datenblatt auszufüllen, das die technischen Daten des bisherigen und des neuen Autos angibt. Dazu gehören u. a. Modell, Baujahr, PS, Spritverbrauch, $CO_2$-Emissionen, Kaufpreis und Kilometerstand. Wenn möglich, soll dabei der Fahrzeugbrief zur Hand genommen werden. Es wird außerdem nach Details zur Versicherung des Autos gefragt, um zu erfahren, mit welcher maximalen Jahresfahrleistung das Auto bisher versichert war und ob diese für das neue Auto geändert wird.

### 5.2.2    *Gesprächsleitfaden für das t2-Interview*

Das t2-Interview beginnt mit der Frage, wie zufrieden die Person aktuell mit ihrem neuen Auto ist. Diese Frage soll die Funktion eines Gesprächseinstiegs erfüllen und für die Befragten die Brücke zum t1-Interview schlagen. Darauf folgen spezifische Fragen zur Zufriedenheit mit der Effizienz und zur Nutzung von Instrumenten, die bei einer spritsparenden Fahrweise helfen, wie Schaltassistent, Momentanverbrauchsanzeige und Eco-Modus. Anschließend wird nach dem aktuellen Fahrstil und der bevorzugten Geschwindigkeit auf Autobahnen gefragt, was dem Vergleich mit den t1-Angaben dienen soll. Im nächsten Abschnitt werden eventuelle Änderungen der monatlichen Kosten für das Autofahren und subjektiven Erklärungen dafür thematisiert. Dabei werden die Angaben aus dem technischen Datenblatt zur Vorbereitung des t2-Interviews ausgewertet und, falls eine Senkung des Spritverbrauchs vorlag, zur Konfrontation der Person mit diesem Umstand genutzt. In diesem Fall wird die Person gefragt, ob sie eine finanzielle Einsparung bemerkt habe und, falls ja, ob sie sagen kann, wofür das eingesparte Geld genutzt wird.

Im folgenden Abschnitt wird, analog zu t1, nach Art und Anzahl der mit dem Auto zurückgelegten Wege in der vergangenen Woche gefragt. Danach soll die Person angeben, ob sie das neue Auto in irgendeiner Weise anders nutzt als das bisherige und wie hoch der aktuelle Kilometerstand ist. Hier wird die Person mit dem bei gleichbleibender Fahrleistung zu erwartenden Kilometerstand konfrontiert (umgerechnet auf den seit dem Kauf vergangenen Zeitraum). Wenn eine Abweichung zwischen erwartetem und tatsächlichem Kilometerstand vorliegt, wird die Person (freundlich und nicht-wertend) nach den Gründen für diese Abweichung gefragt. Zum inhaltlichen Abschluss werden Einstellungen zu Mobilitätsinnovationen wie alternativ angetriebenen Fahrzeugen und Carsharing erhoben. Außerdem bekommt die Person Gelegenheit, ihre Erwartungen an politische Entscheider auf kommunaler Ebene in Bezug auf die Förderung von alternativen Fahrzeugen auszudrücken. Zum Schluss wird nach dem monatlichen Nettoeinkommen der Person und eventuellen Änderungen der Lebenssituation gefragt.

An dieser Stelle sei bereits erwähnt, dass nicht alle Interviewsequenzen für die spätere Auswertung in gleichem Maße genutzt wurden. Stattdessen wurde dasjenige Material selektiv kodiert, das sich für die Fragestellung als besonders aufschlussreich herausstellte.

## 5.3 Operationalisierung von Effizienz und Nachfrage-Verhalten

Eine technische Effizienzverbesserung ist definitorischer Bestandteil des Konstrukts Rebound. Für die geplante empirische Erhebung bedeutet dies, dass zunächst für jeden Fall festgestellt werden muss, ob überhaupt eine Effizienzverbesserung vorliegt. Der erste Schritt ist also die deskriptive Diagnose, ob Pkw2 tatsächlich effizienter als Pkw1 ist? Nur dann kann in einem zweiten Schritt untersucht werden, ob diese Effizienzverbesserung mit einer Mehrnachfrage einhergeht (also ein Rebound-Verhalten vorliegt) und, in einem dritten Schritt, exploriert werden, mit welchen Motiven diese Mehrnachfrage im Zusammenhang steht.

Für den ersten Schritt ziehe ich zunächst eine allgemeine Definition von Effizienz aus der McGraw-Hill Encyclopedia of Science and Technology (Crossley, 1987) heran:

**"Efficiency:** The ratio, expressed as a percentage, of the output to the input of power (energy or work unit per time). As is common in engineering, this concept is defined and made measurable. Thus, a gear transmission is 97 % efficient when the useful energy output is 97 % of the input, the other 3 % being lost as heat due to friction. A boiler is 75 % efficient when its product (steam) contains 75 % of the heat theoretically contained in the fuel consumed. All automobile engines have low efficiency (below 30 %)[28] because of the total energy content of fuel converted to heat; only a portion

---

[28] Das Effizienzprinzip wird hier sehr gut veranschaulicht, aber der Wirkungsgrad von Verbrennungsmotoren hat sich seit 1987 zumindest schrittweise verbessert: „Bei voller Last können Ottomotoren Werte von 35 % oder auch etwas mehr erreichen. Dieselmotoren erreichen auch mehr als 40 %, vor allem mit Direkteinspritzung und Turboaufladung und bei großen Motoren." https://www.energie-lexikon.info/verbrennungsmotor.html (Zugriff 13.6.2016)

provides motive power, while a substantial amount is lost in radiator and car exhaust. (...)
In such simple cases the value is clear. However, in some others it can be difficult to calculate exactly. (...) The question is then, how much to include in the overall efficiency determination." (Crossley, 1987, S. 597)

Effizienz gibt also das Verhältnis von Energieeinsatz zu Leistungsausgabe an, es ist ein relationales Maß, das in Prozent angegeben werden kann. Crossley weist dabei selbst auf eine definitorische Herausforderung hin. Was auf der Inputseite als eingesetzte Energie betrachtet wird, muss wohlüberlegt sein. In den Umweltwissenschaften werden zu diesem Zwecke Life-Cycle-Assessments durchgeführt. Für die geplante Untersuchung wird jedoch eine einfach zu erhebende Maßzahl für den Energieeinsatz benötigt. Da die auf Mineralöl basierenden Kraftstoffe der Energieträger für gängige Verbrennungsmotoren sind, liegt es nahe, im Folgenden die Menge an Benzin und Diesel in Litern als Energieinput zu betrachten. Auf der Output-Seite ergibt sich ebenfalls die Frage, was als „Leistung" betrachtet wird. Bewegungsenergie wird hier als zentrale Outputgröße eines Fahrzeugs angesehen, also die gefahrenen Kilometer. Deshalb wird im Folgenden der *Spritverbrauch in Liter auf 100 Kilometer* (l/100 km) als Maß für die Effizienz eines Fahrzeugs herangezogen. Diese Größe hat sich in Pkw-Rebound-Studien als Effizienzmaß etabliert (vgl. exemplarisch Frondel, 2012). Auf mögliche Alternativen wird in der methodischen Diskussion ausführlicher eingegangen (s. Kap. 7.7).

**Operationalisierung des Nachfrageverhaltens**

Für die Operationalisierung des Nachfrage-Verhaltens werden je nach Rebound-Verhaltensdimension verschiedene Maße herangezogen. Für das Nachfrageverhalten in der Kaufentscheidung betrachte ich die Motorleistung in PS und die Größe des Pkw. Die PS-Zahl wählen Autokäufer i. d. R recht gezielt aus, u. a. weil sie meist mit einem höheren Kaufpreis verbunden ist. Außerdem sehen viele Autokäufer in einer höheren Beschleunigungskraft einen höheren Nutzen. Deshalb fasse ich eine spürbare Änderung (+/- 10 %) der PS-Zahl grundsätzlich als gezielte Nachfrage-Entscheidung der Autokäufer (und nicht als beiläufige Leistungssteigerung des Herstellers) auf. Ebenso verhält es sich mit der Größe des Pkw. Wenn eine Autokäuferin ein größeres oder ein kleineres Pkw-Segment (KBA, 2015a) als bisher auswählt, dann verstehe ich dies als willentliche Änderung - und nicht als eine „eingebaute" Vergrößerung eines Modells durch den Hersteller.

Meist geht eine Vergrößerung des Segments mit einer Gewichtserhöhung einher. Es ist jedoch anzunehmen, dass eine Mehrnachfrage in der Regel nicht dadurch entsteht, dass eine Verbraucherin nach einem *schwereren*, sondern nach einem *größeren* Auto sucht. Somit soll hier mit der Wahl des Pkw-Segments als Nachfragekategorie auch der Verbraucherperspektive Rechnung getragen werden. Ein größeres Autosegment bedeutet zudem meist nicht nur eine Gewichtszunahme, sondern auch mehr Luftwiderstand (sofern dies nicht durch gleichzeitige Verbesserung der Aerodynamik vollständig ausgeglichen wird). Beides resultiert tendenziell in einem höheren Energieverbrauch.

Für das Nachfrageverhalten der Fahrleistung betrachte ich die jährliche Kilometerleistung des bisherigen und die des neuen Autos. Eine höhere Fahrleistung könnte entweder aus zusätzlichen oder längeren Wegen, aber auch aus einer Substitution von Wegen, die früher mit anderen Verkehrsmitteln bewältigt wurden und nun mit dem Auto durchgeführt werden, resultieren. Beides wird sich in der Kilometerleistung des Autos niederschlagen und ist insofern durch eine Erfassung der Kilometerleistung abgedeckt. Sollten sich in den Interviews Hinweise darauf finden, dass Schwankungen in den Kilometerständen durch veränderte Nutzungsanteile mehrerer Pkw im Haushalt zustande kommen, werde ich dies berücksichtigen und im Ergebnisteil entsprechend berichten.

Für das Nachfrageverhalten des Fahrstils verwende ich keine Maßzahl, sondern das selbstberichtete Verhalten zum Fahrstil mit dem alten und mit dem neuen Auto. Hierzu werden die Aussagen zu den Fahrstilen kategorisiert und zwischen t1 und t2 miteinander verglichen. Der Schwerpunkt liegt dabei auf der Frage, ob der Fahrstil mit dem neuen Auto energieintensiver (weniger Ecodriving) oder energiesparender (mehr Ecodriving) geworden ist.

Zur empirischen Erfassung der ersten beiden Rebound-Verhaltensdimensionen habe ich ein Punkteschema erstellt, das als Hilfsinstrument zur deskriptiven Diagnose von Rebound-Verhalten dienen soll. Bevor ich dieses Schema in Kap. 5.3.2 näher erläutere, gehe ich im folgenden Abschnitt auf die Problematik der Herstellerangaben zum Spritverbrauch als Maß für Effizienz ein und stelle einen Alternativvorschlag dazu vor.

### 5.3.1 Herstellerangaben und Realverbrauch

Die große Unsicherheit hinsichtlich der Glaubwürdigkeit der Verbrauchs- und Abgaswerte von Neuwagen ist nicht erst seit dem Skandal um manipulierte Abgaswerte bei Volkswagen im Jahr 2015 bekannt. Der ICCT (International Council on Clean Transportation) wies bereits 2013 darauf hin, dass die durchschnittliche Abweichung von Herstellerangaben und tatsächlichen $CO_2$-Emissionen bei neuen Pkw in der EU und den USA 25 % beträgt, bezogen auf das Jahr 2011 (Mock, German, Bandivadekar, Riemersma & Lambrecht, 2013). Da $CO_2$-Ausstoß und Spritverbrauch sehr hoch miteinander korrelieren, muss davon ausgegangen werden, dass die Abweichungen beim Spritverbrauch in einer ähnlichen Größenordnung liegen. Auch der ADAC (Allgemeiner Deutscher Automobilclub) testet schon seit vielen Jahren den Realverbrauch von Neuwagen, offenbar weil er bereits Grund zu der Annahme hatte, dass hier mit Abweichungen von den Herstellerangaben zu rechnen ist.

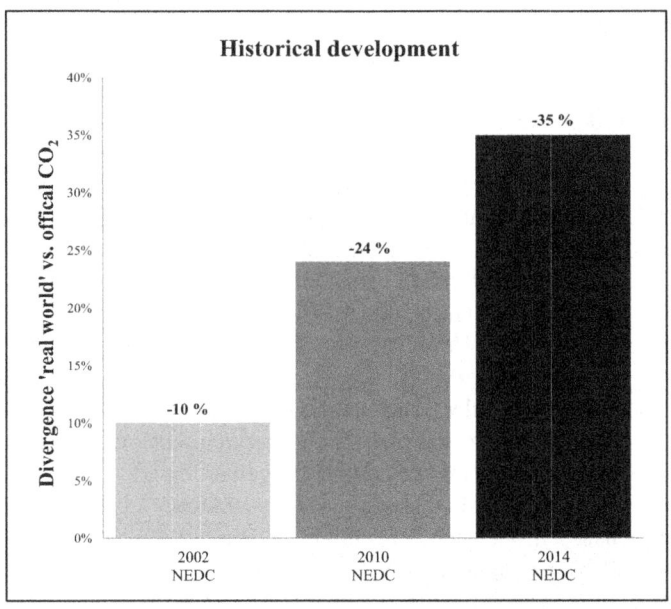

*Abbildung 5-2 Abweichung zwischen realen und vom Hersteller angegebenen $CO_2$-Emissionswerten im Zeitverlauf (2002-2014); Quelle und Darstellung angelehnt an: ICCT, 2015, S. III*

Der Spritverbrauchswert ist in seiner Funktion als Effizienzmaß für die Rebound-Diagnose von zentraler Bedeutung (vgl. Kap. 5.3). Die Angaben sollen dem Kriterium der Vergleichbarkeit genügen, aber auch den Kriterien der Validität und Reliabilität. Auf den ersten Blick erscheint es sinnvoll, die Herstellerangaben heranzuziehen, da diese zumindest mit dem gleichen Prüfverfahren ermittelt wurden – auch wenn dieses unter unrealistischen Bedingungen durchgeführt wird. Die jüngste Studie des ICCT (2015) zeigt jedoch, dass der Grad der Abweichung zwischen Herstellerangabe und Realverbrauch im Laufe des vergangenen Jahrzehnts erheblich größer geworden ist. Wie Abbildung 5-2 zeigt, hat die Spanne der Abweichung von Herstellerangabe und realem $CO_2$-Ausstoß von ca. 10 % im Jahr 2002, über 24 % im Jahr 2010 bis zu 35 % im Jahr 2014 zugenommen.

Dies erschwert den Vergleich von zwei Pkw unterschiedlichen Alters, selbst innerhalb derselben Marke und desselben Modells. Eine Person könnte z. B. von einem VW Golf V (Baujahr 2004, 115 PS, Verbrauch laut Hersteller: 6,9 l Benzin/100 km) auf einen 9 Jahre jüngeren VW Golf VII Blue Motion (Baujahr 2013, 115 PS, Verbrauch laut Hersteller: 4,3 l Benzin/100 km) wechseln. Dies entspräche einer Effizienzverbesserung von 36 %. In Anbetracht der Schätzungen des ICCT (2015) müssen wir jedoch davon ausgehen, dass die Herstellerangabe von einem Wagen aus dem Baujahr 2013 den Spritverbrauch noch deutlich stärker „beschönigt" als die Herstellerangabe für einen Wagen aus dem Baujahr 2004. Möglicherweise liegt dadurch eine geringere Energieeinsparung vor als es die Herstellerangaben postulieren. Diese Lücke zwischen erwarteter und tatsächlicher Energieeinsparung könnte fälschlicherweise als Rebound interpretiert werden, obwohl sie auf (systematische) Messfehler zurückzuführen ist. Um diese Fehlinterpretation zu vermeiden, muss ein robustes und vergleichbareres Maß für den Spritverbrauch der betrachteten Pkw herangezogen werden. Nur so ist der Effizienzvergleich von Autos möglich, deren Baujahre fünf bis zehn oder mehr Jahre auseinander liegen.

Als alternative Quelle zu den Herstellerangaben bietet sich der von den befragten Personen selbst berichtete Spritverbrauch ihres Wagens an. Dieser ist zwar von Faktoren wie Beladung und Strecke abhängig. Ausgehend davon, dass diese Faktoren generell über den Autowechsel hinaus konstant bleiben, ermöglicht der subjektive Erfahrungswert jedoch den intraindividuellen Vergleich, der für die Rebound-Fragestellung so zentral ist.

Der selbst berichtete Spritverbrauch kann jedoch nur als aussagekräftige Quelle herangezogen werden, wenn die Person eine konkrete Zahl oder eine Spannbreite von maximal einem halben Liter (z. B. „5 bis 5,5 Liter") nennt. Angaben mit größerer Spannbreite (z. B. „so 8 bis 10 Liter") sind wenig aussagekräftig und werden deshalb nicht verwendet. In diesen Fällen werden Verbrauchsangaben aus ADAC-Testberichten herangezogen, da diese grundsätzlich eine möglichst gute Vergleichbarkeit verschiedener Modelle und eine realitätsnahe Schätzung gewährleisten.

Dennoch ist hier kritisch anzumerken, dass der ADAC seine Testverfahren im Laufe der letzten 15 Jahre immer wieder leicht verändert hat, sodass auch hier die Vergleichbarkeit von Werten aus verschiedenen Jahrgängen nur näherungsweise, aber nicht vollständig gegeben ist. Darüber hinaus wird zwar für viele Standardmodelle ein realistischer Testverbrauch angegeben. Bei anderen Modellvarianten verweist der ADAC jedoch häufig auf die Herstellerangaben oder es ist nicht eindeutig erkennbar, um welche der beiden Quellen es sich handelt. Außerdem sind ADAC-Testberichte für Modelle vor dem Jahr 2000 selten verfügbar. Falls die ADAC-Testberichtsdaten nicht für beide zu vergleichenden Pkw-Modelle einer befragten Person verfügbar sind, wird deshalb über die Plattform www.spritmonitor.de ein realitätsnaher Durchschnittsverbrauch für beide Modelle recherchiert. Auch der ICCT nutzte für seine Schätzungen Daten von dieser Online-Plattform, auf der ca. 373.000 Benutzer und 536.000 Fahrzeuge registriert sind (Stand: 18.05.2016) und pro Monat ca. 200.000 Betankungen eingetragen werden. Die Benutzer hinterlegen die grundlegenden technischen Spezifikationen ihres Fahrzeugs und tragen ihre Betankungen (in Liter Treibstoff; Art des Treibstoffs), Kilometerstände, Bereifung (Sommer-/Winter-/Ganzjahresreifen), streckenspezifischen Fahrstil („bewusst sparsam"/„normal"/„erlebnisorientiert"), Benutzung von Klimaanlage/Heizung, Bordcomputerangabe des durchschnittlichen Verbrauchs, sowie Streckenprofile (Stadt/Autobahn/Landstraße) ein. Der Spritmonitor errechnet aus den Kilometerständen und verbrauchten Litern den kombinierten, tatsächlichen Spritverbrauch seit der letzten Tankfüllung, sowie den geschätzten $CO_2$-Ausstoß und veröffentlicht diese Daten in aggregierter und disaggregierter Form online. Damit ermöglicht die Plattform die Abfrage von realen Spritverbräuchen verschiedenster, auch älterer Modelle. Die Durchschnittswerte über alle Nutzer des gleichen Modells (inklusive spezifiziertem Baujahr und PS) sind einfach abrufbar. Ausgehend von der Annahme, dass tendenziell eher spritbewusste/ verbrauchsinteressierte Fahrer die Plattform nutzen, sind die von Spritmonitor errechneten Verbrauchswerte vermutlich keine Überschätzungen des tatsächlichen Verbrauchs, sondern eher als konservative Schätzwerte zu interpretieren.

Für die Auswahl der Quellen für die Verbrauchswerte soll in meiner empirischen Erhebung folgende Priorisierung gelten:
1. Selbstaussage, sofern für Pkw1 *und* Pkw2 vorhanden und präzise angegeben
2. ADAC-Testverbrauchswerte, sofern für Pkw1 *und* Pkw2 vorhanden
3. Spritmonitor-Durchschnittsrealverbrauchswerte (in der Regel für alle Pkw-Modelle vorhanden)

Wichtig ist also, dass die Quelle pro Fallbetrachtung die gleiche ist, damit der Vergleich der Verbrauchswerte von Pkw1 und Pkw2 *innerhalb* eines Falles aussagekräftig ist. Zur Dokumentation werde ich in den Fallvignetten alle jeweils recherchierten Verbrauchswerte unter Nennung der Quelle angeben und erkennbar machen, welcher Wert für die deskriptive Rebound-Verhaltensdiagnose verwendet wurde (s. Anhang 10.3).

### 5.3.2 Ein Punkteschema für die Veränderung von Effizienz und Nachfrage

Trotz der Bemühung um Systematik, Realitätsnähe und Vergleichbarkeit ist die soeben vorgestellte Vorgehensweise zur Ermittlung von Verbrauchswerten mit relativ großen Unsicherheitsfaktoren in der Reliabilität der Messung behaftet. Deshalb verstehe ich eine eventuell auftretende Verringerung des Spritverbrauchs als *Tendenz* zur Effizienzverbesserung. Es erscheint mir unter diesen Bedingungen nicht sinnvoll, eine quantitative Messung und Interpretation des in meiner Stichprobe möglicherweise auftretenden Rebound-Verhaltens zu versuchen, z. B. im Sinne eines Rebounds von x Prozent, auch wenn diese Zahl von großem Interesse ist. Trotzdem kann ich mich auch nicht allein auf die Motive und subjektiven Begründungszusammenhänge der Befragten konzentrieren ohne die technischen Daten zu interpretieren, denn ohne eine deskriptive „Diagnose" von Rebound-Verhalten oder Nicht-Rebound-Verhalten fehlt das Explanandum und ich müsste die Studie an dieser Stelle beenden.

Deshalb wird eine praktikable Schätzung der Effizienzveränderung und der Nachfrageveränderung benötigt, um abschätzen zu können, bei welchen Personen ein Rebound-Verhalten vorliegt und bei welchen keines vorliegt. Dazu wird im Folgenden ein Punkteschema eingeführt. Sowohl die Effizienzveränderung als auch die Nachfrageveränderung können darin maximal 3 Punkte sinken oder steigen. Tabelle 5-1 enthält die Zuordnung von Punkten für die Effizienzveränderungstendenz.

*Tabelle 5-1 Punkteschema zur groben Abschätzung der Effizienzverbesserungstendenz von Pkw2 im Vergleich zu Pkw1. Eigene Darstellung.*

| Eigenschaften Pkw1 | Veränderung | Eigenschaften Pkw2 | Punkte der Effizienz-verbesserungstendenz |
|---|---|---|---|
| Spritverbrauch x | → | Spritverbrauch x- 10 % | + 1 Punkt |
| Spritverbrauch x | → | Spritverbrauch x- 20 % | + 2 Punkte |
| Spritverbrauch x | → | Spritverbrauch x- 30 % oder besser | + 3 Punkte |

Eine Verringerung des Spritverbrauchs wird erst ab 10 % vermerkt, weil hier aufgrund der o. g. Messunsicherheiten eher konservativ geschätzt werden soll. Außerdem ist davon auszugehen, dass eine Verringerung von weniger als 10 % auch von der Verbraucherseite noch nicht als spürbare Verringerung bewusst eingeordnet oder wahrgenommen wird. Ab diesem Wert wird die nächste Grenze bei 20 % gezogen. Eine Effizienzverbesserung von 30 % oder mehr wird pauschal mit 3 Punkten bewertet. Im Falle einer Verschlechterung wird diese entsprechend mit -1, -2 oder -3 Punkten bewertet. Wenn keine Veränderung vorliegt (0 bis 9 %), wird dies mit dem Wert 0 gekennzeichnet.

Zur Abschätzung der Nachfrageveränderung in der Kaufentscheidung betrachte ich einen kombinierten Wert aus der Veränderung der PS-Zahl und der Veränderung der Größe (Pkw-Segment), wie in Tabelle 5-2 dargestellt.

*Tabelle 5-2 Kaufrebound: Punkteschema zur groben Abschätzung der Mehrnachfrage in der Kaufentscheidung. Eigene Darstellung.*

| Eigenschaften Pkw1 | Veränderung | Eigenschaften Pkw2 | Punkte der Mehrnachfrage |
|---|---|---|---|
| PS-Leistung x | → | PS-Leistung x+ 10 % | + 1 Punkt |
| PS-Leistung x | → | PS-Leistung x+ 20 % | + 2 Punkte |
| PS-Leistung x | → | PS-Leistung x+ 30 % oder mehr | + 3 Punkte |
| Pkw-Segment x | → | Pkw-Segment x+ 1 | + 1 Punkt |
| Pkw-Segment x | → | Pkw-Segment x+ 2 | + 2 Punkte |
| Pkw-Segment x | → | Pkw-Segment x+ 3 oder mehr | + 3 Punkte |
| | | Mehrnachfrage = | $\sum$ Punkte /2 |

Die Punkte beider Kategorien werden zu einem Wert aufsummiert. Anschließend wird diese Summe halbiert, um die gleiche Skalierung wie die Effizienzveränderung zu erhalten. Dieser kombinierte Wert kann dann von -3 bis +3 reichen, analog zur Effizienzveränderung.

Bei der PS-Leistung wird, analog zur Vorgehensweise beim Spritverbrauch, erst eine Änderung ab 10 % als Mehrnachfrage (1 Punkt) gewertet. Vielfach wird die gleiche Modellreihe im Laufe der Jahre vom Automobilhersteller etwas höher motorisiert und diese Veränderung muss nicht unbedingt von den Käufern beabsichtigt sein. Wenn die Motorisierung von Pkw1 zu Pkw2 jedoch um 10 % oder mehr steigt, attribuiere ich die Handlungsträgerschaft für diese

Veränderung auf die Käuferin und interpretiere diese Veränderung als eine intentionale Mehrnachfrage.

| Neuzulassung von Personenkraftwagen im Jahr 2014 nach Segmenten und ausgewählten technischen Merkmalen | | | | |
|---|---|---|---|---|
| Segment | Durchschnittliche Leermasse in kg | Durchschnittliche Motorleistung in kW | Durchschnittliche Höchstgeschwindigkeit in km/h | Durchschnittlicher Hubraum in cm³ |
| | 1 | 2 | 3 | 4 |
| Minis | 994 | 54 | 163 | 1.102 |
| Kleinwagen | 1.148 | 67 | 177 | 1.287 |
| Kompaktklasse | 1.374 | 96 | 201 | 1.577 |
| Mittelklasse | 1.615 | 126 | 219 | 2.014 |
| Obere Mittelklasse | 1.848 | 164 | 234 | 2.498 |
| Oberklasse | 2.019 | 243 | 252 | 3.498 |
| SUVs | 1.542 | 104 | 190 | 1.746 |
| Geländewagen | 1.864 | 149 | 206 | 2.331 |
| Sportwagen | 1.593 | 222 | 261 | 2.948 |
| Mini-Vans | 1.400 | 86 | 186 | 1.446 |
| Großraum-Vans | 1.724 | 106 | 195 | 1.829 |
| Utilities | 1.851 | 90 | 168 | 1.793 |
| Wohnmobile | 3.171 | 107 | 145 | 2.359 |
| Sonstige | 1.705 | 178 | 221 | 2.540 |
| Insgesamt | 1.477 | 103 | 221 | 1.724 |

*Abbildung 5-3 Pkw-Segmente und ausgewählte technische Merkmale in der Einordnung des KBA. Quelle und Darstellung angelehnt an: KBA, 2015b, S. 1*

Als Grundlage der Pkw-Segment-Zuordnung verwende ich die Kategorisierungstabelle des Kraftfahrtbundesamtes (KBA, 2015a), in der alle in Deutschland zugelassenen Pkw-Modelle verzeichnet sind (s.Abbildung 5-3). Die ersten sechs Segmente sind reine Größensegmente. Leermasse, Motorleistung, Höchstgeschwindigkeit und Hubraum steigen hier kontinuierlich von der Mini-Klasse bis zur Oberklasse an (KBA, 2015b). Die acht höheren Segmente (SUV, Geländewagen, Sportwagen, Mini-Vans, Großraum-Vans, Utilities, Wohnmobile, Sonstige) sind dagegen nicht im Sinne einer kontinuierlichen Größensteigerung interpretierbar. Für die Fälle, in denen eines dieser höheren Segmente beim Autowechsel involviert war, habe ich die Abschätzung der Größenveränderung von einem KfZ-Ingenieur und einem Kfz-Mechaniker als Expertenmeinung eingeholt. Dazu habe ich ihnen jeweils von Pkw1 und Pkw2 den Modellnamen, die Größenabmessungen und den cw-Wert, sowie die KBA-Segmentbezeichnung, vorgelegt. Falls sie unterschiedliche Punktzahlen vergeben haben, wurde der Mittelwert ihres Urteils als näherungsweiser Wert verwendet. Dieser Wert und

die beiden Einzelwerte der Experten sind in den jeweiligen Fallvignetten doku-
mentiert (Anhang 10.3).

Für die Operationalisierung der Mehrnachfrage in Hinblick auf die Kilometerleistung verfahre ich analog zum Punkteschema für die Kaufentscheidung. Die
Werte sind ebenfalls von -3 bis +3 begrenzt und eine Veränderung wird erst ab
10 % gewertet, siehe Tabelle 5-3.

*Tabelle 5-3 Punkteschema zur groben Abschätzung der Mehrnachfrage in der Fahrleistung. Eigene
Darstellung.*

| Jahresfahrleistung mit Pkw1 | Veränderung | Jahresfahrleistung mit Pkw2 | Punkte der Mehr-nachfrage |
|---|---|---|---|
| x km | → | Jahresfahrleistung x+ 10 % | + 1 Punkt |
| x km | → | Jahresfahrleistung x+ 20 % | + 2 Punkte |
| x km | → | Jahresfahrleistung x+ 30 % oder mehr | + 3 Punkte |

Die bisherige Jahresfahrleistung habe ich von den befragten Personen über
ihre Kilometerstände und Haltedauer des alten Pkw geschätzt. Die Jahresfahrleistung von Pkw2 habe ich aus dem Kilometerstand und der Haltedauer in Monaten, wie sie im t2-Interview (ca. 6-8 Monate nach t1) angegeben wurden, auf eine
Fahrleistung von 12 Monaten hochgerechnet. Eine Erhebung des Kilometer-
stands von Pkw2 nach den vollen 12 Monaten wäre ideal gewesen. Dies war aber
aus forschungspraktischen Gründen leider nicht umsetzbar. Da die t1-Erhebung
hauptsächlich zwischen April und Juli 2014 stattfand, waren zum t2-Zeitpunkt
jedoch bereits längere Fahrten (z. B. Sommerurlaub) mit dem neuen Auto absolviert worden.

### 5.4    Qualitativer Stichprobenplan

In der qualitativen Sozialforschung unterscheidet man generell zwischen dem
theoretischen Sampling und der theoretisch begründeten Vorabfestlegung der
Samplingstrategie (Kruse, 2014). Ersteres findet sich v. a. in der Grounded Theory Methodologie (Glaser & Strauss, 1998) und bedeutet, dass man zunächst einige wenige Fälle untersucht und dann sukzessive im laufenden Forschungsprozess
die Kriterien für die weitere Fallauswahl definiert. Diese Strategie, ebenso wie
der Grounded Theory Ansatz insgesamt, ist dann besonders wichtig, wenn ein
(vielleicht noch gar nicht eindeutig definierbares) soziales Phänomen als Aus-

gangspunkt der Untersuchung dient (Breuer, 2010a). Wenn das zentrale Phänomen der Untersuchung jedoch schon klar definiert ist und mit einer spezifischen theoretischen „Brille" auf den Forschungsgegenstand geschaut werden soll – wie es in der vorliegenden Arbeit der Fall ist – dann bietet sich die Strategie der theoretisch begründeten Vorabfestlegung an. Dazu wird ein Stichprobenplan erstellt, indem vermerkt ist, welche Merkmale als relevant angenommen werden und welche Merkmalsausprägungen in der Stichprobe enthalten sein sollten (s. u.).

Die qualitative Analyse hat nicht zum Ziel, Aussagen über die Auftrittshäufigkeit und die Verteilung bestimmter Merkmalsausprägungen und Typen anzustellen, wie es in der quantitativen Analyse üblich ist. Die qualitative Untersuchung möchte vielmehr ergründen, wie sich ein Typus A von einem Typus B unterscheidet. Was sind die Muster von Merkmalsausprägungen und Sinnfiguren, die sich in der vergleichenden Analyse von Fällen zeigen? Die untersuchten Fälle sollen den Merkmalsraum repräsentieren. Das heißt, die Stichprobe soll das Kriterium der *Repräsentation* erfüllen, nicht der Repräsentativität (Kruse, 2014). Dazu wird in der Regel ein varianzmaximierender Ansatz gewählt. Die in der sozialen Wirklichkeit vorhandene Heterogenität soll durch die Fälle der Stichprobe *repräsentiert* werden (Kelle & Kluge, 2008). Einerseits wird dies durch Varianz in standarddemografischen Merkmalen wie Alter, Geschlecht, Bildungsstand, Einkommen etc. erreicht. Andererseits sollte auch in Bezug auf das interessierende Phänomen Varianz in der Stichprobe repräsentiert sein.

*Tabelle 5-4 Qualitativer Stichprobenplan. Eigene Darstellung.*

| Phänomenspezifische Merkmale | Allgemeine soziodemografische Merkmale |
|---|---|
| Umweltbewusstsein | Lebenssituation |
| Autosegment | Alter |
| Jährliche Fahrleistung | Geschlecht |
| | Einkommen |
| | Urbaner und ländlicher Raum |
| Angestrebte Stichprobengröße zum t1-Zeitpunkt: N= 25 | |

Dieser Ansatz wird auch für die hier geplante Untersuchung gewählt. Der in Tabelle 5-4 dargestellte Stichprobenplan setzt sich deshalb aus zwei Kriteriengruppen zusammen: einerseits standarddemografische Merkmale und andererseits die für den Forschungsgegenstand spezifischen Merkmale.

Die Berücksichtigung der für das interessierende Phänomen des Rebound-Verhaltens relevanten personenbezogenen Merkmale ist nicht trivial. Grundsätzlich sollte die Stichprobe Personen mit Rebound-Verhalten und Personen ohne Rebound-Verhalten enthalten, um die differenzierenden Faktoren herausarbeiten zu können. Dieses Kriterium ist jedoch im Vorhinein bei der Rekrutierung im aktuellen Rahmen nicht erfüllbar und kann deshalb nicht als Auswahlkriterium dienen. Anders verhält es sich mit der allgemeinen Umweltschutzmotivation und dem bisherigen Pkw-Modell (Klein-, Mittel-, Oberklassewagen, SUV). Die bisherige Forschung deutet daraufhin, dass von diesen Faktoren eine Erklärungskraft zu erwarten ist (Kap. 2.2.2, Kap. 2.3).

Als weiteres phänomenspezifisches Kriterium wird die bisherige Fahrleistung herangezogen. Es sollen sowohl Viel- als auch Wenigfahrer in der Stichprobe vertreten sein. Insbesondere beim Fahrleistungsrebound-Verhalten weisen die bisherigen Forschungsergebnisse auf Unterschiede zwischen diesen beiden Gruppen hin (Kap. 2.2.1).

Als allgemeine soziodemografische Merkmale, die in der Stichprobe variieren sollen, werden die Lebenssituation, das Alter, Geschlecht, Einkommen und Wohnort (Stadt/Land) ausgewählt, da diese sowohl für den Mobilitätsbedarf als auch die Kaufentscheidung und Pkw-Nutzung eine Rolle spielen. Die Autokäufer sollen möglichst private Käufer, d. h. keine Dienstwagenkäufer/-nutzer sein, da Dienstwagenfahrer in der Regel andere Motive und Handlungsbedingungen aufweisen.

Als Stichprobengröße werden für den t1-Erhebungszeitpunkt $N= 25$ Fälle angestrebt. In der Annahme, dass möglicherweise bis zu 5 Personen beim t2-Erhebungszeitpunkt abspringen, wären so immer noch 20 vollständige Fälle mit zwei Erhebungszeitpunkten vorhanden. Den Interviewpartnern wurde aus Mangel an finanziellen Mitteln keine monetäre Aufwandsentschädigung, sondern ein Gutschein für ein kostenloses Coaching zum Verschenken an Freunde oder Bekannte angeboten.

Um die oben dargestellte Heterogenität der Stichprobe zu erreichen, habe ich verschiedene Rekrutierungsstrategien angewandt. Da ich die Strategien gemeinsam mit einem Bericht über ihren jeweiligen empirischen Erfolg darstellen werde, findet sich ein entsprechender tabellarischer Überblick und eine Besprechung der Strategien im folgenden Kapitel 5.5.

## 5.5 Ablauf der Erhebung und Evaluation der Rekrutierungsstrategien

Für die Interviewdurchführung habe ich die Interviewpartner in vielen Fällen zu Hause aufgesucht. Einige Interviews fanden auch in im Café statt, je nachdem, was den Interviewpartnern am besten passte. Nur ein einziges Interview fand in den Räumen der Universität Stuttgart statt. Dies erwies sich jedoch als ungünstig. Der Interviewpartner wirkte angespannt und nervös, er wollte offenbar „nichts Falsches" sagen und hat teilweise eher sozial erwünscht geantwortet. Dies hätte sich in seinem Fall möglicherweise auch in anderen Settings so abgespielt, aber ich würde ein kühles Uni-Setting für weitere Erhebungen vermeiden. Die t1-Erhebung fand vorwiegend zwischen April und Juli 2014 statt. Die t2-Interviews wurden überwiegend im Zeitraum Januar bis März 2015 geführt. Insgesamt konnte ich $N$= 32 Personen für die Teilnahme an meiner Studie gewinnen und 21 davon auch zum t2-Erhebungszeitpunkt erneut interviewen (vgl. Kap. 5.8 für eine detaillierte Beschreibung der Stichprobe).

### Rekrutierungsstrategien

Die Akquise der Interviewteilnehmer erfolgte auf sehr verschiedenen Wegen und mit unterschiedlichem Erfolg. Als zentrales Kriterium der Rekrutierung galt ein möglichst unmittelbar zurückliegender Autowechsel, also ein Substitutionskauf. Um eine hohe Varianz in den phänomenspezifischen und in den standarddemografischen Kriterien zu erreichen (vgl. qualitativer Stichprobenplan in Kap. 5.4), habe ich verschiedene Rekrutierungsstrategien entwickelt. Diese sind in Tabelle 5-5 detailliert dargestellt. Hier wird neben dem jeweiligen Ziel der Strategie auch der empirische Erfolg oder Misserfolg der Strategie berichtet. Einige spezifische Akquiseziele ergaben sich im Laufe des Rekrutierungsprozesses durch Zwischenevaluationen. So musste ich beispielsweise gezielt nach weiblichen Teilnehmerinnen suchen, weil ich anfangs keine gute Durchmischung der Geschlechter in der Stichprobe hatte.

Ebenso verhielt es sich mit besonders großen Fahrzeugen, weshalb ich dazu überging, gezielt nach SUV-Käufern zu suchen. Auch besonders effiziente Technologien kamen zunächst nicht automatisch in meiner Stichprobe vor und tauchten dann erst gegen Ende des Rekrutierungsprozesses auf. Die Akquise von Studienteilnehmern aus ländlichen Regionen erwies sich als schwierig. Besonders gut funktionierten folgende Strategien: Email-Verteiler der Bioladen-Verbraucherinitiative, der Aufruf in Vorlesungen, die Vermittlung über Bekannte (hier kamen, entgegen meinen Befürchtungen, mehrere Personen mit niedriger Umweltmotivation zu Tage und auch der Bildungsstand war deutlich gemischter als erwartet) und das Schneeballsystem. Letzteres lieferte in einem Fall eine recht ähnliche Person (gleiches Automodell, Lebensalter, Einkommen etc.), die kaum neue Aspekte mit in die Stichprobe brachte. Besonders gut funktionierte das Schnellballsystem allerdings, wenn mir die erste Person jemanden in einer anderen Lebenssituation vermittelt hat (z. B. den 30 Jahre älteren Schwiegervater). Insgesamt wurde mit den verschiedenen Rekrutierungsstrategien eine gute Heterogenität der Stichprobe in den gewünschten Merkmalen erreicht. Eine ausführliche Darstellung der Stichprobe und ihrer Charakteristika erfolgt in Kap. 5.8.

*Tabelle 5-5 Rekrutierungsstrategien für die Interviewpartner/-innen und Bewertung nach der Durchführung. Eigene Darstellung.*

| Rekrutierungsstrategie | Akquiseziel | Bewertung nach der Durchführung |
|---|---|---|
| Emailverteiler der Mitglieder einer Bioladen-Verbraucherinitative | Personen mit überdurchschnittlich hohem Umweltbewusstsein | sehr gut; hohe Hilfsbereitschaft innerhalb der Mitgliederschaft; moderat bis hoch umweltmotivierte Personen akquiriert |
| Stuttgarter KfZ-Zulassungsstelle: alle dort wartende Personen angesprochen | allgemeine Varianz in den soziodemografischen Merkmalen durch Zufälligkeit erreichen | geringe Erfolgsquote (1 Person) bei hohem Aufwand; viele Wartende fühlen sich durch Studienanfrage gestört |
| Telefonische Kontaktaufnahme mit Personen, die im Internet ihr gebrauchtes Auto zum Verkauf anbieten (weil diese mit hoher Wahrscheinlichkeit gerade ein neues Auto gekauft haben) | gezielt Personen, die bisher ein relativ ineffizientes Modell benutzten (da dies über die Verkaufsanzeige sehr gut ansteuerbar ist) | keine Erfolg; Personen fühlen sich durch Anruf gestört, da sie nur Anrufe von potentiellen Käufern erwarten und wünschen |
| Vorlesungen im Fach Sozialwissenschaften an der Uni Stuttgart, mit dem Hinweis, dass möglichst SUV-Käufer und Frauen gesucht werden | Personen, die ein Auto aus dem größeren Segment gekauft haben | gut, hohe Hilfsbereitschaft der Studierenden, mehrere SUV-FahrerInnen akquiriert, auch Nicht-Akademiker |

| Emailverteiler der Studierenden der Sozialwissenschaften der Uni Stuttgart | keine spezielle Subgruppe im Aufruf genannt | geringe Erfolgsqoute (1 Person), dafür aber auch geringer Aufwand |
|---|---|---|
| Aushänge in einer ländlichen Region im Stuttgarter Umland | Auf dem Land wohnende Personen | kein Erfolg |
| Kundinnen vor einem Bioladen in einer ländlichen Region ansprechen | auf dem Land wohnende und umweltmotivierte Personen | geringer Erfolg (1 Person, deren Autokauf jedoch schon länger zurücklag) |
| In vier verschiedenen Autohäusern versucht, über Kontakt zu den Verkäufern an Autokäufer als Interviewpartner zu kommen | gezielt Personen, die ein Auto mit spezieller Effizienztechnologie (z. B. „Blue Efficiency") gekauft haben | kein Erfolg, aber hoher Aufwand, da Hierarchien im Autohaus berücksichtigt werden müssen, was teils mehrere Gespräche pro Autohaus erfordert |
| durch Bekannte vermittelte Personen | gezielt Frauen gesucht (aber nicht ausschließlich) | sehr gut, Vertrauensvorschuss durch gemeinsame Bekannte; teilweise machte es die Frage nach dem Einkommen noch etwas heikler als sonst; überraschend gute Heterogenität der Umweltmotivation |
| Schneeball (die Interviewpartner/innen habe ich nach dem Interview gefragt, ob sie noch weitere Personen kennen, die vor Kurzem ihr Auto gewechselt haben) | | sehr gut, da Vertrauen durch die schon interviewten Personen übertragen wird; teilweise allerdings ähnlicher Fall wie die erste Person |

## 5.6 Auswertungsmethodik

Der Auswertungsprozess bestand im Wesentlichen aus drei Schritten. Als erstes wurden die technischen Datenblätter entsprechend des in Kap. 5.3.2 erläuterten Punkteschemas ausgewertet und die Interviews wörtlich transkribiert (5.6.1). Anschließend wurde das Interviewmaterial kodiert (5.6.2). Der dritte Schritt bestand in einer Typenbildung für den Kontext des Kaufrebound-Verhaltens. Die dazu verwendete Typenbildungsmethode nach Kelle und Kluge (2008) wird im letzten Abschnitt (5.6.3) dieses Teilkapitels dargestellt. Für die praktische Umsetzung des Kodierungsprozesses wurde das Analyseprogramm MAXQDA (Version 12) zu Hilfe genommen.

### 5.6.1   Transkription und Anonymisierung des Interviewmaterials

Alle Interviews wurden mit einem Audioaufnahmegerät aufgezeichnet, nachdem das Einverständnis dazu von den Interviewpartnern eingeholt worden war. Vor Beginn des Auswertungsprozesses wurden alle 53 Interviews (32 t1-Interviews, 21 t2-Interiews) anonymisiert und der Anschaulichkeit halber mit erfundenen Namen versehen, die im Folgenden gemeinsam mit der laufenden Nummer (n01 bis n32) der Interviewpartnerin verwendet werden. Das Audiomaterial wurde anschließend wörtlich transkribiert.

Evers (2011) unterscheidet drei Varianten von Transkriptionsstrategien: (1) die sehr ausführliche Jefferson Methode, bei der möglichst alle para- und nonverbalen Signale mit entsprechenden Zeichencodes transkribiert werden. Diese Methode ist für linguistische Untersuchungen und Konversationsanalysen geeignet. Ihre Nachteile sind jedoch der sehr hohe Aufwand von bis zu 20 Stunden Transkriptionszeit pro Stunde Audiomaterial und die Notwendigkeit, spezielle Transkriptionsregeln zu erlernen; (2) die sehr grobe „gisted transcription", bei der lediglich die Quintessenz der besonders relevant erscheinenden Passagen zusammenfassend transkribiert wird. Diese Methode ist bei sehr großen Datenmengen zur Strukturierung gut geeignet, sie hat allerdings den Nachteil, dass Vorselektierungen vorgenommen werden, die sich möglicherweise im weiteren Auswertungsprozess als hinfällig erweisen; (3) die pragmatische Transkription besteht aus einer wörtlichen Abschrift des gesamten Interviews, bei der auch Füllwörter (z. B. „ähm") und non-verbale Signale wie Lachen, Seufzen oder Sprechpausen miteinbezogen werden können.

Diese pragmatische Transkriptionsstrategie wurde in der vorliegenden Arbeit angewendet, um eine hohe Authentizität und Dichte der Beschreibung zu erreichen (Evers, 2011; Geertz, 1973). Außerdem soll dadurch gewährleistet werden, dass während des Transkriptionsprozesses keine Vorselektierungen vorgenommen werden, sondern das verschriftliche Interviewmaterial mit der nötigen Zeit und Ruhe ausgewertet werden kann und die Auswertungsschritte für außenstehende Dritte nachvollziehbar sind (Steinke, 2009).

## 5.6.2 Kodierung des Interviewmaterials

Die Auswertung qualitativer Interviewtranskripte geschieht in der Regel durch die sog. Kodierung des Textmaterials. Die einzelnen Auswertungs- und Kodiermethoden für qualitative Daten unterscheiden sich dabei u. a. in der Frage, wie stark theoretisches Vorwissen als Orientierung oder gar Vorgabe für die Kategorienbildung genutzt wird. Traditionell ist die Auswertung qualitativer Daten von einer großen Offenheit gegenüber dem Material und einer induktiven Kategorienbildung aus dem Material heraus geprägt – im Gegensatz zum überwiegend konfirmatorischen Vorgehen der quantitativen Datenanalyse. So versucht etwa die Grounded Theory (Glaser & Strauss, 1998) in ihrer ursprünglichen Form ohne jedes theoretische Vorwissen induktiv Kategorien aus dem Text herauszuarbeiten und diese in einem mehrstufigen Kodierprozess zu verdichten. Demgegenüber arbeitet die zusammenfassende oder strukturierende Variante der Inhaltsanalyse nach Mayring (2000) mit vorhandenen Kategorien, die in der Regel aus dem gewählten Theoriegebäude stammen. Dieses Vorgehen ermöglicht die Bearbeitung auch größerer Mengen von Material und dient als grundsätzliche Orientierung für die hier geplante Auswertung. Als gemeinsamen Kern von qualitativen Kodierverfahren nennen Kelle und Kluge (2008) folgende drei Vorgehensweisen, die auch in der vorliegenden Arbeit vollzogen werden: (1) Textpassagen werden durch die Zuweisung von Kategorien indiziert bzw. kodiert; (2) Innerhalb einer Kategorie werden die Textpassagen synoptisch miteinander verglichen und analysiert; (3) dieser Vergleichsprozess ermöglicht die Identifikation von Strukturen und Mustern im Datenmaterial, was schließlich wiederum zur Erarbeitung neuer Kategorien und Subkategorien führt. Die Autoren verwenden dabei eine sehr breite Definition der „Kategorie":

> „Kategorie ist demnach jeder Begriff, der zu einer Klassifizierung von beliebigen Objekten dienen kann, im qualitativen Forschungsprozess also jeder Begriff, der zur Kennzeichnung und Unterscheidung von Phänomenen jeglicher Art (also Personen, Gruppen, Vorgängen, Ereignissen u. v. a. m.) und damit zur Erschließung, Beschreibung und Erklärung von Daten genutzt werden kann." (Kelle & Kluge, 2008, S. 60)

Wenn Kategorien die einzelnen Aussagen der Interviewpartner klassifizieren sollen, dürfen sie keine einfache Paraphrase sein, sondern sie müssen einen höheren Abstraktionsgrad als die Originalaussagen der Interviewpartner aufweisen.

Kelle und Kluge (2008, S. 62) differenzieren zwischen drei Arten von Kategorien, die aus dem Wechselspiel von theoretischem Vorwissen und empirischem Material entstehen können: (1) *Empirisch nicht gehaltvolle abstrakte theoretische Konzepte*, die aus soziologischen Theorien stammen und als Suchraster dienen, z. B. Konzepte wie „Situationsdefinition" oder „Rollenerwartung" (oder in der vorliegenden Arbeit „Master Goal-Frames"). (2) Für das Untersuchungsfeld relevante *Alltagskonzepte*, die sich meist auch in den Erzählaufforderungen und Fragen des Interviewleitfadens widerspiegeln (z. B. der Anlass des Autowechsels). (3) *Empirisch gehaltvolle Kategorien*, die aus sozialwissenschaftlichen Theorien mittlerer Reichweite abgeleitet wurden und relativ kontextspezifisch sind. Sie können zunächst aus den groben abstrakt-theoretischen Kategorien bestehen, die dann im Laufe des Kodierprozesses empirisch aufgefüllt, spezifiziert und an den Gegenstand angepasst werden (z. B. verschiedene für den Kontext der Kaufentscheidung empirisch spezifizierte Goal-Frames).

Für die Auswertung meiner Daten dienten mir die zwei Interviewleitfäden (vgl. Abschnitte 5.2.1, 5.2.2) als Skelett für die erste thematische Indizierung des Materials und die Bildung eines vorläufigen, groben Kategorienschemas. Im nächsten Schritt habe ich im Interviewtext nach Hinweisen auf die drei Master Goal-Frames (hedonistisch, gewinnorientiert, normativ) gesucht und die GFT somit als ein theoretisches Suchradar verwendet. In der Regel fand ich diese Hinweise in den Antworten auf die Frage „Warum haben Sie sich für dieses Auto entschieden?" und bei den Abwägungen zwischen den Modellen, die in die engere Auswahl gekommen waren. Spätestens bei der Frage, was denn den Ausschlag für das letztlich gekaufte Modell X gegeben hätte, zeigte sich deutlich, welche Zielkonflikte die Person hatte (z. B. Preisminimierung versus Komfortmaximierung) und zugunsten welchen Hauptkriteriums sie die Entscheidung getroffen hat. Wie genau sich diese Goal-Frames im Kontext des Autokaufs ausgestalten und aus welchen Subkategorien sie bestehen, stelle ich im Ergebniskapitel 6.1.2 ausführlich dar. Diese sind dann *empirisch gehaltvolle Kategorien*. Die abstrakten Master Goal-Frames dienen dabei lediglich als Orientierung und Strukturierungshilfe, um die zahlreichen Einzelmotive beim Autokauf sinnvoll in übergeordnete Kategorien einzuordnen. Sie sollen dem empirischen Material nicht „aufgezwängt" werden.

Die einzelnen Hauptkategorien können durch Subkategorien weiter spezifiziert werden. Subkategorien sollen nach Kelle und Kluge (2008) so gewählt werden, dass sie die Ähnlichkeiten und Unterschiede im Datenmaterial zufriedenstellend abbilden. Dies geschieht durch eine vergleichende Analyse aller Textsegmente, die der übergeordneten Kategorie zugeordnet wurden. Die Subkategorien sollen dabei das Spektrum der verschiedenen qualitativen Ausprägungen der übergeordneten Kategorie möglichst vollständig widerspiegeln. Subkategorien haben einen geringeren Abstraktionsgrad als die übergeordnete Kategorie. Sie sind jedoch immer noch so abstrakt, dass sie das Wesentliche in den

Aussagen verschiedener Fälle zu einem bestimmten Thema zusammenfassen können. Die Bildung von Subkategorien, die die Heterogenität des Datenmaterials angemessen abbilden, ist eine wichtige Voraussetzung, um später Typen herausbilden zu können.

### 5.6.3 Der Prozess der mehrdimensionalen Typenbildung nach Kelle und Kluge

Die Typenbildung nach Kelle und Kluge (2008) basiert nicht auf der Betrachtung unterschiedlicher Ausprägungen einer einzelnen Dimension/Kategorie (z. B. Umweltschutzmotivation), sondern mehrerer Kategorien und versteht sich deshalb als *mehrdimensionale* Typenbildung. Das grundlegende Prinzip zur Erarbeitung einer mehrdimensionalen Typologie ist der kontrastierende Fallvergleich. Das Ziel dieses Prozesses besteht darin, „dass sich die Elemente innerhalb eines Typus möglichst ähnlich sind (*interne Homogenität* auf der ‚Ebene des Typus‘) und sich die Typen voneinander möglichst stark unterscheiden (*externe Heterogenität* auf der ‚Ebene der Typologie‘)" (Kelle & Kluge, 2008, S. 85). Die Elemente innerhalb eines Typus müssen dabei nicht zwingend Fälle/Personen sein. Im Kontext der vorliegenden Studie scheint dies jedoch angebracht, da die interindividuellen Unterschiede im Pkw-Rebound-Verhalten und den korrespondierenden Begründungszusammenhängen im Fokus stehen.

Die einfachste Form der Typenbildung wäre die Bildung von Typen anhand eines einzigen Merkmals. Für die vorliegende Studie wäre es beispielsweise denkbar, die Fälle anhand ihrer Umweltschutzmotivation oder anhand ihres dominanten Goal-Frames zu typologisieren. Zur Bildung einer mehrdimensionalen Typologie „werden die relevanten Untersuchungskategorien (= Merkmale) nach ihrer Dimensionalisierung miteinander kombiniert und der so entstehende Merkmalsraum (re-)konstruiert" (Kelle & Kluge, 2008, S. 87). Dies kann z. B. anhand einer Vierfeldertafel veranschaulicht werden, sofern nur zwei Merkmale mit zwei Ausprägungen betrachtet werden. In diesem Prozess können auch Merkmalskombinationen zu Tage treten, die möglicherweise in der eigenen Stichprobe kaum oder gar nicht vorhanden sind, die aber im gesamten Merkmalsraum trotzdem beachtet werden sollten (und evtl. durch Nachrekrutierung im Sinne eines theoretischen Samplings ergänzt werden). Zentral ist dabei der Gedanke der *Rekonstruktion* von vorhanden Mustern und sozialen Strukturen (Kelle & Kluge, 2008). Die Typenbildung ist eine aufdeckende, explizierende Arbeit. Es gibt keine einzig richtige Lösung, sondern es wären immer auch andere Typologien denkbar, wenn andere Merkmalsdimensionen als zentrale Kategorien für die Typenbildung ausgewählt würden. Welche Merkmale für die Typenbildung als ausschlaggebend angesehen werden, hängt stark von der Forschungsfrage ab. Für diese Entscheidung gibt es kein Patentrezept, sie muss letztlich von der Forscherin im größtmöglichen Bemühen um Gegenstandsangemessenheit getroffen werden.

Anders als bei einer quantitativ orientierten Clusteranalyse, zielt die qualitative Typenbildung auf eine verstehende Analyse der bestehenden *Sinnzusammenhänge*, und nicht nur auf eine deskriptive Gruppierung anhand empirischer Merkmalskombinationen, ab. Nur so kann man zu einer „richtigen kausalen Deutung typischen Handelns" und zu „verständlichen Handlungstypen, also: ‚soziologischen Regeln'" gelangen (Weber, 1921/1972, zitiert nach Kelle & Kluge, 2008, S. 90). Die Typenbildung ist also eine interpretative Arbeit. Die herausgearbeiteten Typen haben dabei eine heuristische Funktion, sie sind oftmals ein Zwischenschritt auf dem Weg zur Theoriebildung (Kelle & Kluge, 2008).

Kelle und Kluge (2008) teilen den Prozess der Typenbildung in vier Teilschritte oder Stufen ein, die im Folgenden kurz vorgestellt werden.

1. Erarbeitung relevanter Vergleichsdimensionen
Die interessierenden Merkmale der Fälle werden in Form von Kategorien herausgearbeitet. Die Dimensionalisierung der Kategorien, also die Bestimmung von Subkategorien zur Beschreibung der Merkmalsausprägungen einer Kategorie, ist dabei ein wichtiges Werkzeug. Ein heuristischer Rahmen, z. B. in Form von relativ abstrakten theoretischen Konzepten ohne empirischen Gehalt, bildet dabei die Orientierung oder das Suchradar für die Vorstrukturierung des meist reichen empirischen Datenmaterials.

2. Gruppierung der Fälle und Analyse empirischer Regelmäßigkeiten
Anhand der relevanten Vergleichsdimensionen (Kategorien) werden die Fälle hinsichtlich ihrer Ähnlichkeit gruppiert, sodass mehrere Fälle zu einer bestimmten Merkmalskombination zugeordnet werden. So entstehen zunächst Gruppen von Fällen. Innerhalb einer Gruppe sollten sich die Fälle ähnlich sein. Zwischen den Gruppen sollten sich die Fälle eher unähnlich sein, sodass die Heterogenität der Stichprobe zufriedenstellend abgebildet werden kann. Dies geschieht durch kontrastierende Fallvergleiche.

3. Analyse inhaltlicher Sinnzusammenhänge:
Nach der Gruppierung folgt nun ein interpretativer Schritt, der auf die verstehende Erklärung der sozialen Zusammenhänge abzielt. Dabei werden oftmals weitere Kategorien identifiziert, die gut zwischen den Gruppen trennen und die den Rückgriff auf verschiedene sozialwissenschaftliche Grundkonzepte und Theorien

erfordern. So kann es z. B. passieren, dass sich in einem Typus auffällig viele Alte oder Junge wiederfinden. Dies würde dann eine Betrachtung des Lebensalters als wichtige Kategorie nahelegen. Die Berücksichtigung weiterer relevanter Merkmale kann zu einer neuen Runde der Typenbildung führen, die eine noch komplexere Typologie hervorbringt. Wichtig dabei ist, dass die betrachteten Merkmale gut zwischen den Typen trennen. Besondere Aufmerksamkeit verdienen in dieser Phase auch Phänomene, die nicht in vorhandene Deutungsmuster und Hypothesen hineinpassen. Anomalien und überraschende Befunde sollten hier keineswegs übergangen werden, sondern mit größtmöglicher Offenheit und Sorgfalt behandelt werden. Hierbei kann es zu Neuzuordnungen von Fällen kommen. Die Offenheit kann auch bedeuten, einzelne Fälle zunächst aus der Typenbildung herauszunehmen und zu einem späteren Zeitpunkt entweder neu zuzuordnen oder sie als stark abweichende Einzelfälle gesondert zu betrachten. So soll verhindert werden, dass eine Typologie dem Datenmaterial „aufgezwungen" wird. Insgesamt sollte die Anzahl der Typen möglichst auf wenige, aussagekräftige, verdichtete Typen beschränkt werden.

4. Charakterisierung der gebildeten Typen
Den letzten Auswertungsschritt bildet die präzise und möglichst anschauliche Beschreibung der einzelnen Typen. Dazu gehört auch die Namensgebung, sodass in der Kurzbezeichnung jedes Typus seine zentralen Charakteristika möglichst prägnant erfasst werden. Zur weiteren Veranschaulichung kann ein prototypischer Fall ausgewählt und detaillierter beschrieben oder aber sogar ein idealtypischer Fall künstlich konstruiert werden. Prototypische Fälle sind solche Fälle, die die zentralen Eigenschaften eines Typus am besten repräsentieren. Seine individuellen Eigenheiten, die für den Typus nur eine untergeordnete oder keine Rolle spielen, sollten dabei gegen das ihm innewohnende „Typische" abgegrenzt werden. Wenn man sich für die Konstruktion eines idealtypischen Falls entscheidet, betrachtet man zunächst die besonders klassischen Vertreter eines Typus und bildet aus ihnen eine Art Typus in Reinform. Dies geschieht durch Pointierung der besonders typischen Merkmale und durch Weglassen der für den Typus unwesentlicheren individuellen Merkmale. Damit ist der Idealtypus keine Darstellung der Wirklichkeit, sondern ein heuristisches Werkzeug zur „Verdeutlichung der Wirklichkeitsstruktur" (Gerhardt, 1986, zitiert nach Kelle & Kluge, 2008). Mitunter läuft dieses Vorgehen jedoch Gefahr, den Bezug zum untersuchten Gegenstandsbereich und die empirische „Bodenhaftung" zu verlieren. Außerdem betont es eher die Unterschiede als die Gemeinsamkeiten zwischen den Fällen eines Typus (Kelle & Kluge, 2008). Dieses Vorgehen wird daher in der vorliegenden Arbeit nicht angewendet.

Abschließend weisen Kelle und Kluge (2008) noch einmal darauf hin, dass diese vier Schritte der Typenbildung immer auf den theoretisch-konzeptuellen Rahmen bezogen sein sollten, der für den gesamten Prozess als Orientierung dient. Außerdem sollten die „Relevanzstrukturen und Handlungsintentionen der Subjekte im Feld" eine zentrale Rolle für die Aufdeckung und Herausarbeitung von sinnhaften Mustern und Strukturen spielen (ebd., S. 112). Die Ergebnisse der Anwendung dieses Typenbildungsprozesses werden in Kap. 6.1.3 detailliert dargestellt.

## 5.7  Gütekriterien

Qualitative Forschung wird in der vorliegenden Arbeit als ein Mittel zur Rekonstruktion des *subjektiv-gemeinten Sinns* von Individuen (Schütz, 1974) verstanden. Wissenschaftstheoretisch verortet sich die Studie im sozial-konstruktivistischen Paradigma (Gergen, 2002; Guba & Lincoln, 1998; Knorr-Cetina, 1989). Ich gehe also nicht davon aus, dass es eine eindeutige „Wahrheit" gibt, die es zu entdecken und zu vermessen gilt (positivistisches Paradigma), sondern dass (soziale) Realität von den Akteuren aktiv konstruiert wird. Menschen unterscheiden sich in ihren subjektiven Sichtweisen und Lebenswelten (Husserl, 2012, Original 1936; Schütz & Luckmann, 1979). Diese Wirklichkeitskonstruktionen werden in einem hermeneutischen Verstehensprozess nachvollzogen und offengelegt (Breuer, 2010b; Kurt, 2004). Dieser Verstehens- und Rekonstruktionsprozess erfolgt systematisch und regelgeleitet, das heißt *methodisch*.

Um die Güte des methodischen Vorgehens zu beurteilen werden in der empirischen Sozialforschung zahlreiche Bewertungskriterien herangezogen (s. zusammenfassend Steinke, 2009). Die Kriterien *intersubjektive Nachvollziehbarkeit*, *Gegenstandsorientierung* und *kommunikative Validierung* gehören dabei zum festen Kanon und sind für die vorliegende qualitative Studie besonders relevant. Im Folgenden stelle ich diese drei Kriterien und ihre Umsetzung in der vorliegenden Arbeit vor.

Die intersubjektive Nachvollziehbarkeit soll durch eine detaillierte und präzise Verfahrensdokumentation gewährleistet werden (Mayring, 2008; Steinke, 2009). So kann jeder Schritt, von der Operationalisierung über die Datenerhebung bis zur Auswertung, von Dritten nachvollzogen und geprüft werden. In der vorliegenden Arbeit wird die intersubjektive Nachvollziehbarkeit der gewonnenen Erkenntnisse dadurch gewährleistet, dass die Operationalisierung (Interviewleitfäden und Punkteschema), der qualitative Stichprobenplan, die praktische Rekrutierung, Erhebung und die Auswertung (theoriegestützte Kodierschemata; Typenbildungsmethode), sowie die Fallprofile ausführlich beschrieben werden (s. Online-Zusatzmaterial).

Die Gegenstandsorientierung der qualitativen Forschung bildet den Gegenpol zum experimentellen Laborsetting der quantitativen Forschung. Im gegenstandsorientierten Forschungsprozess werden die zu befragenden Personen in ihrer natürlichen Umgebung aufgesucht und zu real erfahrenen Lebenssituationen befragt (Mayring, 2008). Die Kommunikation sollte begrifflich so gut wie möglich der Alltagssprache der Befragten entsprechen und die Interviewform an die Forschungsfrage angepasst sein (Helfferich, 2009). In der vorliegenden Arbeit wird dies durch die Wahl des problemzentrierten Interviews als Interviewmethode erreicht (s. Kap. 5.2). Die in den Interviewleitfäden verwendete Sprache ist bewusst einfach, klar und frei von Fremdwörtern gehalten (s. Kap. 5.2 und Anhang 10.1/10.2). Darüber hinaus erfolgte die Interviewdurchführung überwiegend bei den Befragten zuhause, sofern ihnen dies angenehm war, oder in einem Café, dessen Ort die Befragten bestimmen konnten, also in einer für die Befragten vertrauten und lebensnahen Umgebung.

Das Kriterium der kommunikativen Validierung (Mayring, 2008) zielt darauf ab, dass die Interviewerin und die Befragte ein gemeinsames Verständnis der Interviewaussagen gewinnen. Auf dieses Ziel habe ich in der Interviewsituation durch die Anwendung entsprechender Gesprächsführungstechniken (Paraphrasieren, Zusammenfassen, gezieltes Nachfragen) hingearbeitet.

Ein Bestandteil der kommunikativen Validierung ist das *Fremdverstehen* (Helfferich, 2009; Soeffner, 2000). Als Außenstehende möchte ich die Perspektive der anderen Person nachvollziehen und das mir Fremde verstehen. In der speziellen Situation eines Forschungsinterviews wird die Interviewerin sich dazu teilweise als relativ unwissend „inszenieren"[29]. So kann sie die Befragten dazu ermutigen, ihre impliziten Andeutungen und Bedeutungshorizonte zu explizieren. Dies kann nicht nur durch verbale, sondern auch durch mimische oder gestische Mittel erfolgen. Ein fragender Blick der Interviewerin kann zu erläuternden Ausführungen anregen, wenn der Interviewpartner eigentlich ein zustimmendes, verstehendes Nicken erwartet. Wie dies gelingt, illustriert die folgende Interviewsequenz:

---

[29] -obwohl sie gleichzeitig als Wissenschaftlerin in einer Expertenrolle anerkannt werden will und die Befragten diese Rolle auch von ihr erwarten, um Vertrauen zu ihr zu haben. Vgl. Hermanns (2009) zu diesem Dilemma der Rollenkonflikte im Forschungsinterview

**Lorenz Costard:** „Und ich hatte dann einen E-Coupé 400, als Probewagen. Ich übersetz Ihnen das: Das E-Coupé 400 ist ein zweitüriges großes Schiff vom Daimler, was 330 PS hat, und sich fährt wie ein Sportwagen." [n10_t1: 1]

Herr Costard hat den Eindruck, dass allein die Modellbezeichnung „E-Coupé 400" mir gar nichts sage und er das für mich „übersetzen" müsse. Hätte ich sofort beim Stichwort E-Coupé wissend genickt, wäre seine Erläuterung ausgeblieben. Doch erst aus dieser Erläuterung wird deutlich, was das E-Coupé 400 *für ihn persönlich* bedeutet: Größe, Markenimage, PS-Stärke und sportliche Fahreigenschaften.

Insgesamt soll durch die hier dargestellten Kriterien das Ziel der Glaubwürdigkeit und Authentizität der gewonnenen Erkenntnisse erreicht werden (Guba & Lincoln, 1998; Morse, 1998). Die intersubjektive Nachvollziehbarkeit schafft Transparenz. Die Gegenstandsorientierung gewährleistet eine hohe *ökologische Validität* der Ergebnisse, da sie nicht erst vom Labor auf „die Realität" übertragen werden müssen, sondern im natürlichen Lebensumfeld gewonnen wurden (vgl. Pawlik, 1976). Die kommunikative Validierung bewirkt eine hinreichend große Offenheit für die Perspektive des Gegenübers, sodass neue Aspekte und Impulse zu Tage treten können. Sie leitet dazu an, nicht bloß das „Gesagte" zu protokollieren, sondern das „Gemeinte" zu verstehen.

## 5.8    Beschreibung der Stichprobe

Die Stichprobe besteht aus 32 Personen (n01 bis n32), von denen 25 einen Substitutionskauf tätigten und 7 das neue Auto als zusätzlichen Pkw im Haushalt anschafften (davon 3 als erstes und einziges Auto im Haushalt und 4 als Zweitwagen). Die befragten Personen sind zwischen 21 und 71 Jahre alt (Mittelwert: 43 Jahre). In der Stichprobe sind 13 Personen weiblich, was einem Anteil von 40 % entspricht und kaum von der allgemeinen Geschlechterverteilung der Pkw-Besitzer in Deutschland abweicht (vgl. Kap. 3.2). Die Lebenssituation variiert stark. Zwölf Personen sind berufstätig und haben keine Kinder im Haushalt, 14 sind berufstätig und haben eine Familie mit Kindern (unter 18 Jahren), sechs Personen sind nicht berufstätig (im Ruhestand oder aktuell nicht erwerbstätig). Die Stichprobe hat einen urbanen Schwerpunkt (23 Personen). Es sind aber auch Autokäufer aus dem suburbanen (5 Personen) und dem ländlichen Raum (4 Personen) vertreten.

Einige Merkmale der Stichprobe entsprechen nicht oder nicht vollständig den Kriterien des qualitativen Stichprobenplans (vgl. Kap. 5.4) und einige Personen nahmen nicht mehr an der t2-Erhebung teil. Deshalb konnte für die verschiedenen Dimensionen von Rebound-Verhalten jeweils eine unterschiedliche Anzahl von Personen berücksichtigt werden. Die Hintergründe werden im Folgenden kurz berichtet und erläutert.

**Besonderheiten und Abweichungen vom qualitativen Stichprobenplan**

Die Interviews mit den Personen n01 und n02 waren als Testinterviews geplant, konnten dann aber regulär verwendet werden. Bei n02 war nicht nur Herr Köhler, sondern überraschend auch seine Partnerin Frau Klee anwesend, weshalb ich das Interview als Paar-Interview geführt habe. Da der Autokauf eine gemeinsame Entscheidung war, stellte sich das Paar-Interview durchaus als gewinnbringend heraus. Alle übrigen Interviews waren jedoch Einzelinterviews und n02 schied bei der t2-Erhebung aus, weil das Paar sich getrennt hatte. Weiterhin schieden n29 (Änderung der privaten Lebenssituation) und n23 (nicht mehr erreichbar) bei der t2-Erhebung aus.

Obwohl ich in meinen Rekrutierungsversuchen nach privaten Autokäufern gesucht habe, stellte sich in sieben Interviews (n10, n11, n14, n15, n16, n24, n29) heraus, dass der neue Wagen als Dienstwagen zugelassen ist. Teilweise handelt es sich hier um Personen, die selbständig tätig oder Geschäftsführer eines kleinen Unternehmens sind und den Wagen gleichermaßen beruflich wie privat nutzen – ihn aber wegen finanziell-steuerlichen Vorteilen als Dienstwagen auf die Firma anmelden. Nur zwei Personen (n15 und n29) fahren als Außendienstmitarbeiter einen Dienstwagen, der ihnen vom Arbeitgeber gestellt wird, bei dem sie aber dennoch relativ viel Entscheidungsspielraum bezüglich der Modellauswahl haben. In den Interviews zeigte sich, dass die Überlegungen der Dienstwagenkäufer durchaus viele Parallelen mit denen der privaten Käufer aufweisen. Da alle von mir befragten Dienstwagenkäufer ihr Auto auch privat nutzen, haben sie i. d. R. auch versucht ihre privaten Wünsche und Kaufkriterien zu verwirklichen und werden deshalb in der vorliegenden Untersuchung als Fälle berücksichtigt.

Für die Auswertung des Kaufrebound-Verhaltens konnte ich alle Substitutionskäufer (n= 25) berücksichtigen. Davon stellte sich bei vier Personen während des Interviews heraus, dass der Autokauf doch schon deutlich länger als drei Monate zurücklag (n07, n14, n20, n16). Dies kam durch den qualitativen Stichprobenplan und die speziellen Rekrutierungsstrategien für SUV-Käufer (n07, n14, n16), Frauen (n20, n16) und den ländlichen Raum (n16, n20) zustande. Da ich auf diese Fälle als Vertreter bestimmter phänomenspezifischer Merkmale nicht verzichten wollte, habe ich sie in die Stichprobe aufgenommen, auch wenn dann keine t2-Erhebung und Erfassung des Kilometerstandes mit dem neuen Auto erfolgen konnte. Ihre Schilderungen der Kaufentscheidung waren trotz des Zeitabstandes präzise und klar.

Für die Auswertung des Fahrleistungsrebound-Verhaltens konnte ich 19 Personen berücksichtigen: zunächst die Substitutionskäufer, deren Kauf beim t1-Interview erst 3 Monate zurücklag und die beim t2-Interview noch befragt werden konnten. Außerdem konnte die Person n07 recht genau angeben, welche Kilometerleistung sie mit ihrem vorherigen Wagen hatte, auch wenn der Wechsel schon etwas länger zurücklag. In einem weiteren Fall lag der Autokauf genau 6 Monate zurück (n30). Hier konnten die Kilometerleistung des alten und des neuen Pkw genau benannt werden. Beide Fälle (n07 und n30) habe ich deshalb für die Auswertung des Fahrleistungsrebound-Verhaltens berücksichtigt.

Für die Auswertung des Fahrstilrebounds konnte ich alle Substitutionskäufer berücksichtigen, die mir verlässliche Auskunft über ihren jeweiligen Fahrstil mit Pkw1 und Pkw2 geben konnten (n= 22). Dies war nur bei drei Personen aus der Substitutionskäufergruppe nicht der Fall (n07, n02, n29).

# 6. Ergebnisse

Dieses Kapitel präsentiert die Ergebnisse der empirischen Erhebung und gliedert sich in vier Abschnitte. Die Struktur des Kapitels folgt dabei der bereits vorgenommenen Einteilung in die Rebound-Verhaltensdimensionen Kaufentscheidung (6.1), Fahrleistung (6.2) und Fahrstil (6.3) und wird von einem Abschnitt zu Moral Licensing Prozessen (6.4) ergänzt. Am Ende jedes Teilkapitels findet sich eine Zusammenfassung der wichtigsten Befunde.

Für jede der drei Rebound-Verhaltensdimensionen werden zunächst jeweils die deskriptiven Ergebnisse in Form einer grafischen Aufbereitung oder Tabelle zusammengefasst: Bei welchen Personen liegt ein Rebound-Verhalten vor und wie äußert sich dies? Welche anderen Konstellationen von Effizienz- und Nachfrageänderung wurden beobachtet? Im zweiten Schritt werden Ansätze zur Erklärung des jeweiligen Verhaltens vorgestellt.

Die Erklärungsansätze basieren auf dem kodierten Interviewmaterial zu den subjektiven Begründungszusammenhängen und sind für die drei Verhaltensdimensionen unterschiedlich strukturiert. Die beobachtete Heterogenität im Kaufrebound-Verhalten wird hauptsächlich durch eine Käufertypologie abgebildet. Dabei diente die Goal-Framing Theorie für die Kodierung der Kaufmotive als starke Orientierungsfolie. Die im weiteren Verlauf entwickelte Typologie berücksichtigt jedoch noch weitere wichtige Einflussfaktoren. Sie stellt keine allgemeine Käufertypologie dar, sondern ist auf den spezifischen Problemkontext des *Kaufrebound-Verhaltens* begrenzt. Das Fahrleistungs- und Fahrstilverhalten wird hingegen nicht durch eine Typologie[30], sondern v. a. in Hinblick auf fördernde oder hemmende Faktoren für Rebound-Verhalten ausgewertet. Für die Kodierung der Nutzungs- und Fahrstilmotive diente die Goal-Framing Theorie hier lediglich als Hintergrundfolie.

---

[30] Der Grund dafür ist, dass sich weder im Fahrleistungs- noch im Fahrstilrebound-Verhalten ein Ergebnismuster zeigte, das die Bildung einer Typologie ermöglicht hätte.

© Springer Fachmedien Wiesbaden GmbH, ein Teil von Springer Nature 2019
S. Becker, *Individuelles Rebound-Verhalten in der Pkw-Mobilität*, Studien zur Mobilitäts- und Verkehrsforschung, https://doi.org/10.1007/978-3-658-20679-6_6

## 6.1    Kaufrebound-Verhalten

### 6.1.1    Deskriptive Ergebnisse zum Kaufrebound-Verhalten

Wie oben (2.4, 5.3) dargestellt, müsste sich ein Kaufrebound-Verhalten darin zeigen, dass das neue Auto (Pkw2) im Vergleich zum bisherigen Auto (Pkw1) gleichzeitig einen höheren Effizienzgrad und eine gesteigerte Motorleistung (in PS) oder Größe (in Pkw-Segmenten) aufweist. Für diese Fragestellung konnte ich 25 Fälle berücksichtigen, bei denen ein Substitutionskauf vorlag. Ihre Käufe wurden anhand des Punkteschemas (s. Kap. 5.3.2) ausgewertet (s. a. Fallvignetten in den OnlinePLUS Zusatzmaterialien).

Abbildung 6-1 gibt einen Überblick über die bei den 25 Substitutionskäufern beobachteten Konstellationen (vgl. auch Abbildung 2-1 zu den Kategorien der denkbaren Konstellationen). Hier wird ersichtlich, dass sich in der vorliegenden Stichprobe fünf Fälle befinden, die ein *Rebound-Verhalten* zeigen (n07, n15, n18, n19, n30). Weitere drei Personen haben ihr Auto so gewählt, dass die Nachfrage steigt, während der Effizienzgrad konstant bleibt (n02, n04, n13).

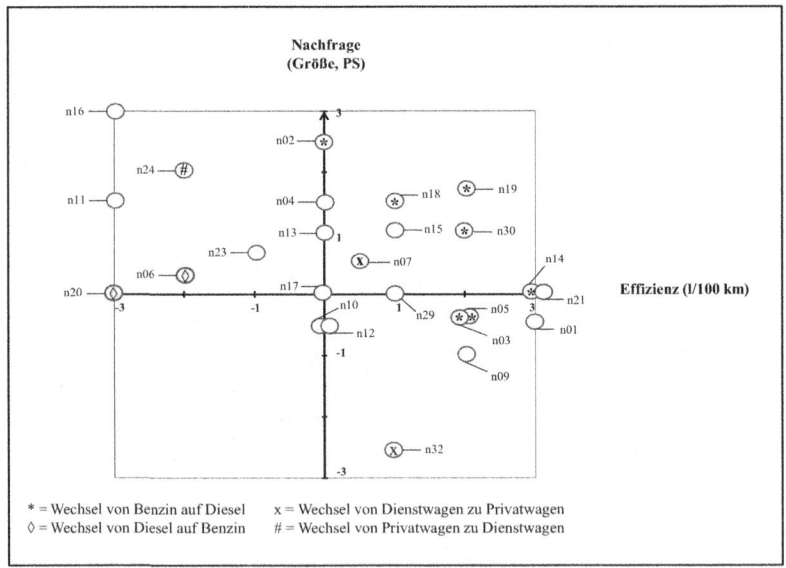

*Abbildung 6-1 Beobachtete Konstellationen von Effizienz und Nachfrage bei n= 25 Substitutionskäufern; Die Abstände zwischen den Punkten sind nicht interpretierbar; Maximalwerte +3/-3. Eigene Darstellung.*

Ein *schlichtes Mehrnachfrageverhalten* zeigen fünf Autokäufer (n06, n11, n16, n23, n24) und bei einer Autokäuferin (n20) ergibt sich, hauptsächlich durch den Wechsel von Diesel zu Benzin, eine Verschlechterung der Effizienz, bei konstanter Nachfrage. Bei einem Fall (n17) bleiben beide Parameter konstant. Bei zwei Fällen sinkt die Nachfrage leicht (n10, n12), aber eine Effizienzverbesserung bleibt aus. Dies kommt einmal durch einen schnellen Wechsel (nach nur 2 Jahren) auf ein ähnlich schweres, gleich motorisiertes, aber etwas kleineres Modell zustande (n10) und einmal durch den Wechsel von einem neun Jahre alten VW Golf (Kompaktklasse) auf einen fast neuen Ford (Kleinwagen) zustande, ohne dass dabei eine Effizienzsteigerung erreicht wird (n12).

Eine Verbesserung der Effizienz bei gleichzeitiger Verringerung der Nachfrage, also ein *optimales Umweltverhalten* zeigt sich bei fünf Fällen (n01, n03, n05, n09, n32). Bei den verbleibenden drei Fällen (n14, n21, n29) blieb die Nachfrage konstant, während die Effizienz verbessert wurde.

Insgesamt zeigt sich somit eine große Bandbreite an beobachteten Konstellationen von Effizienz- und Nachfrageänderung. Wie kommt es zu diesen Unterschieden? In den folgenden Abschnitten stelle ich einen Erklärungsansatz für diese Heterogenität der beobachteten Konstellationen vor, indem ich die subjektive Perspektive der Autokäufer und weitere personenbezogene Faktoren berücksichtige.

## 6.1.2    Goal-Frames der Kaufentscheidung

Nicht nur das Verhältnis von Effizienz- und Nachfrageänderung, sondern auch die Motive und Goal-Frames der Kaufentscheidungen unterscheiden sich deutlich. Im Folgenden stelle ich das Kategoriensystem der Goal-Frames vor, so wie ich es während des Auswertungsprozesses unter Rückgriff auf die Goal-Framing-Theorie (GFT, vgl. Kap. 4.1) erarbeitet habe. Als empirische Basis dafür dienten die t1-Interviews aller befragten Personen (N= 32). Tabelle 6-1 zeigt eine Übersicht der Goal-Frames. Das entsprechende Kodierschema mit Ankerbeispielen dazu findet sich im Anhang).

Bei den hedonistischen Goal-Frames finden sich zwei Varianten: (1) der *Fahrspaß-hedonistische Goal-Frame*, mit den Subkategorien *hohe Leistungsstärke (PS)* und *gute Fahreigenschaften*, und (2) der *Alltagskomfort-hedonistische Goal-Frame*, mit den Subkategorien *Platzangebot, Sicherheitsattribute, Komfortausstattung* und *Parkkomfort*. In einem Fahrspaß-hedonistischen Goal-Frame ist die Person stark darauf fokussiert, dass das Auto ihr ein tolles Fahrerlebnis ermöglichen soll. Dafür ist ihr eine starke Motorleistung sehr wichtig, denn diese erlaubt u. a. ein schnelles Beschleunigen. Darüber hinaus gibt es aber noch weitere Fahreigenschaften des Autos, die für sie ein wichtiges Kriterium sind, z. B. die Straßenlage und Lenkung.

*Tabelle 6-1 Fünf verschiedene Goal-Frames der Kaufentscheidung und ihre Subkategorien. Eigene Darstellung.*

| Goal-Frame | Beschreibung und Subkategorien |
|---|---|
| Fahrspaß-hedonistisch | Das Auto soll ein möglichst großes Fahrvergnügen bereiten. |
| | Hohe Leistungsstärke (PS) |
| | Gute Fahreigenschaften |
| Alltagskomfort-hedonistisch | Das Auto soll eine möglichst stressfreie Bewältigung des Lebensalltags mit all seinen Anforderungen ermöglichen. |
| | Platzangebot |
| | Sicherheitsattribute |
| | Komfortausstattung |
| | Parkkomfort |
| Finanziell-gewinnorientiert | Das Auto soll möglichst geringe Kosten verursachen. |
| | Geringe Anschaffungskosten |
| | Niedriger Spritverbrauch aus Kostengründen |
| | Minimierung der Instandhaltungskosten |
| | Begrenzung der Steuer- und Versicherungskosten |
| Status-gewinnorientiert | Das Image des Autos soll zur persönlichen Identität der Käuferin passen oder zur beruflichen Rolle, in die es eingebunden ist. |
| | Markenimage und Design (Privatwagen) |
| | Markenimage (Dienstwagen) |
| Umweltnormativ | Das Auto soll einen möglichst geringen negativen Umwelteffekt haben. |
| | Neue Effizienztechnologie |
| | Niedriger Spritverbrauch aus Umweltgründen |
| | Hinterfragen der Notwendigkeit des Autokaufs |

Im Alltagskomfort-hedonistischen Goal-Frame geht es hingegen darum, den eigenen Alltag möglichst stressfrei zu bewältigen. Das Platzangebot soll groß genug sein, um alle Reisenden und das Gepäck stressfrei transportieren zu können. Das Sicherheitssystem soll gut genug sein, um Unfall- und Verletzungsrisiken zu vermeiden. Die Komfortausstattung soll eine entspannte Fahrt ohne Unannehmlichkeiten ermöglichen, z. B. eine Klimaanlage zur Temperaturregulation. Außerdem soll das Auto auch einen hohen Parkkomfort bieten, d. h. von den Abmessungen her noch möglichst kompatibel mit Parkhäusern und Innenstadtparkplätzen sein. Insgesamt ist das Auto für eine Person im hedonistischen Goal-Frame in emotions- und stimmungsregulierende Prozesse eingebunden.

Auch beim gewinnorientierten Goal-Frame finden sich zwei Varianten: (1) der *finanziell-gewinnorientierte* Goal-Frame und (2) der *Status-gewinnorientierte* Goal-Frame. In einem finanziell-gewinnorientierten Goal-Frame ist die Person sehr auf die Begrenzung der mit dem Auto verbundenen Kosten fixiert. Dazu gehören zunächst *geringe Anschaffungskosten*, also ein möglichst niedriger Kaufpreis (oder eine niedrige Leasingrate). Wichtig ist aber auch ein möglichst *niedriger Spritverbrauch aus Kostengründen*, damit der Kilometerpreis möglichst gering gehalten wird. Außerdem ist die *Minimierung der Instandhaltungskosten* von Bedeutung, z. B. um das Risiko einer Kostenexplosion durch plötzlich auftretenden Reparaturbedarf zu senken. Auch die *Begrenzung der Steuer- und Versicherungskosten* kann Teil eines finanziell-gewinnorientierten Goal-Frames sein, um die laufenden Kosten des Autobesitzes zu senken. Insgesamt können also sehr verschiedene Kostenpunkte rund um das Auto in diesem Goal-Frame relevant werden.

Im Status-gewinnorientierten Goal-Frame geht es dagegen um eine weniger gut quantifizierbare Anforderung: die Passung zwischen dem Image des neuen Autos und der persönlichen oder beruflichen Identität. In der Subkategorie *Markenimage und Design (Privatwagen)* findet sich das Bestreben danach, mit dem Auto wünschenswerte Persönlichkeitseigenschaften nach außen hin zu kommunizieren, z. B. Jugendlichkeit und Dynamik („für Mercedes sind wir noch zu jung", n05_t1: 10). Das Auto soll die Anforderung erfüllen, eine Art Spiegel des Selbst zu sein: „dass ich mich da wiederfinde in dem, in der Aussage, die dieses Fahrzeug ja irgendwie nach außen hat, wie es sich ausgibt." (n10_t1: 48). Auch bei einem Dienstwagen sind statussensible Überlegungen sehr wichtig. In der Subkategorie *Markenimage (Dienstwagen)* zeigt sich die Funktion des Automobils als Symbol für Erfolg und Kompetenz („die dürfen auch nicht denken, dass man Hunger leidet", n10_t1: 16). Ein bestimmtes Automodell soll wünschenswerte Persönlichkeitseigenschaften seines Fahrers symbolisieren, z. B. dass der Fahrer kein Verschwender ist, sondern Maß halten kann („es sollte auch nichts sein wo man denkt, dass ich an der Côte d'Azur überwintere", n10_t1: 16) und somit ein vertrauenswürdiger Geschäftspartner ist. Erst durch diese Dialektik der

Einhaltung einer gewissen Unter- *und* Obergrenze gelingt die passende Modellauswahl. Es geht also sowohl privat als auch beruflich in einem Statusgewinnorientierten Goal-Frame nicht darum, einen maximal hohen Status zu symbolisieren, sondern das (in der subjektiven Wahrnehmung) sozial Angemessene oder persönlich Wünschenswerte effektiv zu kommunizieren. Insgesamt haben die Überlegungen der Personen in einem gewinnorientierten Goal-Frame einen sehr strategischen Charakter.

Im *umweltnormativen Goal-Frame* berücksichtigt die Person die Umweltauswirkungen ihres Autokonsums[31] und misst diesen eine hohe Bedeutung bei. Sie achtet zum einen auf eine *innovative Effizienztechnologie*, z. B. Hybridtechnologie, um die negativen Umweltfolgen ihrer Autofahrten zu mindern. Zum anderen achtet sie auf einen absolut *geringen Spritverbrauch aus Umweltgründen* und hat dabei manchmal auch eine bestimmte Obergrenze im Kopf, die sie für noch akzeptabel hält, z. B. 5 Liter/100 km. Teilweise kommt es bei einer Person im umweltnormativen Goal-Frame auch zu einem kritischen *Hinterfragen der Notwendigkeit des Autokaufs*. Da sie sich dann doch für den Autokauf entschieden hat, bleibt unter Umständen eine kognitive Dissonanz am Ende dieser Überlegungen zurück. Insgesamt ist der Autokauf für eine Person im umweltnormativen Goal-Frame eine Gewissensfrage.

In der Auswertung zeigt sich, dass eine Person meist versucht, beim Autokauf sehr viele Ziele gleichzeitig zu erreichen. Es ist keine Seltenheit, dass sie im Verlauf des Entscheidungsprozesses den Autokauf aus verschiedenen Perspektiven, in verschiedenen Goal-Frames betrachtet hat, auch weil sie im Moment der Kaufentscheidung die Passung des Autos für verschiedene Situationen und damit verbundene Ziele antizipierend abschätzen muss. Trotzdem zeigen sich gewisse Muster und Regelmäßigkeiten darin, wie sich die Personen in ihren Goal-Frames unterscheiden.

Wird das Auto beruflich genutzt, dominiert ein Status-gewinnorientierter Goal-Frame. Das Auto wird dann für geschäftliche Fahrten genutzt und kann nicht versteckt werden. Es ist zwangsweise sichtbar, es ‚kann nicht nicht kommunizieren'[32] und muss deshalb das Richtige kommunizieren. Das Richtige ist

---

[31]  Der Begriff „Autokonsum" wird im Folgenden als zusammenfassender Begriff für den Kauf, die Fahrleistung und den Fahrstil verwendet und verweist auf den damit verbundenen Ressourcenverbrauch.

[32]  frei formuliert in Anlehnung an Paul Watzlawicks Ausspruch, dass der Mensch nicht nicht kommunizieren könne, vgl. Watzlawick, Beavin und Jackson (1967, S. 51)

das, was die Fahrerin über ihr Unternehmen und sich selbst in ihrer beruflichen Rolle nach außen kommunizieren möchte. Wird die Kommunikationsfunktion des Autos strategisch genutzt, kann sie den Erfolg des Unternehmens oder der Mitarbeiterin unterstützen. Daher passt der Begriff „gewinnorientiert", denn es geht darum, mit dem Auto langfristig die eigene gesellschaftliche Position zu verbessern.

Der finanziell-gewinnorientierte Goal-Frame hat dagegen die Wahrung und Schonung der vorhandenen Finanzmittel zum Ziel. Er ist auf eine Vermeidung allzu großer Verluste ausgerichtet und von einer risikoaversen Tendenz geprägt. Man möchte Kontrolle und Vorhersehbarkeit der mit dem Auto verbundenen Kosten herstellen. Dieser Goal-Frame findet sich besonders häufig bei Personen mit relativ geringem Einkommen. Jede der von mir befragten Personen hat natürlich über den Preis des neuen Autos nachgedacht und diesen auch in irgendeiner Form in ihre Kaufüberlegungen einbezogen. Dabei hat jede Käuferin darauf geachtet, nach ihrem Empfinden einen ,guten Deal' zu machen, ein gutes Preis-Leistungsverhältnis zu bekommen. Im finanziell-gewinnorientierten Goal-Frame steht bei diesem Verhältnis jedoch v. a. der *Preis* im Vordergrund und weniger die *Leistung*. Die Leistung, hier im Sinne von allgemeinen Wunschattributen des Autos, rückt für eine finanziell-gewinnorientierte Käuferin in den Hintergrund. Sie macht zugunsten des niedrigeren Preises i. d. R. deutliche Abstriche in ihrem Wunschkatalog. Sie entscheidet sich nicht für die Farbe oder das Modell, auf das sie Lust hat, sondern für das Auto, für das sie das günstigste Angebot bekommt.

Eine ganz andere Gewichtung von Prioritäten findet sich beim Fahrspaß-hedonistischen Goal-Frame. Hier hat das Auto die Funktion positive Sinneserlebnisse zu produzieren. Das schnelle Auto dient zur Emotionsregulation im Alltag oder in der Freizeit. Dass dieser Fahrspaß meist mit höheren Kosten bei der Anschaffung (teurerer Motor) und Nutzung (höherer Spritverbrauch) verbunden ist, nimmt die Person entweder bewusst in Kauf oder verdrängt es gezielt („da groß drüber nachzudenken was das Auto kostet und was Sie dafür bekommen und über mögliche Folgekosten in der Werkstatt, darüber ist man sich nicht so klar, das verdrängt man natürlich auch ganz gerne", n16_t1: 24).

Auch beim Komfort-hedonistischen Goal-Frame treten finanzielle Motive in den Hintergrund der Aufmerksamkeit. Wenn die Familie größer wird, dann muss eben auch das Platzangebot des Autos größer werden, auch wenn die Käuferin dafür meist einen höheren Anschaffungspreis und einen höheren Spritverbrauch in Kauf nehmen muss. Dieser Goal-Frame findet sich dementsprechend häufig bei Familien mit kleinen Kindern. Auch eine höhere Komfortausstattung bedeutet i. d. R. einen höheren Anschaffungspreis und ein höheres Gewicht (und

damit auch einen höheren Verbrauch). Ist die Autokäuferin Alltagskomfort-
hedonistisch fokussiert, fallen diese Nebeneffekte jedoch weniger ins Gewicht.
Findet gleichzeitig eine Effizienzsteigerung statt, kommt es möglicherweise gar
nicht zu einer Verbrauchssteigerung durch das höhere Gewicht. So wird die
Käuferin nicht gezwungen, sich mit den ökologischen oder finanziellen Nachteilen eines höheren Verbrauchs auseinander zu setzen (was einem „versteckten"
Rebound-Verhalten entspricht) und genießt stattdessen sorgenfrei die neuen
Annehmlichkeiten („Das ist ganz in Ordnung, also der [neue Volvo Kombi]
unterscheidet sich vom Verbrauch her nicht stark vom Fiesta, obwohl der jetzt
sehr viel schwerer ist." n02_t1: 251).

Nur für Personen im umweltnormativen Frame sind die ökologischen Eigenschaften des neuen Autos ein wichtiges Kaufkriterium. Sie setzen sich mit
den negativen Folgewirkungen auseinander und legen eher weniger Wert auf
Fahrspaß. Sie haben oft eine hohe Umweltschutzmotivation und kritisieren die
moderne Autogesellschaft oder in ihren Augen besonders verschwenderische
Autofahrer („Also was mich ärgert, sind offensichtliche Dummheiten, ökologische. Also zum Beispiel dicke SUVs ärgern mich." n26_t1: 38). Da sie trotz
ihrer ökologischen Bedenken gegenüber dem Autofahren, vor Kurzem selbst ein
neues Gefährt gekauft haben, bleibt oft eine kognitive Dissonanz zurück („Das
ist insgesamt auch unvernünftig, also ich meine, um sich von A nach B zu bewegen mit 1,5 Tonnen oder eine Tonne Stahl mit sich rumzuschleppen ist sehr, sehr
unvernünftig und ja - man muss das irgendwie ausblenden.", n22_t1: 30).

Nach dieser Ausarbeitung der Goal-Frames der Kaufentscheidung, sollen
die Goal-Frames im Folgenden Abschnitt mit dem beobachteten Verhalten zu-
sammengeführt werden. Welche Erklärungskraft haben sie für das Kaufverhalten
und welche weiteren personenbezogenen Faktoren müssen eventuell herangezogen werden?

### 6.1.3    Typologie in Bezug auf Kaufrebound-Verhalten

Im Folgenden stelle ich die mithilfe der Methode nach Kelle und Kluge (2008, s.
Kap. 5.6.3) entwickelte Typologie dar. Dabei habe ich in einem ersten Schritt die
deskriptive Auswertung des Kaufrebound-Verhaltens (s. Kap. 6.1.1) gemeinsam
mit den Goal-Frames der Kaufentscheidung (s. Kap. 6.1.2) betrachtet, um den
Erklärungswert der Goal-Frames als Einflussfaktor auf Rebound-Verhalten zu
testen. Die grafische Darstellung dieser kombinierten Betrachtung findet sich in

Abbildung 6-2. Hier zeigt sich, dass es keinen Goal-Frame gibt, der direkt mit offenem Rebound-Verhalten in Zusammenhang steht.

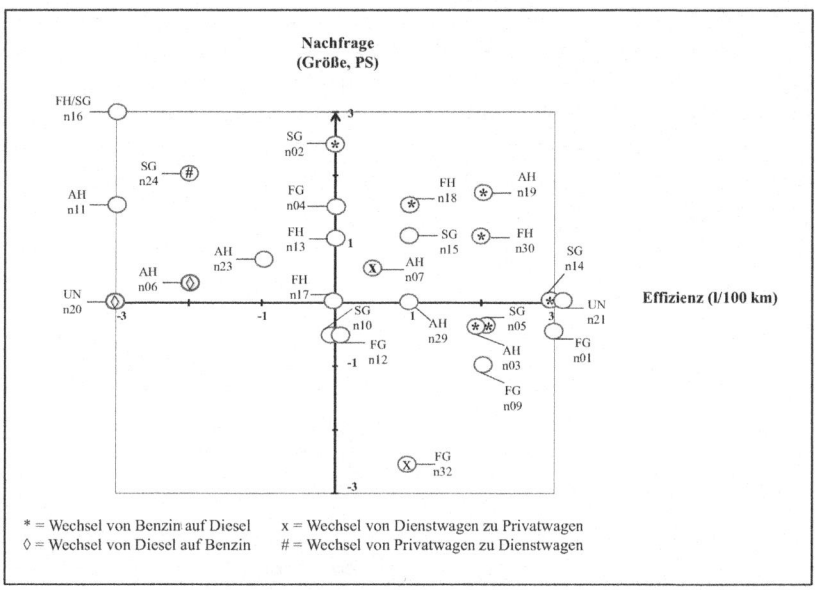

*Abbildung 6-2 Kaufrebound-Verhalten und Goal-Frames der Kaufentscheidung (n= 25). Anmerkungen: Die Abstände zwischen den Punkten sind nicht interpretierbar, da die verwendete Skala Ordinalskalenniveau hat und von -3 bis +3 begrenzt ist. Abkürzungen: AH= Alltagskomfort-hedonistisch; FH= Fahrspaß-hedonistisch; FG= finanziell-gewinnorientiert; SG= Status-gewinnorientiert; UN= umweltnormativ. Eigene Darstellung.*

Es fällt aber auf, dass der finanziell-gewinnorientierte Goal-Frame tendenziell mit einer Verbesserung der Effizienz und einer Verringerung der Nachfrage (unten rechts) einhergeht. Im Feld der schlichten Mehrnachfrage (oben links) finden sich dagegen keine Personen mit finanziell-gewinnorientiertem Goal-Frame und auch keine mit einem umweltnormativen Goal-Frame. Der Alltagskomfort-hedonistische und der Status-gewinnorientierte Goal-Frame finden sich in allen Feldern, sodass sich hier kein unmittelbarer Zusammenhang mit Rebound-Verhalten zeigt.

Beim Fahrspaß-hedonistischen Goal-Frame fällt auf, dass er sich nur in der oberen Hälfte des Achsenkreuzes findet. Er scheint also tendenziell mit einer Erhöhung der Nachfrage einherzugehen, aber nicht immer mit einer Verbesserung der Effizienz.

Insgesamt zeigt sich also durchaus eine Erklärungskraft der Goal-Frames für bestimmte Nachfragetendenzen, allerdings reichen die Goal-Frames alleine nicht aus, um Rebound-Verhalten zufriedenstellend zu erklären. In einem zweiten Schritt der Typenbildung habe ich deshalb, zusätzlich zu den Goal-Frames und dem beobachteten Kaufverhalten, weitere Faktoren berücksichtigt. Diese sind: Einkommen, Alter, Umweltmotivation, Prozessdynamik der Kaufentscheidung, bisheriges Pkw-Konsumlevel und subjektive Sättigung/ Zufriedenheit damit, sowie die aktuelle und möglicherweise veränderte Lebenssituation. Dadurch gelang die Bildung von vier verschiedenen Typen, die in Abbildung 6-3 im Achsenkreuz farbig dargestellt sind.

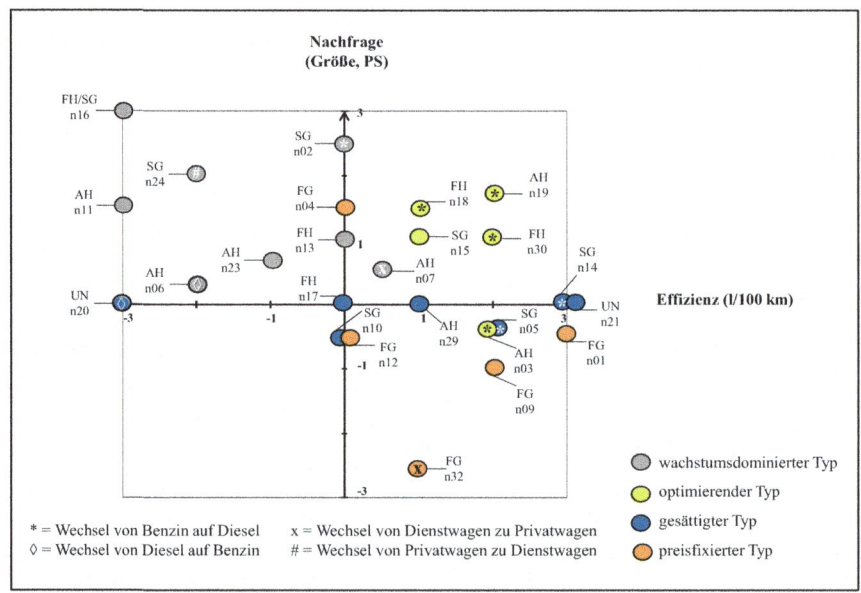

*Abbildung 6-3 Typologie der Kaufentscheidung in Bezug auf Rebound-Verhalten (n= 25).*
*Anmerkungen: Die Abstände zwischen den Fällen sind nicht interpretierbar, da die*
*verwendete Skala Ordinalskalenniveau hat und von -3 bis +3 begrenzt ist. Abkürzungen:*
*AH= Alltagskomfort-hedonistisch; FH= Fahrspaß-hedonistisch; FG= finanziell-*
*gewinnorientiert; SG= Status-gewinnorientiert; UN= umweltnormativ. Eigene Darstellung.*

Diese Typenbildung ist keine allgemeine Autokäufertypologie, sonder eine problemorientierte Typologie: Warum kommt es bei einigen Personen zu Rebound-Verhalten und bei anderen zu einer schlichten Mehrnachfrage, während wieder andere gleichzeitig ihre Nachfrage und den Energieverbrauch senken? Die vier entwickelten Typen, der *optimierende*, der *wachstumsdominierte*, der *gesättigte* und der *preisfixierte* Typ, stellen einen integrierten Erklärungsansatz für diese Frage dar.

Im Folgenden werden diese vier Typen jeweils mit einer Kurzbeschreibung und einem Schaubild ihrer Charakteristika vorgestellt. Das für den jeweiligen Typus zentrale Charakteristikum (in den folgenden Abbildungen rot markiert) entstammt nicht immer der gleichen Kategorie. So ist z. B. eine veränderte Lebenssituation für den wachstumsdominierten Typus das entscheidende Charakteristikum, während ein niedriges Einkommen und ein damit verbundener finanziell-gewinnorientierter Goal-Frame für den preisfixierten Typus das definierende Charakteristikum ist. Dadurch wird bei jedem Typus innere Homogenität im jeweils zentralen Charakteristikum erreicht und Heterogenität in den jeweils weniger relevanten Merkmalen toleriert.

An die Kurzbeschreibungen und Schaubilder der Typen schließen sich jeweils detailliertere Beschreibungen der dem Typus zugeordneten Einzelfälle an. Diese Fallbeschreibungen enthalten einen kurzen Steckbrief zur Person und Lebenssituation, die wichtigsten technischen Daten von Pkw1 und Pkw2, sowie den zugeordneten Goal-Frame und Originalzitate als Belege und Veranschaulichung. Dieses Vorgehen soll eine gute Nachvollziehbarkeit des Typenbildungsprozesses, der Fallzuordnungen und der gezogenen Schlussfolgerungen ermöglichen.

### 6.1.3.1 Der optimierende Typ

Die optimierende Autokäuferin versucht, innerhalb ihres Kosten- und Entscheidungsrahmens, das Beste für sich herauszuholen. Sie hat klare Vorstellungen, schaut genau hin und entscheidet sich für das Modell, das ihr die bestmögliche Erfüllung ihrer Ansprüche zu vertretbaren Kosten ermöglicht.

Sie lässt sich dabei relativ viel Zeit für ihre Entscheidung, geht strategisch vor und vergleicht mitunter zahlreiche Modelle systematisch hinsichtlich ihrer Vor- und Nachteile. Die Charakteristika der optimierenden Autokäuferin sind zusammenfassend in Abbildung 6-4 dargestellt. Die Kategorie, die diesen Typ besonders charakterisiert, ist das bisherige Konsumlevel (s. rote Markierung): das bisherige Auto war kein schlechtes Auto und hatte die grundlegenden Ansprüche bereits erfüllt. Ein oder zwei Wünsche ließ es jedoch noch offen, deswegen soll das neue Auto eine optimierte Version des bisherigen sein. Das neue Auto ist daher meist kein grundlegend anderes Modell, sondern erfüllt ein bis zwei neue Kriterien, die bisher noch nicht erfüllt waren – es soll also noch *optimiert* werden.

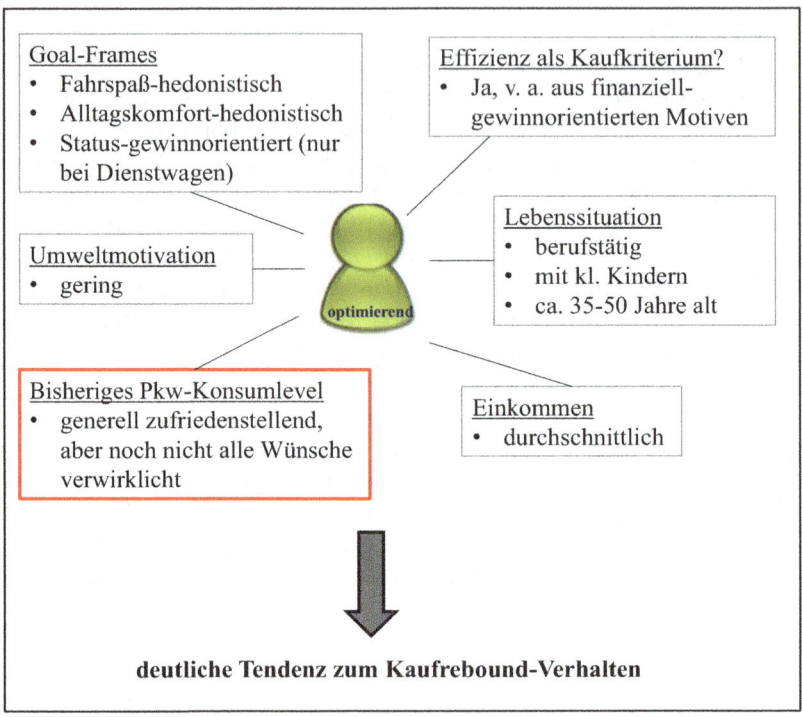

Abbildung 6-4 Der optimierende Autokäufertyp. Die rote Markierung kennzeichnet das entscheidende Charakteristikum dieses Typus. Eigene Darstellung.

Diese Kriterien sind häufig dem Fahrspaß-hedonistischen oder dem Alltagskomfort-hedonistischen Goal-Frame zuzuordnen. Auch die Verbesserung der technischen Effizienz ist für die optimierende Käuferin durchaus ein wichtiges Ziel im Sinne einer zu erwartenden Kostenersparnis. Dennoch ist ein *absolut* niedriger Verbrauch nicht das ausschlaggebende Kaufkriterium. Umweltnormative Aspekte spielen für die optimierende Autokäuferin kaum eine Rolle (keine umweltnormativen Goal-Frames und keine bedeutende Umweltschutzmotivation bei diesem Typus).

Wenn die optimierende Käuferin von einem guten Preis-Leistungsverhältnis spricht, ist damit v. a. eine gute *Leistung* (PS, Größe, Ausstattung) gemeint. Der Preis soll dieser Leistung angemessen sein, er steht aber nicht im Fokus der Optimierung (keine finanziell-gewinnorientierten Goal-Frames in dieser Gruppe).

Die Fälle dieses Typus sind in meiner Stichprobe ungefähr zwischen 35 und 50 Jahre alt, berufstätig und haben Familie. Sie befinden sich also in einer mittleren Lebensphase, in der bereits ein erstes Auto angeschafft wurde, das aber noch nicht alle Ansprüche erfüllt und weiter optimiert werden soll. Sie haben zwar überwiegend ein durchschnittlich gutes Einkommen, müssen jedoch auch aufgrund ihrer Verantwortung für die Familienfinanzen durchaus Budgetgrenzen beim Autokauf berücksichtigen. Sie sind die Gruppe, die die stärkste Tendenz zu einem Kauf-Rebound-Verhalten zeigt. Die Fälle, die diesem Typus zugeordnet wurden, werden im Folgenden detaillierter vorgestellt.

**Fallbeschreibungen**

**Frau Linde**[33] (n18, 35 – 39 Jahre., 1 Kind, 50 % berufstätig) hat ein Leasing-Vertragsmodell mit einem einjährigen Wechselturnus, bei dem sie innerhalb der Vertragsvorgaben einen gewissen Entscheidungsspielraum bei der Fahrzeugkonfiguration hat. Sie ist technisch versiert und hat Spaß daran, jedes Jahr ein neues Auto zu fahren. Für das neue Auto hat sie sich gezielt ein höher motorisiertes Modell ausgesucht und gleichzeitig von Benzin auf Diesel gewechselt. Die Vor- und Nachteile hat sie systematisch gegeneinander abgewogen: „Der verbraucht weniger Sprit und ich zahl beim Diesel auch weniger pro Liter. Dafür ist die Leasingrate höher." [n18_t1: 181]. Da sie zum Zeitpunkt des t1-Interviews von einem steigenden beruflichen Mobilitätsbedarf ausging, hat sie in einer Excel-Tabelle die finanziellen Vor- und Nachteile eines Dieselfahrzeugs bei steigender Kilometerleistung systematisch ausgerechnet. Die höhere PS-Zahl und die bessere Ausstattung rechtfertigen für sie die teurere Leasingreate ihres neuen Autos.

> **Sabrina Linde:** „Wenn ich es dann aufwäg, dann zahl ich gar nicht mehr so viel mehr. Natürlich, von 280 zu 400. 120 Euro mehr, aber wenn ich dann guck, was ich mehr an Leistung bekomme dafür, dann ist es gar nicht mehr so groß, der Unterschied. (…) bzw. *bin ich halt bereit für den Spaßfaktor mehr Geld zu bezahlen.*[34]" [n18_t1: 185-187]

---

[33]   Bei allen Namen handelt es sich um Pseudonyme, die gemeinsam mit der laufenden Nummer (n01 bis n32) der Interviewpartnerin verwendet werden.

[34]   Alle Unterstreichungen von Interviewaussagen sind Hervorhebungen der Verfasserin, um die besonders relevanten Abschnitte zu akzentuieren.

Für Frau Linde ist das Fahrvergnügen das ausschlaggebende Kriterium (Fahr-spaß-hedonistischer Goal-Frame), für das sie bereit ist, mehr Geld zu bezahlen. Trotzdem achtet sie sehr genau darauf, dass das Kosten-Nutzen-*Verhältnis* für sie persönlich stimmig ist. Dabei steht der Zuwachs an „Leistung" und „Spaßfak-tor" für sie in einem guten Verhältnis zum Kostenzuwachs.

**Herr Orlow** (n19, 45 – 49 Jahre., 2 Kinder, 100 % berufstätig) hat bei sei-nem Autokauf versucht, ein optimales Verhältnis von Platzangebot, Fahreigen-schaften, Effizienz und Kaufpreis zu erreichen. Dabei ist das Platzangebot für ihn am wichtigsten, damit auch längere Fahrten mit der Familie keinen allzu großen Stress verursachen (Alltagskomfort-hedonistischer Goal-Frame). Er wechselt von einem gebrauchten BMW 316i Kombi (Bj. 2005, 9 l Ben-zin/Autogas[35], 115 PS) auf einen neuen Mazda CX-5 (Bj. 2014, 6,5 l Diesel, 150 PS). Herr Orlow ist technisch versiert und fährt gerne schnell. Umweltbedenken hält er für reine Panikmache und eine Arbeitsbeschaffungsmaßnahme für Wis-senschaftler („diese Klimawandelgeschichte, (…) deine Organisation wahr-scheinlich auch profitiert davon und äh, diese wissenschaftliche Szene, teilweise lebt davon", n19_t1: 123). Von der Effizienz seines Autos zeigt er sich im t2-Interview begeistert:

> **Peter Orlow:** „Sehr gut. Das ist natürlich nicht das, was sie in das Produktblatt rein-schreiben. Die haben reingeschrieben 4,7 [Liter]. Aber 6,5 sind das. (…) Kostenmäßig ist das wahrscheinlich nicht unbedingt Ersparnis, aber unter Berücksichtigung [von] mehr Raum und mehr Motorisierung ist das schon eindeutig bemerkbar, die Effizienz. (…) Ich beurteile, das ist *wirklich ein technologischer Schritt.* Das Auto ist dann wei-ter, was Effizienz angeht. *Dass sie mit weniger Sprit, mehr Leistung bringt.*" [n19_t2: 14]

Durch seine Effizienz symbolisiert das neue Auto für Herrn Orlow technologi-schen Fortschritt. Er ist sich nicht sicher, ob es ihm tatsächlich Einsparungen bringt (weil er vorher oft günstiges Autogas getankt hatte) und glaubt auch, dass die Herstellerangaben nicht stimmen, aber im Vergleich zu seinem bisherigen Auto fand eine deutliche Verbrauchssenkung bei gleichzeitiger Leistungssteige-rung statt und diese (Rebound-)Entwicklung stellt ihn höchst zufrieden.

**Herr Baum** (n15, 45 – 49 Jahre, 2 Kinder, 100 % berufstätig) ist ebenfalls begeistert von der technischen Machbarkeit, ein Auto mit mehr Leistung aber weniger Verbrauch zu haben. Er durfte sich einen neuen Dienstwagen aussuchen.

---

[35] Alle Verbrauchsangaben in diesem Kapitel beziehen sich auf den Verbrauch an Sprit pro 100 Kilometer.

Innerhalb seines Entscheidungsspielraums (eine von der Firma festgelegte Preis-
obergrenze) hat er dabei versucht, das optimale Verhältnis von Ausstattung und
Effizienz herauszuholen. Auf die Marke war er nicht festgelegt, wobei es eine
Vorselektion für das Premiumsegment gab, da nur Mercedes, Audi, BMW in
Frage kamen. Er hat schließlich von einem Mercedes C 220 Kombi (Bj. 2010,
6,8 l Diesel, 170 PS) auf einen Audi A6 2.0 Ultra Kombi (Bj. 2014, 5,9 l Diesel,
190 PS) gewechselt. Ganz gezielt hat er sich für ein Modell mit niedrigerem
Verbrauch und höherer PS-Zahl entschieden.

> „**I:** Welche Rolle haben so Aspekte wie Effizienz des Autos gespielt?
> **Harald Baum:** „Relativ große. Ich hab sogar nochmal die Motorisierung geändert,
> weil, das Auto war eigentlich bestellt mit 'nem zwei Liter Motor. Der hätte 170 PS
> etwa gehabt und Audi hat seit Anfang des Jahres ein Motorenmodell, was Ultra, glaub
> ich, heißt. *Der hat mehr Leistung bei weniger Verbrauch* und deswegen ist der noch-
> mal umbestellt worden. Weil wir auch firmenintern einen kleinen Wettbewerb haben,
> wer am wenigsten Benzin-, oder Kraftstoffverbrauch, hat. (…) und das [neue] Auto ist
> sehr sparsam. Also ist bis jetzt das sparsamste Auto, das ich habe, obwohl er so groß
> ist." [n15_t1: 31-32]

Herr Baum ist begeistert, dass die technische Effizienzverbesserung ihm erlaubt,
ein Auto zu fahren, das sein bisheriges in puncto Leistung, Größe und Komfort-
ausstattung sogar noch übertrifft und dennoch weniger Sprit verbraucht. Da er
mit dem neuen, besonders effizienten Dienstwagen den firmeninternen Wettbe-
werb für den spritsparendsten Fahrer gewinnen möchte, ist sein Entscheidungsprozess von einem Status-gewinnorientierten Goal-Frame dominiert. Herr Baum
hat als Vielfahrer auch zahlreiche Komfortansprüche an sein Auto. Die jedoch
als Kaufkriterium weniger im Vordergrund stehen, da die Standardausstattung
eines Audi A6 bereits sehr umfangreich ist. Trotzdem wollte Herr Baum das von
der Firma gesetzte Budget optimal ausschöpfen, indem er noch ein paar Extras
bestellt hat:

> **Harald Baum:** „*was kann ich bis zu diesem Budget noch dazu buchen, bis ich es
> ausgereizt habe?* Das ist einfach bei dem Audi mehr gewesen, über Schiebedach, über
> Lederausstattung. Das war dann etwas besser, als es bei dem BMW gewesen wäre. -
> Wobei er [der neue Audi] ja noch so viel Ausstattung hat, dass ich nach ner Woche
> auch noch gar nicht weiß, wie alles funktioniert (lacht)."

Herr Baum entscheidet nach der Devise: Lieber etwas mehr technische Ausstattung als zu wenig. Dass er die zahlreichen Funktionen teilweise nicht benötigt
und noch nicht beherrscht, stört ihn nicht. Im Gegenteil, nur mit der maximalen
Ausstattung hat er das Gefühl, das Budget bestmöglich ausgereizt zu haben (*optimierender* Kaufprozess).

**Herr Pohl** (n03, 42 J., 1 Kind, 100 % berufstätig) ist Ingenieur und hat sich sechs Monate Zeit genommen, um den für ihn perfekten Wagen zu finden. Sein bisheriges, gebraucht gekauftes BMW 330 Cabrio (Bj. 2007, 10,5 l Benzin, 272 PS) gefällt ihm zwar weiterhin ausnehmend gut, doch das Platzangebot ist nicht optimal, um auch Urlaubsreisen mit dem größer werdenden Sohn und dem notwendigen Gepäck stressfrei absolvieren zu können (Alltagskomforthedonistischer Goal-Frame). Herr Pohl möchte dieses Kriterium verbessern, gleichzeitig aber seinen (aggressiv-sportlichen) Fahrstil durch eine weiterhin hohe Motorisierung beibehalten können und zusätzlich noch die Effizienz optimieren. Er ist sehr autoaffin und hat sich schließlich für einen gebrauchten, motorstarken Citroën C5 Tourer Kombi (Bj. 2010, 7,5 l Diesel, 241 PS) entschieden. Er weiß dabei sehr genau, welche Kriterien und Ausstattungsdetails ihm wichtig sind.

> **I:** „Du hattest vorhin gesagt, die Scheinwerfer und 'ne große Dieselmaschine. Was heißt dann ‚groß' in dem Fall, also hast du 'ne bestimmte Zahl im Kopf?"
> **Manfred Pohl:** „Ja. Ähm, das ist ein V6 Diesel 3 Liter D Turbo mit 240 PS und 450 Newtonmeter Drehmoment. So!"
> **I:** „Verstehe."
> **Manfred Pohl:** „Der Wagen wiegt fast 2 Tonnen und damit ich mich ähnlich fortbewegen kann wie mit meinem jetzigen Auto, muss da halt entsprechend Motorisierung her." [n03_t1: 27-30]

Obwohl er sich selbst als „autoenthusiastisch" [n03_t1: 265] bezeichnet, ist Herr Pohl nicht auf eine Marke festgelegt gewesen, sondern hat so lange systematisch nach dem Wagen gesucht, der all seine Kriterien am besten erfüllt, bis er ihn gefunden hatte (*optimierender* Kaufprozess). Dieser Suchprozess war für ihn nicht etwa ermüdend, sondern hat ihm sogar Vergnügen bereitet. Auf die Frage nach der Relevanz von Umweltaspekten antwortet er recht eindeutig: „ich sag mal, ja, also da bin ich nicht so päpstlich. Insbesondere was die Emissionen meines Fahrzeugs betrifft, da bin ich auch nicht so päpstlich. Also, ich sag mal, $CO_2$ ist mir relativ wurscht." [n03_t1: 98].

**Frau Petzold** (n30, 40 – 44 Jahre., 3 Kinder, 65 % berufstätig) war mit ihrem bisherigen Auto grundsätzlich zufrieden, wünscht sich aber etwas mehr PS (Fahrspaß-hedonistischer Goal-Frame). Deshalb wechselt sie von einem älteren gebrauchten VW Passat (Bj. 1995, 8,5-9 l Benzin, 116 PS) auf das gleiche Modell in einer jüngeren Variante und mit einem Dieselmotor (Bj. 2006, 6-6,5 l Diesel, 140 PS). Dass die Erhöhung der PS-Zahl das ausschlaggebende Kriterium war, zeigt sich in der Abgrenzung von Alternativmodellen:

> **Wiebke Petzold:** „wenn ich mich so umgeguckt habe, die Alternative wären tatsächlich Autos aus nem sehr viel billigeren Segment gewesen und *da war einfach diese PS-Leistung, die passte dann nie.* Die sind immer PS schwächer, leistungsschwächer."
> [n30_t1: 28]

Neben dem dominanten, Fahrspaß-hedonistischen Goal-Frame hat Frau Petzold aber auch Alltagskomfort-hedonistische Motive (gleichbleibend hohes Platzangebot für die Familie) und finanziell-gewinnorientierte Motive (die Effizienz soll besser sein als bisher; die Reparaturkosten sollen im Vergleich zum alten Auto zukünftig niedriger sein). Somit versucht Frau Petzold im Zuge ihres Autowechsels mehrere wichtige Kriterien gleichzeitig zu optimieren.

### 6.1.3.2    Der wachstumsdominerte Typ

Für die wachstumsdominierte Autokäuferin überstrahlt der Wunsch nach einer Steigerung von Platzangebot, PS oder Status alle anderen Kaufkriterien. Oftmals befindet sie sich in einer veränderten Lebenssituation, für die das bisherige Auto nicht mehr geeignet ist (ausschlaggebendes Charakteristikum, rot markiert in Abbildung 6-5).

Dies kann eine neue Familiensituation mit kleinen Kindern sein, sodass ein größeres Auto benötigt wird. Es kann aber auch der Übergang in den Ruhestand sein, der neue Ansprüche an das Auto mit sich bringt. Weiterhin finden sich hier Personen, die ein gewachsenes Statusbedürfnis (beruflich oder privat) durch das Auto erfüllt sehen wollen. Dementsprechend finden sich hier hedonistische Goal-Frames (Alltagskomfort o. Fahrspaß) und der Status-gewinnorientierte Goal-Frame.

Finanziell-gewinnorientierte und umweltnormative Ziele haben die wachstumsdominierten Käufer teilweise zwar auch. Diese treten aber zugunsten der o. g. Goal-Frames in den Hintergrund und sind nicht die ausschlaggebenden Kaufkriterien. Ebenso verhält es sich mit Umweltmotiven. Die Effizienz des neuen Autos spielt für diese Käufer meist eine stark untergeordnete Rolle. Bezüglich des Lebensalters ist die Gruppe zweigeteilt. Es gibt die Jüngeren und Familien mit kleinen Kindern (ca. 25 bis 40 Jahre) und die Älteren im Ruhestand (65 Jahre aufwärts). Die Einkommensverteilung ist heterogen.

Die Fälle des wachstumsdominierten Typus neigen dazu, ihre Nachfrage deutlich zu steigern, während sie die Effizienz des Fahrzeugs nicht verbessern. Effizienzkriterien werden klar zugunsten der Wachstumsbedürfnisse hintangestellt. So zeigen die wachstumsdominierten Autokäufer meist kein offenes Rebound-Verhalten, sondern eher ein *schlichtes Mehrnachfrage-Verhalten* oder vereinzelt auch eine steigende Nachfrage bei konstanter Effizienz (vgl. Abbildung 6-3).

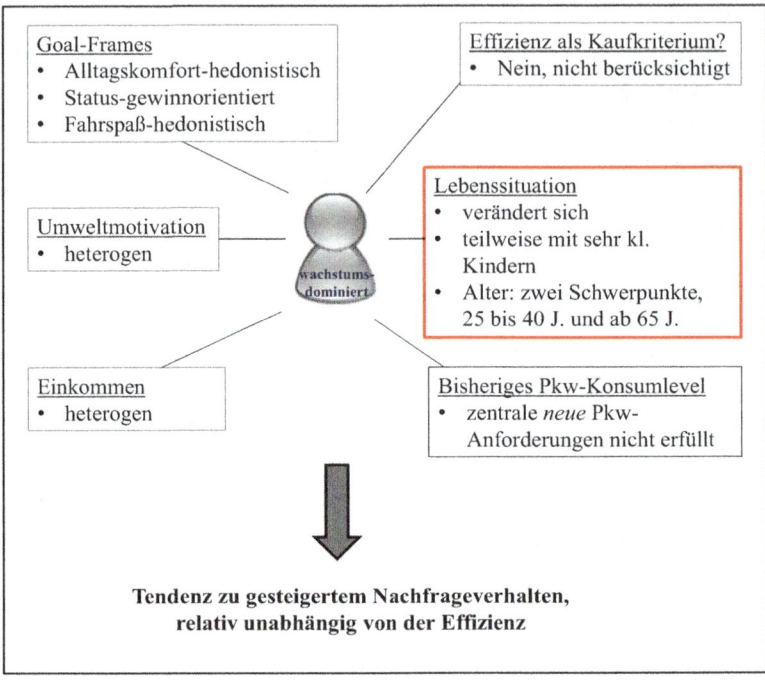

Abbildung 6-5 Der wachstumsdominierte Käufertyp. Die rote Markierung kennzeichnet
das entscheidende Charakteristikum dieses Typus. Eigene Darstellung.

**Fallbeschreibungen**

Die ersten drei Fälle sind junge Familien, deren Platzbedarf sich vergrößert hat.
Das Auto soll „mitwachsen". Die weiteren Fälle haben v.a. gewachsene Status-
oder Fahrspaß-Motive.

**Paula Veil** (n11, 40 – 44 Jahre, 2 kleine Kinder, 75 % berufstätig) hat eine
hohe intrinsische Umweltschutzmotivation und würde gern ein autofreies Leben
führen. Da ihr Mann als Architekt jedoch ein Fahrzeug für Fahrten zu Baustellen
an abgelegenen Orten benötigt und die Familie außerdem gerne naturnahe Zelturlaube zur Erholung unternimmt, haben sie weiterhin ein Auto. Das Neue soll

für die wachsende Familie mehr Platz bieten (Alltagskomfort-hedonistischer Goal-Frame). Deshalb haben Frau Veil und ihr Mann nun von einem Kleinwagen, Citroen C3 (Bj. 2010, 5,5 l Diesel, 92 PS), auf einen Wagen der Kompaktklasse, C4 Grand Picasso (Bj. 2013, 6,5 l Diesel, 112 PS), umgesattelt. Eigentlich hätte Frau Veil gerne den kleinen C3 behalten, weil er für die Alltagsfahrten ausreichend war und ihrer Umweltschutzmotivation besser entspricht. Auf Urlaubsfahrten mit Zelt, Gepäck und Fahrrädern auf dem Dach gab es aber immer drängendere Platzprobleme:

> **Paula Veil:** „für mich war dieser C3 das perfekte Auto. Das war einfach klein, es war überschaubar, ich konnte alles transportieren, aber wir hatten zwei Probleme. Das eine war: [mein Mann] ist ja 1,92 Meter. Das heißt: er muss den Sitz so weit zurückstellen, dass dahinter kein Kindersitz mehr gepasst hätte. *Jetzt werden die Kinder natürlich irgendwann größer.* (…) Der zweite Grund war, dass wir damit eben nicht wirklich lange zelten gehen konnten. (…) also dieses kleine Auto haben wir im Grunde total vollgeladen, noch Fahrräder obendrauf und dann haben wir eben noch so nen riesigen Koffer mit Hermes geschickt." [n11_t1: 8]

Ein möglichst niedriger Spritverbrauch ist für Frau Veil aus Umwelt- und Kostengründen eigentlich auch ein wichtiges Entscheidungskriterium. Das Hauptkriterium der Platzvergrößerung zwingt sie jedoch dazu, einen höheren Spritverbrauch (durch das größere und schwerere Modell) in Kauf zu nehmen und dieses Umweltkriterium hintanzustellen.

**Hendrik Mühlenkamp** (n06, 45 – 49 Jahre., 2 kleine Kinder, 100 % berufstätig) hat kleine Zwillinge und damit wachsenden Platzbedarf. Er benötigt ein Auto, das etwas größer als sein bisheriger Opel Signum (Bj. 2004, 6,5 l Diesel, 150 PS) ist, den er als Sportkombi mit einem zu geringen Platzangebot beurteilt:

> **Hendrik Mühlenkamp:** „es war ein Kombi, ein Sportkombi, sprich keiner von den großen, praktischen Kombis (…) *und da kriegt man halt schwierig einen Kinderwagen rein.* Oder ja, es ging, aber es ging unter erschwerten Bedingungen, ja. Und von dem her, wäre es *an der Zeit gewesen doch umzudenken auf ne Familienkutsche*, sagen wir mal so, und ähm einfach was Praktisches" [n06_t1: 2]

Diesen Anspruch einer „Familienkutsche" (Alltagskomfort-hedonistischer Goal-Frame) sieht Herr Mühlenkamp durch seinen neuen Ford Grand C-Max (Bj. 2014, 8,2 l Benzin, 150 PS) erfüllt. Der Spritverbrauch hat sich u. a. durch den Wechsel von Diesel auf Benzin deutlich erhöht. Herr Mühlenkamp hat sich jedoch bewusst für diesen Wechsel entschieden, weil er sich vom Benzinmotor geringere Wartungskosten erhofft. Somit hat er auch finanziell-gewinnorientierte

Motive. Die Vergrößerung des Platzangebots war allerdings der Anlass für den Autowechsel und auch das ausschlaggebende Kaufkriterium.

**Ulf Wörner** (n23, 40 – 44 Jahre, 2 Kinder, 100 % berufstätig) ist Mitarbeiter eines großen Automobilherstellers und hat deshalb die Möglichkeit, jedes Jahr ein anderes Auto als Privatfahrzeug über das firmeninterne Leasing zu mieten. Sein letzter Wechsel vollzog sich von einer Mercedes B-Klasse (Bj. 2012, 7,1 l Diesel, 136 PS) zu einem Mercedes GLK (Bj. 2014, 7,8 l Diesel, 143 PS). Ihm ist wichtig, dass das Auto genügend Platz für die Familie bietet:

> **Ulf Wörner:** „das [neue Auto] ist ein Kompakt-SUV. Wobei der eigentlich nichts SUV-haftes hat, aber nennt sich halt Kompakt-SUV. *Aber ist familientauglich, geht viel rein und das ist also entscheidend.*" [n23_t1: 13]

Seine Entscheidung findet in einem Alltagskomfort-hedonistischen Goal-Frame statt. Aus Kostengründen erwähnt er auch das Kriterium eines „relativ" geringen Spritverbrauchs. Auf Nachfrage erläutert er dazu:

> **Ulf Wörner:** „Relativ wenig heißt, dass ich halt schon darauf bedacht bin, letztendlich ein Auto zu haben, was mir selbst gefällt. Und *wenn dann noch das Auto, was mir gefällt, wenig Sprit verbraucht, dann kommt es zum einen meinem Geldbeutel zu Gute, und zum anderen auch der Natur zu Gute.*" [n23_t1: 17]

Die Effizienz ist für ihn ein Kaufkriterium, aber ein nachgeordnetes. Er nennt dann auch umweltschonende Effekte als weiteren Vorteil eines niedrigen Verbrauchs, jedoch eher im Sinne einer Postrationalisierung. Der absolute Spritverbrauch verschlechtert sie sich durch den Autowechsel sogar.

Die beiden Fälle **Herr Kies** (n07, 70 – 74 Jahre., im Ruhestand) und **Herr Sollke** (n13, 70 – 74 Jahre., im Ruhestand) befinden sich aufgrund ihres Alters in einer ganz anderen Lebenssituation als die jungen Familien. Die Parallele liegt jedoch darin, dass auch sie ihre Lebensqualität durch das neue Auto steigern wollen und dabei keinen besonderen Wert auf finanzielle oder umweltbezogene Aspekte legen. Beide sind Führungskräfte im Ruhestand, die ihren Lebensabend (automobil) genießen möchten.

Dafür verwendet **Hans Sollke** einen PS-starken Mercedes CLS 350 CDI (Bj. 2011, 6,8 l Diesel, 265 PS) und, wie er mir im t2-Interview nicht ohne Stolz berichtet, auch einen mittlerweile zusätzlich angeschafften Porsche 911 als Zweitwagen. Sein vorheriges Fahrzeug, das SUV-Modell Audi Q3 2.0 TDI (Bj. 2012, 6,8 l Diesel, 177 PS) hat seine Ansprüche an ein ausgezeichnetes Fahrerlebnis nicht erfüllt, weil es nur einen 4-Zylinder Motor hatte.

**Hans Sollke**: „Der Anlass [für den Autowechsel] war, dass ich seit Jahrzehnten ein 6-Zylinder Auto fahre - als Student natürlich nicht, da hatt ich auch nen Käfer und solche Autos - und dann hatt ich einen Q3. (…) Das ist ein Audi, ein Geländewagen (…). Der Q3 hat 4 Zylinder, und das ist mir zu klein. Und jetzt hab ich denn wieder, mich umgesattelt auf 'nen CLS und der hat wieder 6 Zylinder." [n13_t1: 3-7]

Als Geschäftsführer eines großen Unternehmens war Herr Sollke daran gewöhnt, nur Fahrzeuge mit sehr leistungsstarken Motoren zu fahren. Sein kurzer Ausflug in die SUV-Modelllandschaft hat ihn nicht zufrieden gestellt. Deshalb hat er sich jetzt für ein sportlicheres Modell mit stärkerem Motor und besserer Aerodynamik entschieden (Fahrspaß-hedonistischer Goal-Frame).

Auch **Herr Kies** war als Geschäftsführer eines erfolgreichen Unternehmens daran gewöhnt, einen hochklassigen Dienstwagen, Audi A8 (Bj. 2004, 12 l Benzin, 220 PS), zu fahren und kann sich deshalb für seinen Ruhestand nicht vorstellen, ein Auto mit deutlich kleinerer Motorisierung zu fahren. Durch seine neue Lebenssituation als Rentner kommen aber noch ein gestiegener Platzbedarf für die Ausübung seiner Hobbys und ein gestiegenes Komfortbedürfnis als neue Kaufkriterien dazu (Komfort-hedonistischer Goal-Frame): eine höhere Sitzposition soll den Einstieg ins Auto trotz fortgeschrittenen Alters erleichtern. Daher wählt er mit dem großen SUV-Modell VW Touareg (Bj. 2007, 10 l Benzin) in der 240-PS-Variante ein Auto mit mindestens gleich hoher Leistung und zusätzlich deutlich mehr Platz (für seine Golfausrüstung) und bequemerem Einstieg. Dieses Auto hat zwar trotz seines um 46 % höheren Gewichts sogar einen leicht geringeren Verbrauch. Die Effizienz war jedoch beim Kauf nicht das ausschlaggebende Kriterium für Herrn Kies. Der bisherige Dienstwagen und dessen Leistungsstärke ist für ihn der relevante Bezugspunkt für die Begründung seiner Autokaufentscheidung:

**Herr Kies**: „Es ist relativ einfach. Ich hab mit arbeiten aufgehört und mein Dienstauto abgeben müssen und war verwöhnt, weil ich jahrelang 6- und 8-Zylinder gefahren habe und Quattro, und dann bildet man sich ein, A: man kann nur noch Quattro fahren und: Komfort muss natürlich auch mit dabei sein. Und das, was bisher vermisst worden war, wollen wir jetzt haben, nämlich einen unkompliziert großen Kofferraum." [n07_t1: 8]

Wir sprachen auch über sein Mobilitätsverhalten während seiner Berufstätigkeit und es wurde deutlich, dass dies eine ganz andere Lebenssituation war als jetzt.

**I**: „Wenn ich's richtig verstehe, sind Sie während Ihrer Berufstätigkeit regelmäßig geflogen oder jedenfalls wenn es nötig war?"
**Herr Kies**: „Sehr viel. Ich war Geschäftsführer und war in Aufsichtsräten in Indien, in den USA, Frankreich, England. Also da ist man sehr viel unterwegs gewesen. Auch gruppenverantwortlich für bestimmte Sparten."

**I:** „Und das war dann aber als Sie in Rente gegangen sind, mit 60 quasi, war dieser Teil schlagartig vorbei oder nicht?"[36]
**Herr Kies:** „Absturz in die Bedeutungslosigkeit."
**I:** „War das so?"
**Herr Kies:** „Ja. Früher war das so. Jetzt übertreib ich mal: ‚Früher war vorne, wo *ich* war!'. Heute habe ich allenfalls noch 'ne Assistenzfunktion. (lacht)"
**I:** „(lacht) Wem assistieren Sie da?"
**Herr Kies:** „Ich hab nur den Chef gewechselt (lacht). Meine Frau ist jetzt der Chef. Wenn das nicht ganz so wäre, würde ich das nicht offen zugeben." [n07_t1: 84-91]

Es wird deutlich, dass die Umgewöhnung von einem Leben als Geschäftsführer und Aufsichtsratsmitglied hin zu einem Rentner ohne eine hervorgehobene gesellschaftliche Stellung für Herrn Kies eine Herausforderung war. Dem Auto könnte dabei eine materiell-symbolische Brückenfunktion zukommen: Wenn man schon keinen beruflichen Status mehr hat, möchte man zumindest ein hochwertiges Auto als Selbstvergewisserung und Symbol für die eigenen Errungenschaften und Lebensleistungen[37] behalten? Es wäre zumindest eine Teilerklärung dafür, warum Herr Kies bisher am SUV-Modell festhielt, obwohl sein Sohn ihn wegen der Umweltschädlichkeit dieses großen Automodells hart kritisiert hat.

Einen sehr deutlichen Wachstumssprung hat **Frau Jung** (n16, 45 – 49 Jahre., 1 Kind, 100 % berufstätig) gemacht, mit dem Wechsel vom VW Golf V TDI (Bj. 2007, 5,8 l Diesel, 170 PS) zum Porsche Cayenne (Bj. 2010, 9,5 l Diesel, 245 PS). Sie hat sich verschiedene SUV-Modelle aus dem Premiumsegment angeschaut. Zuerst wollte sie einen GLK, weil ihr das Design und Image gut gefielen, aber die Probefahrt hat sie enttäuscht. Insbesondere in ihrer Kritik am GLK Modell werden die symbolischen, Status-bezogenen Motive und ihre hedonistischen Fahrspaß-Ziele deutlich:

**Andrea Jung:** „Wie gesagt, ich war ja wild entschlossen für diesen GLK. Ich wollte ihn ja unbedingt, aber nach der Probefahrt hab ich gesagt: nee, das überzeugt mich überhaupt nicht. Ich hab da kein Fahrgefühl gehabt, das hat. - Also ich brauch auch ein bisschen Freude beim Fahren, weil ich halt eben gern Auto fahre. Und hab mir gesagt: entweder, da kaufste dir auch irgendwas Stinknormales, da kannste auch einen

---

[36]   Ich wollte den Übergang zwischen diesen beiden Lebensphasen genauer explorieren und habe meine zweite Frage deshalb gezielt etwas konfrontativ formuliert.
[37]   Herr Kies ist sehr stolz darauf, dass er auf dem zweiten Bildungsweg studiert hat und sich alles aus eigener Kraft hart erarbeitet hat.

Japaner nehmen um von A nach B zu kommen, da hast du vielleicht noch mehr Spaß damit.
Wenn du weißt, du gibst jetzt so viel Geld für ein Auto aus und du hast keinerlei emotionalen Vorteil – weil, von A nach B bringen dich alle Autos. Und das war halt eben bei dem Porsche von der Optik fand ich den sehr toll und hat mir sehr gut gefallen. Und halt eben vom Fahren her, war der wirklich super. Auch heute noch." [n16_t1: 8]

Sowohl das Fahrgefühl als auch das Design des Porsche Cayenne machen für Frau Jung den „emotionalen Vorteil" aus. Das Fahrerlebnis scheint dabei den Ausschlag gegeben zu haben, aber ihre Distanzierung von asiatischen Fabrikaten zeigt auch klare Statusmotive auf. Das Auto wurde über die Firma ihres Mannes kreditfinanziert, deswegen war es ein gemeinsamer Entscheidungsprozess, in dem Statusmotive eine bedeutende Rolle gespielt haben:

**Andrea Jung:** „Hätte ich jetzt gesagt, ich will, ja, irgendwas Koreanisches, hätte er sich, glaube ich, ein bisschen schwer getan zu sagen: okay. *Für ihn ist das auch ein bisschen ein Statussymbol. Ich denk das ist für Männer eher als für Frauen.* Frauen sagen: oh, wenn er gut fährt und wenn er mir gefällt, dann ist es okay. Aber ich denk, für Männer ist dieses Thema ,Statussymbol' ein bisschen ausgeprägter. Und von daher war das, als ich dann gesagt gehabt: ,ja also mit dem Porsche kann ich leben, das ist der Beste von all denen', da war das für ihn dann auch okay. Da war das Thema dann erledigt."
**I:** „Mhm. Und was für einen Status verbindet man jetzt mit diesem Modell zum Beispiel?"
**Andrea Jung:** „Mit dem Modell? Also, ich denke, das ist erstens Mal *das Image ,Porsche'*. Aber dann auch, verbunden mit ein bisschen, ja also *nicht nur dieses Sportliche, was Porsche sonst halt eben hat* mit diesen ,Kleinwagen', sag ich immer (lacht). Sondern *einfach auch ja, eine gewisse Größe. Lebensgefühl, also für mich ist es ein Lebensgefühl.* (…) Also es ist, es ist einfach ein Gebrauchsgegenstand. Ein schöner Gebrauchsgegenstand. Ein Luxusgebrauchsgegenstand, würde ich sagen. Also Luxus ist ja für mich irgendetwas, was schön ist zu haben, aber was man nicht braucht. Und das ist das auch." [n16_t1: 30-32]

Zunächst sagt Frau Jung, dass der Fahrspaß und das Design für sie entscheidend sind, während ihr Mann v. a. auf Statusverbesserung durch den Porsche fokussiert ist. Anschließend beschreibt sie das Image der Marke *Porsche* dann jedoch als „ein Lebensgefühl" und weist damit auch klare Statusbezüge auf. Ihr Entscheidungsprozess ist also sowohl Fahrspaß-hedonistisch, als auch Statusgewinnorientiert geprägt. Umweltaspekte spielen für sie weder beim Autokauf noch im täglichen Leben eine Rolle. Der Verbrauch war für sie kein Kaufkriterium („also Effizienz darf man mit der Marke Porsche sicherlich jetzt nicht in Verbindung bringen", n16_t1: 24).

Private Statusmotive sind auch für **Lars Köhler und Svenja Klee** (n02, 30 – 34 Jahre / 25 - 29 Jahre, keine Kinder, 80 % berufstätig/selbständig) während ihrer Kaufentscheidung wichtig, während finanzielle Motive hier besonders deutlich in den Hintergrund treten, denn sie überziehen ihr eigentliches Budget von 5.000 € um mehr als 100 % und nehmen für das neue Auto schließlich einen Kredit auf. Das junge Paar hat symbolische Wachstumswünsche: es möchte durch den neu angeschafften Volvo V50 Gebrauchtwagen (Bj. 2007, 6,3 l Diesel, 136 PS) gleichzeitig das Ansehen im Freundeskreis steigern (Status-gewinnorientierter Goal-Frame) und das Platzangebot, im Vergleich zum bisherigen Ford Fiesta 1.4 (Bj. 2009, 6,2 Benzin, 96 PS) vergrößern. Beide waren „von vornerein schon ziemlich fixiert auf den Volvo" [n02_t1: 216], was sie mit dem guten Markenimage erklären, und genießen nun die positiven Reaktionen im Freundeskreis.

Auch **Sybille Radke** (n24, 25 – 29 Jahre, keine Kinder, 100 % berufstätig) hat die Kaufentscheidung v. a. in einem status-gewinnorientierten Goal-Frame getroffen, allerdings mit beruflichem Fokus. Ihre neue Stelle als Geschäftsführerin des Familienbetriebs erfordert nicht nur einen höheren Pkw-Mobilitätsbedarf, sondern aufgrund des Kundenkontakts auch ein seriöser[38] wirkendes Auto als ihr bisheriger Kleinwagen Toyota Yaris 1.0 (Bj. 1999, 5,9 l Benzin, 68 PS), der außerdem gerade kaputt gegangen war. Das Ergebnis des gemeinsamen Entscheidungsprozesses mit ihrem Vater ist ein fabrikneuer Dacia Sandero Stepway (Bj. 2014, 7,6 l Benzin, 90 PS), der ihr ein ansprechenderes Design, mehr Platz und mehr PS als das bisherige Auto bietet. Ihre persönlichen Wünsche sind dabei sehr ambivalent. Einerseits würde sie sich am liebsten einen BMW kaufen, andererseits aber vielleicht auch ein Auto mit alternativem Antrieb.

**Sybille Radke:** „Wenn ich nur nach Aussehen entschieden hätte, hätte ich mir 'n BMW X1 geholt."
**I:** „Hmhm."
**Sybille Radke:** „Und wenn das Geld auch umsonst gewesen wär, weil, der verbraucht sicherlich auch mehr. Und (Pause) ja, oder halt so'n Öko-, also so'n Strom, e-Car. Aber das kann man einfach nicht bezahlen. Und wo soll ich das dann auch hier wieder laden? Ich kann hier eh schon nicht richtig parken." [n24_t1: 79-81]

---

[38]  Diese Einschätzung entspricht der subjektiven Einschätzung der Befragten und gibt nicht die persönliche Meinung der Autorin wieder. Dies trifft auch auf folgende Bewertungen von Fahrzeugmodellen in anderen Fallbeschreibungen zu.

Es bleibt also offen, für welches Auto sich Frau Radke entscheiden würde, wenn sie keinen finanziellen Einschränkungen unterliegen würde. Die fehlende Ladeinfrastruktur vor ihrer Innenstadtwohnung spricht für sie erstmal gegen die Anschaffung eines Elektro-Autos, zusätzlich zum hohen Preis. Bei ihrer Kaufentscheidung für den neuen Firmenwagen haben ökologische Effizienzmotive jedenfalls keine bedeutende Rolle gespielt.

### 6.1.3.3    Der gesättigte Typ

Die gesättigte Autokäuferin hat ein relativ hohes Einkommen und genießt es, nicht auf den Cent schauen zu müssen. Sie musste sich schon bisher nicht finanziell einschränken und besitzt bereits ein recht hochwertiges Auto. Sie hat keine unbefriedigten Autowünsche mehr und eine weitere Nachfragesteigerung würde ihr keinen neuen Nutzen bringen (hohes bisheriges Pkw-Konsumlevel, s. rote Markierung in Abbildung 6-6).

Dementsprechend finden sich in dieser Gruppe keine finanziell-gewinnorientierten Goal-Frames, sondern Alltagskomfort-hedonistische und Status-gewinnorientierte, aber auch umweltnormative Goal-Frames. Die Personen dieses Typus haben teilweise durchaus eine Umweltschutzmotivation und in der Regel auch die finanziellen Möglichkeiten in effizientere Technologie zu investieren. Eine Person tut dies gezielt, andere Personen sind in ihren Umweltmotiven jedoch sehr ambivalent. Das kognitive Umweltwissen ist groß, doch Komforteinbußen möchten die meisten Personen deshalb nicht in Kauf nehmen. Effizienz gilt ihnen als fortschrittlich/modern und umweltfreundlich.

Es finden sich hier eher Fälle im mittleren Lebensalter, in meiner Stichprobe ca. 45 bis 65 Jahre[39] und in einer stabilen Lebenssituation. Die meisten haben keine Kinder im Haushalt oder nur ein Kind, was bereits mindestens im Grundschulalter ist (n05, n17). Deshalb haben sie keine besonderen Bedürfnisse in Bezug auf das Platzangebot des neuen Autos.

Die gesättigte Autokäuferin hält ihre Nachfrage konstant und verbessert tendenziell die Effizienz. Damit findet sich hier kein offenes Rebound-Verhalten. Stattdessen führen die technischen Effizienzverbesserungen zu einer leicht sin-

---

[39] Herr Costard (n10) und Frau Dobel (n29) sind zwar jünger, ihre Fahrzeuge sind jedoch bisher schon recht hochwertige *Dienstautos*, was mit einem relativ hohen Fahrzeugsegment/Ausstattungsgrad (unabhängig von ihrem Lebensalter oder ihrer privaten Lebenssituation) einhergeht, und dies trifft auf ihre Folgefahrzeuge ebenfalls zu.

kenden Tendenz des Spritverbrauchs. Trotz der teilweise vorhandenen Umweltmotive ziehen die gesättigten Käufer eine absolute Reduzierung ihres Pkw-
Nachfrageniveaus aber in der Regel nicht in Betracht.

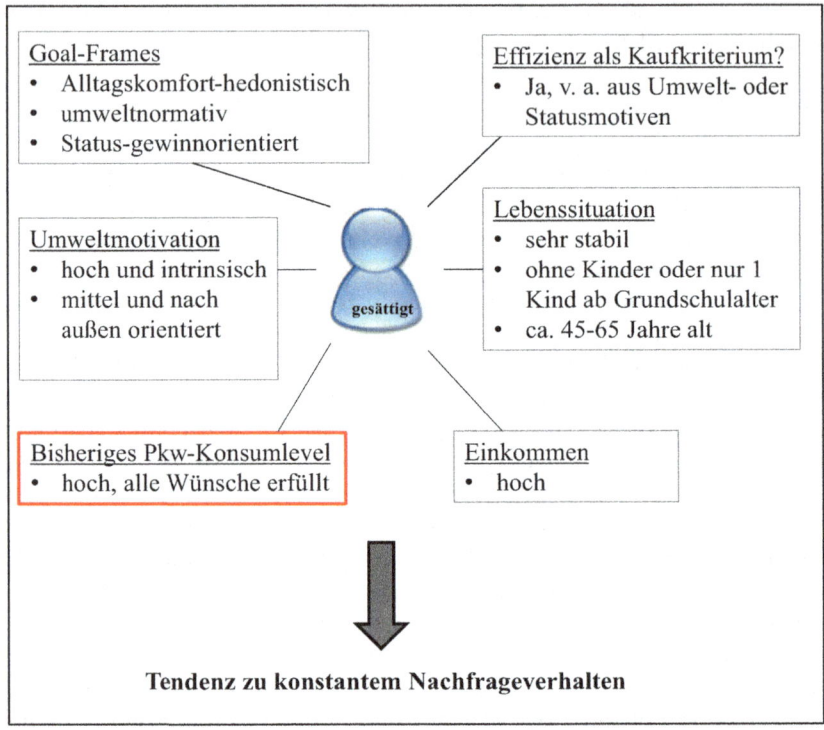

*Abbildung 6-6 Der gesättigte Käufertyp. Die rote Markierung kennzeichnet das entscheidende Charakteristikum dieses Typus. Eigene Darstellung.*

**Fallbeschreibungen**

Die Beschreibung der gesättigten Autokäufer beginnt mit den Fällen, die Umweltkriterien beim Autokauf aus intrinsischer Motivation heraus berücksichtigen
und geht dann über zu den Fällen, die v.a. nach außen hin als umweltfreundlich
wahrgenommen werden wollen. Die Betrachtung der Fälle schließt mit denen,
für die Umweltaspekte beim Autokauf keinerlei Rolle spielen. Alle Fälle verbin-

det das Desinteresse an einer Nachfragesteigerung und die dementsprechende Konstanz des Pkw-Konsumlevels.

**Georg Beile** (n21, 60 – 64 Jahre, keine Kinder, im Ruhestand) ist ein sehr kritisch denkender Mensch mit hoher Umweltschutzmotivation. Er war mit seinem bisherigen VW Golf Plus (Bj. 2006, 7,5 l Benzin, 102 PS) grundsätzlich zufrieden und hat kein Interesse an einer Steigerung seines Autokonsums. Die Entscheidung für den neuen VW Golf Plus Sportsvan Blue Motion (Bj. 2014, 5-5,5 l Benzin, 110 PS) hat er in einem umweltnormativen Goal-Frame getroffen, auch wenn er seine eigene Motivlage selbstkritisch hinterfragt:

> **Georg Beile:** „Tja. Eigentlich wär's nicht notwendig gewesen, also ich fahre relativ wenig, sechs bis sieben tausend Kilometer im Jahr mit dem Auto. (…) Ja warum ist es zum Fahrzeugwechsel gekommen? *Der eine Grund ist wirklich Umweltgesichtspunkte also so diese, aber des ist vielleicht auch nur eine vorgeschobene Rationalität? Des weiß ich nicht, da bin ich mir noch nicht so auf die Schliche gekommen.* (…) Ähm, das [bisherige] Auto verbraucht sieben bis acht Liter pro 100 Kilometer und das ist mir relativ zu viel. Ich hab' jetzt nach einem Ausschau gehalten, das so zwischen drei und fünf Liter verbraucht." [n21_t1: 4]

Herr Beile hat sein Geld gezielt in eine verbesserte Effizienztechnologie investiert und sich bewusst gegen einen Dieselmotor entschieden, weil ihm der Benziner als zumindest etwas weniger gesundheitsschädlich erscheint. Dass der Blue Motion Golf nun 8 PS mehr hat als vorher, war nicht Herrn Beiles Ziel, sondern liegt im Angebot des Herstellers begründet, der den effizienteren „Blue Motion" Motor nur in der 110 PS-Variante (oder höher) anbietet und nicht in der 102 PS-Variante.

**Frau Jannsen** (n20, 55 – 59 Jahre., keine Kinder, 100 % berufstätig) wohnt in einer ländlichen Region und betreibt dort einen Bioladen. Sie hat ein hohes Umweltproblembewusstsein, fährt jedoch sehr gerne Auto und benötigt das Fahrzeug auch regelmäßig für dienstliche Transportwege im Rahmen ihres Ladenbetriebs. Sie ist schon seit längerer Zeit in einem 4-Jahres-Leasingvertrag von VW, bei dem sie zuletzt von einem Golf V 1.9 Sportline (Bj. 2007, 5,8 l Diesel, 105 PS) auf einen VW Golf Plus (Bj. 2011, 7,1 l Benzin, 105 PS) gewechselt hat. Dabei hat sie sich bewusst für eine konstante, aus ihrer Sicht relativ geringe, Motorisierung entschieden (umweltnormativer Goal-Frame). Sie und ihr Mann haben lange versucht, mit nur einem Auto im Haushalt auszukommen, aber aufgrund der schlechten ÖPNV-Anbindung und ihrer beruflichen Transportbedürfnisse war diese Lösung nicht von Dauer. Sie betrachtet ihren Autokonsum selbstkritisch als einen Ausdruck von „Bequemlichkeit" und zeigt in dieser Hinsicht klare kognitive Dissonanzen: „ist ja eigentlich völlig unökologisch alle vier Jahre ein neues Auto zu kaufen. Das widerspricht sich eigentlich schon. Die andere Seite ist, dass ein Auto ja eigentlich zur Bewegung gebaut wird (…) Also jedes Auto, das steht, ist ja eigentlich ökologisch betrachtet ein völliger Hirnriss." [n20_t1: 50].

**Frau Husemann** (n05, 40 – 44 Jahre, 1 Kind, 100 % berufstätig) und ihr Mann fuhren bisher einen gebraucht gekauften Audi A6 2.4 (Bj. 1995, 9 l Benzin, 170 PS), mit dem sie generell zufrieden waren. Nach einem Unfall mit Totalschaden mussten sie und ihr Mann sich gemeinsam für einen Ersatz entscheiden:

> **Nadine Husemann:** „Das ist das Familienauto, was wir ersetzen mussten und, ähm, wir haben natürlich einen Konsens finden müssen, mein Mann und ich, *und mein Mann hätte gerne einen SUV gehabt. Und die finde ich furchtbar hässlich und die verbrauchen mir zu viel, ähm, Treibstoff.* Und deshalb wollte ich so eine Karre nicht haben. Und deswegen haben wir uns einen BMW gekauft, ähm, 'nen 3er BMW, 320 D Touring" [n05_t1: 8]

Frau Husemann lehnt SUV-Modelle in Hinblick auf Design- und Energieverbrauchskriterien ab. Im weiteren Verlauf des Interviews wird deutlich, was ihre Beweggründe für das Energieverbrauchskriterium sind:

> **I:** „Und was ist für Sie der Grund dafür, dass Sie sagen ‚es soll nicht so viel verbrauchen'?
> **Nadine Husemann:** „Äh, also ich bin, wenn man es jetzt in politischen Farben ausdrückt, eher *grün angehaucht*. Dass ich einfach sag, dass man auf unsere Umwelt achtet. Ob es jetzt der Wasserverbrauch ist, oder ob ich jetzt Benzin oder Strom verbrauche, darauf gucken wir hier (…). *Das ist irgendwie eine Grundeinstellung.* "
> **I:** „Und die finanzielle Seite, war das auch ein Motiv, also Geld zu sparen?"
> **Nadine Husemann:** „Nee. Das war bei uns nicht relevant." [n05_t1: 27-30]

Frau Husemann hat also durchaus umweltnormative Motive und hält deswegen ihr Pkw-Konsumlevel konstant. Das Auto ist für sie aber in erster Linie ein Statussymbol (Status-gewinnorientierter Goal-Frame): es stand schon vorab fest, dass es immer eine deutsche Automarke sein muss, keine französische und auf gar keinen Fall eine asiatische. Sie und ihr Mann sind ausschließlich in die Verkaufshäuser von Audi und BMW gegangen, denn für Mercedes fühlen sie sich „noch zu jung". Den Ausschlag für den BMW (Bj. 2010, 6,5 l Diesel, 182 PS) hat letztlich das Design gegeben, das für sie die richtige Symbolik bedient: „dieser BMW sah so 'nen bisschen spritziger und flotter aus (…). Ein Auto ist nicht nur ein Fortbewegungsmittel." [n05_t1: 10].

**Herr Costard** (n10, 35 – 39 Jahre, keine Kinder, 100 % berufstätig) hat zwar auch Umweltmotive, er ist jedoch v. a. sehr statussensibel, wenn es um die Wahl des richtigen Automodells geht (Status-gewinnorientierter Goal-Frame). Als Inhaber einer technischen Consulting-Firma hat er bei der Wahl seines Dienstwagens freie Hand. Er wollte weg vom etwas sperrigen SUV-Modell Mercedes GLK 350 CDI (Bj. 2012, 9,3 l Diesel, 265 PS), dass ihm bei der Parkplatz-suche in der Innenstadt doch immer mehr Probleme bereitet, hin zum schnittige-ren, etwas zurückhaltenderen Modell Mercedes E-Klasse Coupé 350 CDI (Bj. 2014, 8,5 l Diesel, 265 PS), das aber genauso hoch motorisiert ist wie sein vorhe-riges. Von sich aus spricht er dabei auch Umweltbedenken an:

> **Lorenz Costard:** „Und ich hatte dann einen E-Coupé 400, als Probewagen. Ich über-setz Ihnen das: Das E-Coupé 400 ist ein zweitüriges großes Schiff vom Daimler, was 330 PS[40] hat, und sich fährt wie ein Sportwagen. Mit Benziner. Und *dann hat das extrem viel Spaß gemacht, aber ich hab' mich dann dabei erwischt, dass ich da saß in diesem Auto und ich tatsächlich gedacht hab: Huch! Das muss jetzt eigentlich nicht sein. Also du brauchst nicht so deine eigene Orang-Utan-Familie, die dann mit dir persönlich ausgerottet worden ist.* Also nicht wegen Geld, war nicht so viel teurer als der, auch nicht wegen Verbrauch, das hätte mich jetzt auch nicht interessiert, aber tat-sächlich fällt mir gerade so auf: muss nicht sein. Da kam ich mir dann sehr alt vor." [n10_t1: 1]

Noch vor zehn Jahren habe er sich solche Gedanken nicht gemacht. Doch mitt-lerweile legt er Wert darauf, nicht als gewissenloser Verschwender zu gelten. Er möchte sich auch privat mit dem Image seines Dienstwagens wohlfühlen:

> **Lorenz Costard:** „Naja gut, in dem Sinne, dass es mir natürlich auch privat irgend-wie gefallen sollte. *Dass ich mich da wiederfinde in dem, in der Aussage, die dieses Fahrzeug ja irgendwie nach außen hat*, wie es sich ausgibt. Wo zum Beispiel der, da wäre jetzt so etwas, mir jetzt persönlich, so eine M-Klasse: da etwa würde ich mich privat nicht mit wieder finden. (…) ich finde dieses Auto ist so für mich, ich mag, *es scheint mir so ineffizient, es ist mir zu barock. (...) Voluminös, üppig, mehr als not-wendig.* (…) eine M-Klasse oder ein BMW X5 oder so hat *so einen spießigen Ver-schwendungsausdruck.*" [n10_t1: 48-54]

Effizienz ist für Herrn Costard der sinnvolle Einsatz von Ressourcen und das Gegenteil von sinnloser Verschwendung. Effizienz hat für ihn etwas Puristi-sches, Schlankes und Modernes, Zeitgemäßes, Fortschrittliches. Diese Konnota-tionen werden erst in der Abgrenzung von den gegenteiligen Begriffen „barock",

---

[40] In der maximal motorisierten Variante. Die von Herrn Costard gewählte 6-Zylinder-Diesel-Variante hat 265 PS.

„spießig", „voluminös", „Verschwendung" deutlich. Im weiteren Verlauf erläutert Herr Costard, dass er sich dann bewusst für einen Dieselantrieb entschieden hat, weil ihm der Diesel etwas umwelteffizienter als der Benziner erscheint.

> **Lorenz Costard:** „Naja der Benziner verbraucht natürlich an Volumen, verbraucht mehr Treibstoff *und ich glaube, Benzin ist sogar auch aufwendiger zu raffinieren als Diesel.* Aber ich hatte (…) mir dann auch überlegt, einen Vierzylinder statt einen Sechszylinder zu nehmen und, äh, da hat mich dann das Motorengeräusch so unfassbar genervt, dass ich dann den Sechszylinder genommen hab'. Also *es ist ein sehr diffuses emotionales Entscheidungsgefühl gewesen, wo ich mich gut fühlen wollte, aber mir bewusst war, dass es jetzt kein, also ich hab' jetzt auf nichts verzichtet so, hart."* [n10_t1: 36]

Herr Costard hatte durchaus in Erwägung gezogen, eine kleinere Motorisierung zu wählen, musste sich dann aber eingestehen, dass ihn die subjektiven Komforteinbußen stören. Insgesamt bleibt er sehr ambivalent und nach außen orientiert, was die Berücksichtigung seiner Umweltschutzmotive angeht. Er reflektiert selbstkritisch, dass er letztlich nicht bereit ist, sich zugunsten seines Umweltgewissens in seinem Komfort einzuschränken. Deshalb behält er sein bisheriges, ressourcenintensives Pkw-Konsumlevel bei.

Herr Albrecht (n17, 45 – 49 Jahre, 1 Kind, 100 % berufstätig) hat ebenfalls ambivalente und eher nach außen gerichtete Umweltmotive. Seine beiden Autos erfüllen für ihn unterschiedliche Funktionen: „Das Vernunftfahrzeug ist eine C-Klasse von Mercedes. Blue Efficiency und tralala und öko und Gedöns" [n17_t1: 23]. Dass „Vernunft" aber für ihn eigentlich eine Frage des schonenden Umgangs mit den *eigenen finanziellen* Ressourcen ist, zeigt sich in der kurz darauf folgenden Passage, in der ich das Thema Ökologie noch *nicht* angedeutet hatte:

> **I:** „Können Sie mir das noch ein bisschen erläutern? Was ist vernünftig an dem Vernunftauto?"
>
> **Alexander Albrecht:** „Achso, an dem Vernunftauto? *Das sind die laufenden Kosten im Prinzip. Ganz, also (Pause) das Thema Ökologie (Pause), hm, ist wohl eher ein Feigenblatt.* Spielt auch, hat 'ne Rolle gespielt, ja auch, aber 'ne untergeordnete. Es geht einfach darum, wenn man viel unterwegs ist, dass man zu halbwegs vernünftigen Preisen von A nach B kommt." [n17_t1: 36-37]

Bei seinem Zweitwagen, dem „Spaßfahrzeug"[41] [n17_t1: 21] setzt er dagegen ganz andere Prioritäten. Zwar spielt die Effizienz auch hier eine Rolle, aber weniger als instrumentelle Kostenersparnis, sondern als Symbol für technische Modernität und Leistungsfähigkeit. Er fuhr bisher einen Porsche 911 Turbo Cabrio (Bj. 2011, 10,2 l, 480 PS), den er kurz vor dem t1-Interview gewechselt hatte, weil er „Lust auf das Nachfolgemodell" (n17_t1: 451), ebenfalls ein Porsche 911 Turbo Cabrio (Bj. 2013, 9,9 l Benzin, 500 PS) hatte. Seine Kaufentscheidung, die bei ihm gewohnheitsmäßig alle zwei Jahre ansteht, fand recht eindeutig in einem Fahrspaß-hedonistischen Goal-Frame statt. Er schwärmt vom sinnlichen Genusserlebnis seiner Porschefahrten:

> **Alexander Albrecht:** „Serpentinen am Gardasee, Lust. Sonne. Dach offen. Dahingleiten. Super, ne? Da geht's um Lust und Bewegung, und dieses Spüren dann, ne? Klasse! Und das hält auch ein paar Stunden lang an, aber irgendwann hast' dann auch keine Lust mehr, dann ist mal gut, dann willst' ja wo ankommen und dann den kühlen Rosé mit Blick über den See trinken, ne?" [n17_t1: 186]

Trotz seiner zweifelsfrei hedonistischen Kaufmotive für den Porsche, überlegt Herr Albrecht auch sehr genau, ob das Image seines Zweitwagens zu ihm passt. Er hatte auch andere Sportwagenhersteller in Betracht gezogen, da er durch seinen Freundeskreis mit allen Marken vertraut ist - in puncto Status*angemessenheit* und auch aufgrund der unmodern hohen Verbräuche fielen die Alternativmodelle jedoch weg:

> **Alexander Albrecht:** „Ferrari: mieses Image. Technisch: sensationell. Fahren: Spaß ohne Ende. Ähm, zwei Nachteile, für mich jedenfalls: ähm, dieses Image haben sie zu Recht, weil: diese Dinger sind irrsinnig laut, *das sieht sehr nach Angeben aus* - und dabei haben sie gar nicht so viel Leistung, wie man manchmal glaubt. Und *der Porsche hat da mehr schwäbische Züge: Der trägt nicht zu dick auf* und kann viel, viel mehr. (...) *das Image ist (Pause) akzeptiert, also zumindest im Großraum Stuttgart kann ein Porsche rumfahren, tut keinem weh.* Wenn Sie aber mit 'nem Maserati oder Ferrari auftauchen, oder Lamborghini, das geht einfach nicht, ne?" [n17_t1: 71]

Herr Albrecht hat also eine sehr genaue Vorstellung davon, welche Sportwagenhersteller in welchen Breitengraden sozial akzeptiert sind, ohne dass man Gefahr läuft, dafür sozial geächtet zu werden. Er möchte mit seinem Sportwagen trotz des hohen Kaufpreises (knapp 200.000 €) keineswegs als Angeber gelten. In

---

[41] Der Anlass für seine Rekrutierung als Interviewpartner war der Wechsel seines „Spaßfahrzeugs", deswegen wird dieses im Folgenden hauptsächlich betrachtet.

Bezug auf die Entwicklung von Effizienz und Leistungsstärke der Motoren beobachtet Herr Albrecht Folgendes:

> **Alexander Albrecht:** „Die Motoren werden leistungsstärker, was dazu führt, dass erneut der Spritverbrauch - er sinkt in meinem Fall tatsächlich etwas, aber nicht wesentlich, weil die Motoren ja noch leistungsstärker werden. *Eigentlich nehmen wir den Effizienzgewinn durch noch mehr Leistung wieder raus.* -_Jetzt hätte man doch die Möglichkeit. Wir nehmen die effizienten Motoren, halten die Leistung konstant, dann sinkt der Verbrauch. Machen wir das Fahrzeug auch noch gleichzeitig leichter, dann sinkt er nochmal. Da kämen wir ja endlich in die Richtung. *Stattdessen machen wir noch mehr Leistung.* Das heißt es reduziert sich nicht, obwohl man es könnte, [denn] das Auto ist leichter geworden. Das ist so ein Ding, was mich aufregt. Dass sie erneut nichts lernen. Scheint so ein Trend in unserer Gesellschaft zu sein." [n17_t2: 78, 80, 82]

Ihm ist die Logik eines „versteckten" Rebounds also vollkommen bewusst. Es ist nicht ganz klar, wen Herr Albrecht für diese Entwicklung verantwortlich macht. Es scheinen einerseits die Hersteller zu sein, er sieht es aber auch als problematischen Trend der „Gesellschaft". Damit zeigt Herr Albrecht eine sehr differenzierte kognitive Problemeinsicht in Rebound-Mechanismen, eine Änderung seines eigenen Autokonsumverhaltens zieht er jedoch nicht in Betracht.

**Frau Dobel** (n29, 30 – 34 Jahre, keine Kinder, 100 % berufstätig) hatte mit ihrem bisherigen Dienstwagen, einem VW Touran Life 2.0 CDI Business Edition (Bj. 2009, 6,5 l Diesel, 140 PS) bereits ein Modell, mit dem sie höchst zufrieden war und sieht keine Notwendigkeit zu einer weiteren Nachfragesteigerung. Als Außendienstmitarbeiterin mit hoher Fahrleistung (60.000 km p.a.) ist das Auto für sie eine Art zweites Zuhause. Es hat für sie die Funktion eines Begleiters, zu dem sie durch viele gemeinsame Erlebnisse eine emotionale Beziehung aufgebaut hatte („Mein Auto ist gestorben!", n29_t1: 2). Mit der Wahl des Nachfolgemodells, VW Touran CUP Sondermodell Business Edition (Bj. 2014, 5,6 l Diesel, 140 PS) bleibt sie ihrem Wagen treu. Obwohl sie sich in anderen Lebensbereichen als umweltbewussten Menschen beschreibt, ist die Effizienz ihres Autos für sie kein Entscheidungskriterium:

> **I:** „Hat der Spritverbrauch vom Auto jetzt für dich eine Rolle gespielt bei der Auswahl, bei der Entscheidung?"
> **Kirsten Dobel:** „Nee. Ich meine, *die sind heute eh alle so reguliert durch die EU-Vorgaben. Da muss man schon, alle irgendwie im selben Bereich, sein. Die Zahlen sind sowieso gefälscht, die man haben kann.* (…) und ich muss nicht gucken ob ich zehn Cent billiger tanke, weil, das was ich tanke in der Woche, das ist *ziemlich egal* (...) *wo ich jetzt tanke, wie viel und ob ich jetzt noch fünf oder sechs Liter brauche, wird die Summe, die ich insgesamt verbrauche,* das ist einfach - ich hab' schon ge-

schafft an einem Tag einen Tank leer zu fahren. Komplett. Da war ich zweimal tanken, morgens und abends. 1.200 Kilometer musste ich da fahren." [n29_t1: 77-78]

In ihrer Wahrnehmung gibt es also ohnehin kaum Unterschiede zwischen den Modellen, die Herstellerangaben stimmen sowieso nicht und weder für sie noch für ihren Arbeitgeber sind Spritkostenunterschiede bei der extremen Menge an gefahrenen Kilometern noch relevant. Deswegen interessiert sie sich weder für den genauen Effizienzgrad ihres Autos, noch für den aktuellen Spritpreis oder gar für Spritpreisunterschiede an verschiedenen Tankstellen. Für ihr neues Auto ist ihr die Komfort-Ausstattung am wichtigsten, damit sie die vielen Stunden hinterm Steuer so stressfrei und sicher wie möglich bewältigen kann (Alltagskomfort-hedonistischer Goal-Frame).

**Herr Fricke** (n14, 65 – 69 Jahre, 100 % berufstätig) ist Geschäftsführer seiner eigenen Werbeagentur und hat bei der Wahl seines Dienstwagens freie Hand. Er fuhr früher einen Jeep Cherokee (Bj. 2000, 21 l Benzin, 231 PS) und wechselte schon vor einiger Zeit[42] zu einem deutlich effizienteren VW Touareg V6 TDI (Bj. 2007, 10,5 l Diesel, 225 PS). Er fährt schon sehr lange Geländewägen, aber irgendwann erschien ihm der extrem hohe Verbrauch dann doch in finanzieller Hinsicht „unvernünftig" (n14_t1: 14). Für seine beruflichen und privaten Fahrten braucht er viel Platz im Fahrzeug. Bei der Frage, welches Modell innerhalb des Geländewagen-Segments er schließlich auswählt, spielt die berufliche Statusangemessenheit die entscheidende Rolle (Statusgewinnorientierter Goal-Frame):

> **Johannes Fricke:** „Und dann die Alternative zu dem [VW Touareg], was ja auch ein baugleiches Auto ist, ist dieser Cayenne von Porsche. *Da habe ich dann aber, ähm ja, ein bisschen ein Imageproblem. Ganz einfach weil, es spielen oftmals, in unserer Gesellschaft ist das so: wenn ich jetzt mit einem Porsche zu meinem Kunden komme dann kommt gleich der Aspekt ‚dem geht's zu gut, der ist zu teuer'. Wenn Sie jetzt mit einem zu kleinen Auto kommen dann heißt es ‚der hat nix drauf.* Ja, der kann nicht gut sein, der verdient kein Geld um sich ein vernünftiges Auto kaufen zu können' - ist also so ein schwieriger Grad und ein VW geht ja noch." [n14_t1: 20]

Umweltnormative Bedenken hat Herr Fricke keine. Sein Auto ist für ihn nicht nur mit beruflichem, sondern auch stark mit privatem Status verbunden:

> **Johannes Fricke:** „Also ich bin auch mal aus Neugierde mit meinem SUV, das war aber noch ein Jeep, ins Panzergelände gefahren in Böblingen da, das konnte man auch

---

[42] Leider stellte sich erst während des t1-Interviews heraus, dass der Autowechsel schon mehrere Jahre zurücklag.

als Zivilist. Und dann, ja gut, da hat man auch ein paar Aufnahmen gemacht und so. Das ist, macht schon mal Spaß."[n14_t1: 124]

Seine privaten Statusmotive sind auch in der Abgrenzung zu ausländischen und bestimmten deutschen Marken sichtbar: „Wobei ich letztes Mal einen Mietwagen hatte, einen Opel Insignia. Ist ein tolles Auto, ist eigentlich wirklich ein richtig tolles, auch schönes Auto. Aber ich wollte keinen Opel. Also ich kann es Ihnen nicht erklären." [n14_t1: 140]. Obwohl ihm das Auto gefallen hat, schließt Herr Fricke den Kauf eines solchen Autos wegen der Marke und dem in seinen Augen schlechten Marken-Image kategorisch aus.

### 6.1.3.4    Der preisfixierte Typ

Die preisfixierte Autokäuferin ordnet ihre eigentlichen Autowünsche einem klar begrenzten Budget unter. Viele Personen dieses Typus würden gern ein etwas größeres oder leistungsstärkeres Auto fahren, arrangieren sich aber mit dem Modell, das ihnen zum günstigsten Kaufpreis angeboten wird. Alle Personen dieser Gruppe treffen ihre Entscheidung in einem finanziell-gewinnorientierten Goal-Frame. Ihre Lebenssituation ist stabil und überwiegend ohne Kinder im eigenen Haushalt.

Das Lebensalter in dieser Gruppe ist heterogen. Die hauptsächliche Gemeinsamkeit ist das geringe Einkommen und eine damit verbundene Fixierung auf einen möglichst niedrigen Kaufpreis (wichtigste Charakteristika, s. rote Markierung in Abbildung 6-7).

Die preisfixierten Käufer sind in finanziellen Dingen eher risikoavers. Deshalb kaufen einige Personen dieses Typus einen Neuwagen, besonders wenn sie sich in technischen Fragen unsicher fühlen und sich nicht zutrauen, die Qualität eines Gebrauchtwagens verlässlich einzuschätzen - obwohl der Wertverlust beim Neuwagen besonders hoch ist. Sie versprechen sich davon eine verlässlichere Kostenkalkulation aufgrund des geringeren Risikos hoher Werkstattkosten. Dieses Thema ist in der Gruppe auch deshalb sehr präsent, weil das alte Auto häufig mit  hohen Reparaturkosten verbunden war. Ein wirtschaftlicher Totalschaden des alten Autos oder die Sorge vor dem nächsten TÜV sind in dieser Gruppe oftmals der Anlass für den Verkauf oder die Abschaffung des alten Autos.

Für Umweltfragen hat die preisfixierte Käuferin meist keine Nerven. Darüber hinaus hat sie kein Geld, um gezielt in eine effizientere Technologie zu investieren – obwohl sie Interesse an einer Spritverbrauchssenkung hätte, um die laufenden Kosten zu drücken. Auch wenn sie eher zu einem kleineren Modell greift, kauft sie nicht unbedingt das effizienteste Auto im Segment, weil sie teilweise zu sehr auf den niedrigen Anschaffungspreis fixiert ist. Bei einigen Fällen dieses Typus verbessert sich die Effizienz jedoch tendenziell, während sich das Nachfrageniveau verringert. Diese Nachfragesenkung ist allerdings nicht unbedingt freiwilliger Natur, sondern der finanziellen Notwendigkeit oder dem begrenzten Angebot an preisgünstig verfügbaren Gebrauchtwagen geschuldet

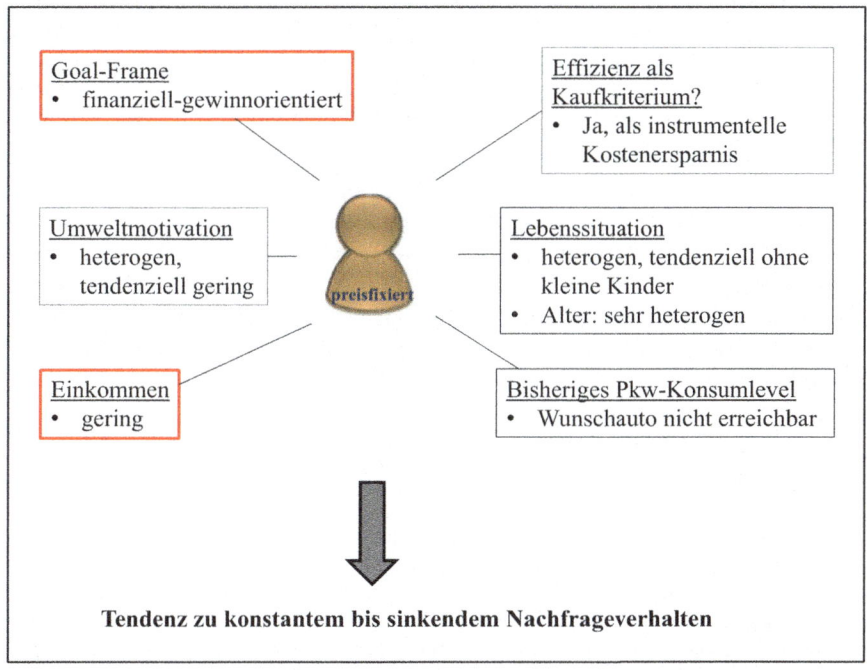

*Abbildung 6-7 Der preisfixierte Käufertyp. Die rote Markierung kennzeichnet die entscheidenden Charakteristika dieses Typus. Eigene Darstellung.*

## Fallbeschreibungen

Die ersten drei Fälle haben ihren alten Wagen wegen eines steigenden Reparaturkostenrisikos abgestoßen. Bei den verbleibenden zwei Fällen wurde der Wechsel eher durch externe Ereignisse herbeigeführt (Totalschaden, Dienstwagenverlust nach Beendigung des Arbeitsverhältnisses).

**Frau Dolge** (n12, 60 – 64 Jahre, 1 erwachsenes Kind, 30 % berufstätig) lebt allein und musste aus gesundheitlichen Gründen ihre Arbeitszeit reduzieren, was sich negativ auf ihre finanzielle Situation auswirkt. Das Risiko steigender Reparaturkosten ihres bisherigen Autos, ein VW Golf 1.4 (Bj. 2004, 7,5 l Benzin, 65 PS) hat sie dazu bewegt, lieber alsbald das alte Fahrzeug abzustoßen, bevor das gefühlte Kostenrisiko zu sehr steigt:

> **Helga Dolge:** „Und ich wusste dann auch schon, da kommt dieses Zahnrad. Oder irgend sowas war das dann. Die kommen so ab 100.000 Kilometer, diese Reparatur. Und die kostet dann auch ein paar Tausend Euro und dann habe ich gedacht: nee, also das muss jetzt weg. Das war der Grund eigentlich. Also ich hab' jetzt kein Neues gekauft weil ich jetzt gedacht hab' ich möchte jetzt einfach ein neues Modell oder so." [n12_t1: 2]

Ihren neuen Ford Fiesta 1.25 (Bj. 2014, 6,9 l Benzin, 82 PS) kauft sie über einen Online-Händler als EU-Reimport[43], „weil das einfach noch billiger war" (n12_t1: 25). Sie vertraut auf das Urteil von einer Bekannten und interpretiert die Marke Ford „eigentlich" als eine deutsche Marke, was ihr besser gefällt als eine ausländische. Die Präferenz für eine (gefühlt) deutsche Marke weist einerseits auf Statusbezüge hin. Andererseits verspricht sich Frau Dolge von dieser Entscheidung auch ein gutes Qualitäts- und Zuverlässigkeitsniveau:

> **Helga Dolge:** „Ich hab' eigentlich ziemlich lange gesucht und immer wieder, und dann hatte eine Freundin von meiner Tochter, die hat diesen Fiesta gehabt und dann hab' ich den gesehen und dann hab' ich gedacht: ist eigentlich ein nettes Auto. Er ist, es ist ein kleineres Auto, aber nicht ganz so winzig wie zum Beispiel so ein Twingo oder irgend so ein Franzose, oder so ein kleiner Japaner. *Und ist ja eigentlich, auch eigentlich ja, schon ein deutsches Auto, was mir eigentlich wichtig war.* Und (…) eben auch gesehen, dass das Preis-Leistungs-Verhältnis stimmt. Und (…) kam dann nochmal auf diesen, den gibt es noch als B-MAX, also diesen Fiesta, wie so ein kleiner SUV ist das. Und *der hat mir dann schon unheimlich gefallen. Aber der war dann nochmal ein paar Tausend Euro teurer. Und dann hat die Vernunft gesiegt* und dann hab' ich gedacht: dann nehme ich lieber den." [n12_t1: 10]

---

[43]    Unter einem EU-Reimport versteht man in der Regel den Kauf eines Fahrzeugs, das im EU-Ausland zu billigeren Konditionen seine Erstzulassung bekommen hat und dann nach Deutschland überführt und hier als neuwertiger Gebrauchtwagen zu einem vergleichsweise günstigen Preis erhältlich ist. Vgl. ADAC-Infoseite: https://www.adac.de/infotestrat/fahrzeugkauf-und-verkauf/import-export/reimport-und-co/erwerb-reimportiertes-neufahrzeug/default.aspx?ComponentId=38415&SourcePageId=48896 [Zugriff 6.11.2016]

Ihre Kaufentscheidung trifft Frau Dolge in einem finanziell-gewinnorientierten Goal-Frame, denn zugunsten des niedrigen Preises verzichtet sie auf Extrawünsche und alternative Modelle. Sie möchte sich finanziell nicht zu sehr belasten und trifft eine „Vernunft"-Entscheidung.

Auch **Herr Lohmeier** (n01, 30 – 34 Jahre, keine Kinder, 100 % berufstätig) ist mit steigenden finanziellen Risiken aufgrund des Reparaturbedarfs seines alten Opel Astra (Bj. 1998, 9 l Benzin, 75 PS), konfrontiert. Deshalb hat er sich gemeinsam mit seiner Partnerin auf die Suche nach einem neuen Wagen gemacht. Er fährt gern Auto, muss aber als ungelernter Hilfsarbeiter im Großhandel mit ca. 1150 Euro monatlichem Nettoeinkommen (zum Zeitpunkt des t1-Interviews) auskommen. Deshalb war ein niedriger Kaufpreis für das junge Paar das wichtigste Kriterium der Kaufentscheidung (finanziell-gewinnorientierter Goal-Frame). Ein besonders günstiges Angebot, das sie sogar noch weiter herunterhandeln konnten, hat schließlich den Ausschlag für ihren neuen Skoda Fabia (Bj. 2013, 6,2 l Benzin, 69 PS) gegeben. Auf die Frage nach alternativen Modellen und Herstellern antwortet Herr Lohmeier:

> **Dennis Lohmeier:** *„Wir haben eigentlich nur noch geguckt, ob er günstiger ist.* Danach fallen 'ne Menge Autos ja weg. Also für weniger als 10.500 Euro 'nen Neuwagen zu kriegen, da kriegt man nicht mehr viele. Also da war halt noch Hyundai und Dacia dabei. Joah. Die wollten wir halt nicht drin haben, die Marken. Weil die also auch mehr ausländisch sind und der Ruf auch nicht so besser ist. *Wenn man jetzt hier auch den Leuten erzählt: ach, wir kaufen nen Skoda Fabia: ,Oh! Skoda, VW, das ist gut.' (Pause) Gut, kann man nix falsch machen."* [n01_t1: 90]

Trotz der Fixierung auf den günstigen Preis soll es für Herrn Lohmeier also auch eine möglichst inländische Marke sein. Die genauen Beweggründe sind nicht ganz eindeutig. Es könnte ein Zeichen von sozialem Status sein, sich eine deutsche Automarke bzw. eine, die zu einem deutschen Konzern gehört, leisten zu können. Die Interpretation von Skoda als deutsche Marke könnte aber auch als eine heuristische Qualitätseinschätzung verstanden werden, im Sinne von Zuverlässigkeit und Vertrautheit, oder, wie Herr Lohmeier es zusammenfasst: "kann man nix falsch machen". Diese fünf Worte stehen vermutlich für das Erreichen des sozial *und* finanziell Angemessenen.

**Herr Weyer** (n09, 2 Kinder, 100 % berufstätig) ist aufgrund von Unterhaltszahlungen für seine zwei Kinder und noch abzutragenden Schulden chronisch knapp bei Kasse, wie er selbst sagt. Die 2.500 Euro, die er netto monatlich in seinem handwerklichen Beruf verdient, reichen ihm nie wirklich. Seine schwierige finanzielle Situation wirkt sich auch deutlich auf den Autokauf aus. Die Neuanschaffung war notwendig geworden, weil das bisherige Auto, ein gebrauchter Mercedes C 230 Kombi Kompressor (Bj. 2000, 11 l Benzin, 192 PS) immer mehr Reparaturbedarf hatte und nach seiner Einschätzung nicht mehr durch den nächsten TÜV gekommen wäre. Bei seiner Kaufentscheidung muss er seine Wünsche nach einem anderen Modell und seine ökologischen Ansprüche an eine effizientere Technologie dem klar begrenzten Budget unterordnen (finanziell-gewinnorientierter Goal-Frame).

> **Rüdiger Weyer:** „Mein Limit war bei 4.000 Euro. Und wenn man dann den alten Mercedes noch in Zahlung nimmt, dann verschulde ich mich nicht allzu sehr, weil das alles aus der Not heraus, ungeplant, musste vom Dispo-Kredit abgedeckt sein. So war die Überlegung. Was aber auch klar ist, dass bei so einem Auto auch wieder Reparaturen anfallen werden, die dann relativ schnell den Kaufpreis übersteigen. *Das hab ich leider immer wieder. Ich kann mir einfach kein gutes Auto leisten, wo keine Reparaturen - das beißt sich immer wieder selber. Auch kein Hybrid oder irgendwas Ökologisches, Sinnvolleres.* Ich schaff es halt nicht." [n09_t1: 7]

Herr Weyer ist überzeugt, dass es finanziell und ökologisch besser wäre, ein neueres Auto zu kaufen. Aufgrund der höheren Anschaffungskosten eines effizienteren Fahrzeugs, auch bei Gebrauchtwagen, kann er diese Pläne jedoch nicht in die Tat umsetzen und fühlt sich in einem Teufelskreis gefangen. Er kann sich nur relativ schlechte Gebrauchtwagen leisten, die dann oft hohe Reparaturkosten und hohe Energieverbräuche produzieren. Es gelingt ihm dennoch mit dem VW Touran (Bj. 2005, 8 l Benzin, 115 PS) ein fünf Jahre jüngeres Modell auf dem Gebrauchtwagenmarkt zu finden, das eine deutliche Verbesserung der Effizienz im Vergleich zu seinem vorherigen Wagen aufweist. Diese Effizienzverbesserung ist ihm sehr bewusst. Schon beim t1-Interview rechnet er vor, dass er dadurch 170 Euro an Spritkosten pro Jahr sparen wird.

**Herr Walter** (n04, 35 – 39 Jahre, keine Kinder, 50 % berufstätig/selbständig) fuhr bisher einen alten Peugeot 206 (Bj. 1998, 6,7 l Benzin, 60 PS), den er von seiner Mutter übernommen hatte. Nach einem Unfall wird ihm von der Werkstatt ein wirtschaftlicher Totalschaden bescheinigt. Herr Walter sucht deshalb nach einem möglichst preisgünstigen Kleinwagen als Ersatz (finanziell-gewinnorientierter Goal-Frame). Ein in seinen Augen besonders gutes Angebot gibt dann den Ausschlag für einen neuen Ford Fiesta (Bj. 2014, 6,7 l Benzin, 82 PS)

> **Bernd Walter:** „Also es gab halt mehrere Argumente für dieses Auto: also generell hab ich mir in der Vorauswahl, habe ich mich eigentlich fest entweder für Ford Fiesta oder eben VW Polo [entschieden]. Also Kleinwagen tun es eben für mich und des sind eben recht bekannte und renommierte Marken. (...) *Und bei dem Ford Fiesta war dann halt auch ein Punkt, dass es halt ein Angebot war. Also dieser Schnäpp-*

*chenalarm* (…). Und ähm, *dann war das eben ein paar tausend Euro günstiger* als sonst. [n04_t1: 14]

Die Marken Ford und VW scheinen für Herrn Walter mit einem positiven Gefühl verbunden zu sein, denn trotz seines beschränkten Budgets, nimmt er nur diese beiden Marken ins Visier. In seiner Schilderung des Entscheidungsprozesses finden sich Ambivalenzen: einerseits ist das um mehrere tausend Euro billigere Angebot ausschlaggebend gewesen, andererseits hat ihm das Design des Fiestas auch besser gefallen. Auch bei der Farbe, die ihm eigentlich nicht so gefallen hat, zeigt sich Herr Walter ambivalent. Er hatte ursprünglich andere Präferenzen, hat sich dann aber mit dem preislich verfügbaren Angebot arrangiert:

**Bernd Walter:** „Also ich hätte eher was Dunkleres genommen. Blau oder so, aber die Auswahl war begrenzt, weil es halt 'ne Angebotssache war. (…) Und (…) dann bin ich halt zu weiß übergegangen. Wurde mir auch gesagt, dass das jetzt sehr verbreitet ist und man sieht auch viele helle und weiße Autos." [n04_t1: 22]

Dass sein neuer Wagen außerdem 22 PS mehr hat als der vorherige, war für Herrn Walter kein Kaufkriterium. Er hat einfach das Auto ausgewählt, das möglichst billig und schnell zu haben war. Somit steigert er seine „Nachfrage" der Motorleistung hier *nicht intentional*. Ebenso wenig hat sich Herr Walter Gedanken um den Effizienzgrad des Autos gemacht:

**I:** „Und, ähm, welche Rolle hat der Aspekt Effizienz beim Auto gespielt, beim Kauf?"
**Bernd Walter:** „Effizienz in welchem Sinn? Kraftstoffverbrauchsgeschichten, oder?"
**I:** „Zum Beispiel."
**Bernd Walter:** „Also (lacht) *da hab ich um ehrlich zu sein, gar nicht so groß drauf geachtet.* Also ja, also ich weiß jetzt auch nicht aus dem Gedächtnis wie viel Benzin auf 100 km zum Beispiel verbraucht werden. Aber es ist, soweit ich weiß, kein super sparsames Auto, aber auch kein- also dass es sehr viel verbraucht. Ich denke so, was so kleine oder mittlere Wagen angeht, ist es so im Durchschnitt, würd ich mal annehmen. Also *das war dann eher untergeordnet, der Effizienzgedanke.*" [n04_t1: 23-26]

Auf den Kaufpreis hat Herr Walter sehr genau geachtet. Über die Effizienz und die Spritkosten scheint er sich dagegen keine großen Gedanken zu machen. Auch über die Ausstattung hat er sich wenig Gedanken gemacht, da er nur auf das günstige Angebot geachtet hat. Das Ausstattungsniveau ist ihm eher zu viel, wie er im t2-Interview berichtet:

**Bernd Walter:** „Also es hat viel technischen Schnickschnack, sag ich mal (…) was ich dann eigentlich gar nicht nutze, weil es mir zu mühsam ist und auch nicht brauche. (…)."
**I:** „Gab es denn die Möglichkeit Teile der Ausstattung dazu zunehmen oder rauszulassen oder so beim Kauf?"

**Bernd Walter:** „Nee, gabs eigentlich nicht. Weil, es war ja so ein Angebot damals. Also *verbilligtes Angebot, wo man nicht direkt den Einfluss hatte.*" [n04_t2: 7-12]

Herr Walter hat kein großes Interesse an dem „technischen Schnickschnack" seines neuen Wagens und findet vieles davon überflüssig. Hier verhält es sich ähnlich wie mit der erhöhten PS-Zahl: die Steigerung der Ausstattung ist eher vom Hersteller „eingebaut" als von Herrn Walter intentional herbeigeführt.

Der Fahrzeugwechsel von **Frau Bilgin** (30 – 34 Jahre., keine Kinder, arbeitssuchend) kam durch den Verlust ihres bisherigen Arbeitsplatzes und Dienstwagens, ein Mercedes A180 (Bj. 2013, 6,1 l Benzin, 122 PS) zustande. In dieser neuen Lebenssituation wollte sie zwar sehr gerne wieder ein Auto haben, jedoch ein möglichst kostengünstiges (finanziell-gewinnorientierter Goal-Frame). Zunächst war sie sich nicht sicher, ob der Smart fortwo coupé (Bj. 2010, 5,2 l Benzin, 71 PS), ihren Sicherheitsbedürfnissen entspricht. Aber da sie hauptsächlich Stadtfahrten damit unternimmt, war sie dann doch schnell von der Alltagstauglichkeit des parkplatzfreundlichen Modells überzeugt. Bei der Überwindung Ihrer anfänglichen Skepsis gegenüber dem Smart halfen auch die Erfahrungsberichte von Freunden, die bereits einen Smart fahren und das Argument der niedrigen laufenden Kosten.

**Jasmin Bilgin:** „Ich hab zwei Freunde, die Smart gefahren sind. Dann habe ich mir überlegt zum Smart zu wechseln. Erstens, die Größe, und nachdem ich mich besser informiert hab, konnte ich mich mit der Idee einen Smart zu kaufen besser anfreunden, *weil der Verbrauch nicht so hoch ist. Das Auto ist halt klein. Die Haftpflichtversicherung ist nicht so teuer und die KFZ-Steuer ist nicht so teuer.*" [n32_t1: 2]

Frau Bilgin antizipiert die vollständigen Kfz-Kosten von Anschaffung, Spritverbrauch und Versicherung über Kfz-Steuer bis hin zum Risiko von Reparaturkosten (sie geht später darauf ein). Alle diese Kostenpunkte berücksichtigt sie in ihrer Kaufentscheidung.

Im nächsten Abschnitt wird ein näherer Blick auf die Frage geworfen, welche verschiedenen subjektiven Konzeptionen von „Effizienz" sich bei den Autokäufern finden. Den Abschluss des Ergebnisberichts zum Kauf-Rebound-Verhalten bildet eine Zusammenfassung der wichtigsten Befunde.

### 6.1.4    Subjektives Effizienzverständnis

Auch wenn Effizienz in Nachschlagewerken als das Verhältnis von Ressourceninput und Leistungsoutput definiert ist, haben die befragten Autokäufer doch sehr unterschiedliche Vorstellungen und Assoziationen zu diesem Begriff. Diese

Vorstellungen fasse ich im Folgenden unter der Bezeichnung *subjektives Effizienzverständnis* zusammen. In den vorangegangen Abschnitten klang bereits an, dass die subjektive Effizienz von den Befragten unterschiedlich konzipiert wird. Deshalb möchte ich im Folgenden detaillierter auf die Frage eingehen, was die verschiedenen Autokäufer eigentlich unter „Effizienz" verstehen.

In der Interviewsituation wurde mir beim Thema Effizienz häufig der Ball zurückgespielt. Ich solle bitte präzisieren, was ich damit meine. Daraufhin habe ich möglichst ausweichend geantwortet, um zu erfahren, wie die Interviewpartnerin diesen Begriff für sich selbst definiert:

> **I:** „Welche Rolle hat die Effizienz des Autos [bei der Kaufentscheidung] gespielt?"
> **Wiebke Petzold:** „Ähm. Also wie schon gesagt, wichtig war mir ein PS starkes Auto. Weiß nicht genau, was Sie unter Effizienz auch verstehen?"
> **I:** „Ja, das interessiert mich auch eher sozusagen, wenn ich die Frage zurückgeben darf, was *Sie* mit Effizienz assoziieren."
> **Wiebke Petzold:** „Okay. Ähm also für mich ist ein Auto wirklich ein Transportmittel. Ich brauch nen Auto, das mich von A nach B transportiert. Prestige spielt für mich eigentlich weniger ne Rolle. (…) und ähm ja, für uns heißt das wir können alle bequem drin sitzen, auch mit Kindersitz. Es hat nen großen Kofferraum. (...) Das sind für mich so die ausschlaggebenden Sachen auch, warum ich mich dann letztlich dafür entschieden hab." [n30_t1: 25-28]

Die Interviewpartnerin zählt also als Antwort auf die Effizienzfrage noch einmal ihre wichtigsten Kaufkriterien auf (genügend PS und genügend Platzangebot). Effizienz bedeutet für sie die Passung zwischen dem Automodell und ihren Kriterien. Energieverbrauchsbezogene Aspekte nennt sie gar nicht.

In ähnlicher Weise bietet mir auch Herr Pohl (n03), der einen technischen Beruf ausübt und sich selbst als Autoenthusiast bezeichnet, eine sehr präzis formulierte allgemeine Definition von subjektiver Effizienz beim Auto an, die er als qualitative Effizienz bezeichnet und die zunächst nichts mit dem Energieverbrauch zu tun hat:

> **I:** „Wie beurteilst du dann insgesamt die Effizienz von diesem neuen Auto?"
> **Manfred Pohl:** „Ähm, quantitativ oder?"
> **I:** „Je nachdem was, also man kann ja bei Effizienz ist ja auch so ein Wort, wo irgendwie teilweise-"
> **Manfred Pohl:** „Also die ökonomische Effizienz, oder?"
> **I:** „Also, was teilweise anders definiert wird sozusagen. Deswegen interessiert mich auch, was du damit verbindest, also was für dich dann Effizienz beim Auto ausmacht."
> **Manfred Pohl:** „Also gut, ich sag mal, wenn man es mal ganz generisch sieht, würde ich sagen*, ist Effizienz der Match zwischen meinen Ansprüchen und dem, was das Auto bietet.* In dem Fall ist es hauptsächlich qualitativ. Also ich hab so viel Platz wie ich

brauch, eigentlich hab ich viel mehr Platz als ich brauche. Ähm, den Verbrauch den ich mir vorgestellt habe. Allerdings muss ich sagen, also was mir schon abgeht: Ich fahr ja schon seit 20 Jahren Cabrio. Dass ich jetzt keins mehr habe, das ist natürlich schon hart." [n03_t1: 43-48]

Für ihn ist ein Auto effizient, wenn es seine Ansprüche erfüllt. Trotzdem achtet er auch auf die Energieeffizienz, was bei ihm stark finanziell/ökonomisch motiviert ist. Er unterscheidet also flexibel je nach Kontext zwischen verschiedenen Effizienzbegriffen.

Neben dieser Auffassung von *Effizienz als Passung von Anforderungen und tatsächlichen Eigenschaften des Autos*, die nicht auf den Energieverbrauch bezogen ist, finden sich jedoch noch drei weitere Auffassungen von Effizienz. Diese beziehen sich alle auf die Energieeffizienz, sie sind jedoch durch unterschiedliche Ziele geframed. Tabelle 6-2 enthält einen Überblick über alle vier Subkategorien des subjektiven Effizienzverständnisses, sowie die entsprechenden Ankerbeispiele zur Illustration.

*Tabelle 6-2 Subkategorien des subjektiven Effizienzverständnisses (Kodierschema). Eigene Darstellung.*

| Metakategorie | Beschreibung | |
|---|---|---|
| Subjektives Effizienzverständnis | Persönliche Vorstellungen und Assoziationen zum Begriff „Effizienz" beim Auto | |
| Subkategorien | Kodierregel | Ankerbeispiel |
| Energieeffizienz als instrumentelle Kostenersparnis | Technische Effizienzverbesserung ermöglicht die Senkung der laufenden Kosten, v. a. der Spritkosten | „Verbraucht jetzt 2 Liter weniger wie vorher. Das sind einfach 170 Euro pro Jahr, was das ausmacht. Versicherung, Steuer war auch klar, wird günstiger." [n09_t1: 7] |
| Energieeffizienz als technische Innovation | Technische Effizienzverbesserung als Symbol für Fortschritt, Modernität, Status, Ingenieurskunst und Wettbewerbsfähigkeit | „17 Liter Super Plus passen nicht mehr in die Landschaft. Geht nicht. Selbst wenn man die Kosten außen vor lassen würde (…), des ist ein Dinosaurier." [n17_t1: 78] |
| Energieeffizienz als ökologische Innovation | Technische Effizienzverbesserung lindert das Umweltgewissen | „Der Fußabdruck wird ein bisschen kleiner" [n21_t1: 16] |

| Effizienz als Passung von Anforderungen und tatsächlichen Eigenschaften des Autos | Effizienz steht für das Ausmaß, in dem das Auto die eigenen Ansprüche erfüllt; es geht *nicht* um die technische *Energieeffizienz* | „wenn man es mal ganz generisch sieht, würde ich sagen, ist Effizienz der Match zwischen meinen Ansprüchen und dem, was das Auto bietet." [n03_t1: 48] |
|---|---|---|

*Energieeffizienz als instrumentelle Kostenersparnis* ist klar finanziell-gewinnorientiert geframed. Dieser Frame findet sich bei allen finanziell-gewinnorientierten Käufern, aber teilweise auch bei den hedonistisch motivierten Käufern. Bei letzteren ist die Effizienzfrage eher eine Art kurzer Check, ob der Verbrauch in Ordnung ist. Bei den umweltnormativen Käufern fanden sich in meiner Stichprobe kaum Personen, die Effizienz in einem ökonomischen Frame sehen (sie haben allerdings auch ein relativ hohes Einkommen, was die finanzielle Perspektive weniger notwendig macht). Stattdessen verstehen sie *Energieeffizienz als ökologische Innovation.* Vereinzelt werden ökologische Effizienzmotive auch von den anderen Käufergruppen genannt, jedoch eher als nachgeschobenes, postrationalisierendes Argument („also ich schau schon (…), was verbraucht der. Also es ging einerseits um den eigenen Geldbeutel, aber andererseits äh (Pause) schon auch: je weniger man verbraucht schont man ja auch, wenn Sie so wollen, die Umwelt.", n13_t1: 291).

Bei den Status-gewinnorientierten Käufern findet sich oft ein subjektives Verständnis von *Effizienz als technische Innovation.* Ein effizientes Auto ist ein Auto, das auf dem neuesten Stand der Technik ist. Dabei liegt der Fokus nicht so sehr auf einem absolut niedrigen Verbrauchsniveau. Stattdessen geht es darum, eine hohe Leistung mit *verhältnismäßig* geringem Verbrauch zu bekommen. Dann hat man das Gefühl, relativ sauber unterwegs zu sein und sich „nicht schämen" zu müssen:

> **Herr Kies:** „Also ich fahr mit dem Auto mit 10 Litern [Verbrauch auf 100 km]. Das ist für einen 6-Zylinder mit Turbo gut. *Braucht man sich nicht schämen.* Aber Sie kriegen das Auto in der Stadt, wenn Sie in der Stadt fahren, auf 15 Liter (…). Und das ist unverhältnismäßig und das passt auch nicht mehr in die Zeit." [n07_t1: 16]

Sehr häufig finden sich in den Formulierungen in dieser Subkategorie indirekte Bezüge zu einem nicht näher präzisierten Zeitgeist, der sich offenbar gewandelt hat und neue soziale Umwelt(?)-Normen mit sich bringt. Meist wird das Thema Effizienzfortschritt durch explizite Abneigung gegenüber dem Gegenteil behandelt. Die Personen benutzen dafür Begriffe wie „Dinosaurier", „so ne alte Laube", „barock", „spießiger Verschwendungsausdruck" oder „veraltete Technologie". So ein Auto möchte man nicht fahren, denn es birgt die Gefahr in sich, seinen Fahrer als rücksichtslosen Verschwender und Umweltsünder erscheinen zu lassen.

### 6.1.5  Zusammenfassung der Ergebnisse zum Kaufrebound-Verhalten

In der Auswertung der deskriptiven Ergebnisse zum Kaufrebound-Verhalten zeigt sich eine große Bandbreite von beobachteten Konstellationen. Es ist *nicht* so, dass alle betrachteten Personen eine Tendenz zum Rebound-Verhalten aufweisen. Stattdessen zeigt sich, dass ein Teil der mehrnachfragenden Personen eher zum Kaufrebound-Verhalten tendiert und ein anderer Teil eher zu einem schlichten Mehrnachfrage-Verhalten neigt (vgl. Abbildung 6-1). Außerdem verringern einige Fälle ihre Nachfrage und andere halten sie konstant, während sich die Effizienz bei beiden tendenziell verbessert.

Als Erklärungsansatz für die beobachtete Heterogenität im Kaufrebound-Verhalten wurde die subjektive Perspektive der Autofahrer im Rahmen der Goal-Framing Theorie (vgl. Kap. 4.1) berücksichtigt. Dazu wurden, ausgehend von den theoretisch postulierten drei Master Frames der GFT (hedonistisch, gewinnorientiert, normativ), fünf Goal-Frames für den Kontext der Autokaufentscheidung empirisch spezifiziert. Diese sind: der Fahrspaß-hedonistische und der Alltagskomfort-hedonistische Goal-Frame, der finanziell-gewinnorientierte und der Status-gewinnorientierte, sowie der umweltnormative Goal-Frame.

In der Gesamtbetrachtung zeigt sich, dass die fünf Goal-Frames und das Kaufverhalten von personenbezogenen Faktoren wie Lebens- und Familiensituation, Umwelteinstellungen und der Einkommenssituation beeinflusst werden. Die Muster und empirisch beobachteten Cluster von Faktoren wurden in Form einer Typologie zusammengefasst, um zu einem Erklärungsansatz für Kaufrebound-Verhalten zu gelangen (vgl. Abbildung 6-3). Diese Typologie unterscheidet vier Typen: die *gesättigte*, die *preisfixierte*, die *optimierende* und die *wachstumsdominierte* Käuferin.

Im Prozess der Typenbildung erwiesen sich der bisherige Sättigungsgrad der eigenen Automobilwünsche, das Einkommen und der Stabilitätsgrad der Lebenssituation als wichtigste Faktoren für die Erklärung von Kaufrebound-Verhalten. So zeigen *gesättigte* Autokäufer kein Rebound-Verhalten, weil eine weitere Nachfragesteigerung für sie keinen weiteren Zuwachs an Nutzen bedeuten würde. Sie halten ihr (relativ hohes) Nachfrageniveau konstant und verbessern tendenziell die Effizienz. Die gesättigten Autokäufer haben ein gutes bis hohes Einkommen und mussten sich weder beim alten noch beim neuen Auto in ihren Wünschen einschränken.

Im Gegensatz dazu stehen die *preisfixierten* Käufer. Sie haben ein niedriges Einkommen und können sich ihr Wunschauto nicht leisten. Sie zeigen ebenso wie die gesättigten Autokäufer kein Rebound-Verhalten, allerdings eher unfreiwillig. Viele der preisfixierten Käufer würden gerne ein etwas größeres, leistungsstärkeres und auch effizienteres Auto kaufen, können sich dies allerdings wegen eines zu hohen Anschaffungspreises nicht leisten. Deshalb senken sie ihr (relativ niedriges) Nachfrageniveau noch weiter oder halten es konstant.

Den *optimierenden* Käufern steht dagegen etwas mehr Budget zur Verfügung. Das alte Auto hatte ihnen schon viele Wünsche erfüllt, aber noch nicht alle. Mit dem neuen Auto erreichen sie einen höheren Sättigungsgrad ihrer Ansprüche und steigern ihr Nachfrageniveau (v. a. PS-Zahl), während sie gleichzeitig die Effizienz verbessern. Effizienz bedeutet für sie Modernität und technische Machbarkeit. Durch die Senkung des Verbrauchs erreicht die optimierende Autokäuferin eine Konstanz der bisherigen Kosten (trotz Leistungssteigerung) oder sogar eine relative Verringerung selbiger. Da keine nennenswerten Umweltmotive vorhanden sind, hat sie jedoch kein Interesse an einer Senkung des *absoluten* Verbrauchs und der damit verbundenen Fahrzeugemissionen. Die optimierende Käuferin zielt in ihrer Kaufentscheidung geradezu auf ein Rebound-Verhalten ab und erreicht dieses auch.

Auch die *wachstumsdominierten* Käufer steigern ihr Nachfrageniveau, allerdings wird dies meist durch eine veränderte Lebenssituation getriggert. Das Einkommen in dieser Gruppe ist heterogen, aber ihre Gemeinsamkeit liegt in der Veränderung der Lebenssituation, die neue Ansprüche an das Auto mit sich bringt. In den meisten Fällen kann das alte Auto die gewachsenen Ansprüche (z. B. mehr Platz für die junge Familie oder größere Statusbedürfnisse) nicht erfüllen und wird deshalb, teilweise nach nur ein paar Jahren Haltedauer, durch ein neues ersetzt.

Darüber hinaus zeigt sich in der Betrachtung des subjektiven Effizienzverständnisses, dass alle Befragten mit dem Begriff Effizienz etwas Positives verbinden. Effizienz gilt als erstrebenswerte Eigenschaft eines neuen Autos. Dabei kann Effizienz subjektiv als instrumentelle Kostenersparnis, ökologische Innovation oder technischer Fortschritt geframed werden. Es zeigt sich tendenziell eine Konsistenz zwischen dem Framing der Effizienz und dem Goal-Frame der Kaufentscheidung. Es zeigen sich aber auch mehrere Frames von Effizienz bei ein und derselben Person. Wenn von Effizienz die Rede ist, sind dabei keineswegs immer die *Energie*effizienz und der Spritverbrauch des Fahrzeugs gemeint. Viele

Befragte verwenden den Begriff der Effizienz sehr breit, sogar bis hin zu einem Verständnis von Effizienz als allgemeines Maß für die Erfüllung der eigenen Ansprüche an das Auto.

## 6.2    Fahrleistungsrebound-Verhalten

### 6.2.1    Deskriptive Ergebnisse zum Fahrleistungsrebound-Verhalten

Wird ein effizienteres Auto mehr genutzt als das vorherige? Zur Untersuchung dieser Frage konnte ich 19 Fälle aus meiner Stichprobe heranziehen: die Substitutionskäufer, bei denen mir Daten zu Kilometerleistungen mit dem vorherigen und dem neuen Auto vorliegen (vgl. Kap. 5.8).

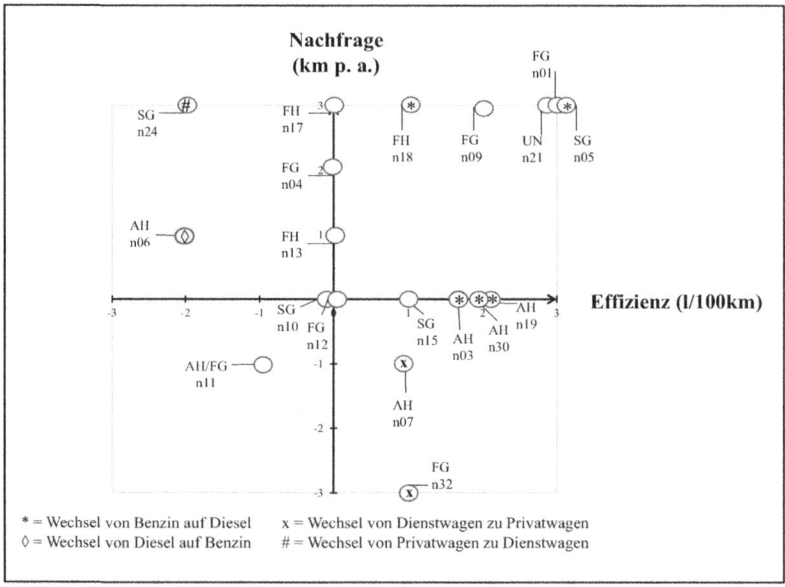

Abbildung 6-8 *Deskriptive Ergebnisse zum Fahrleistungsrebound (n=19) . Eigene Darstellung. Anmerkungen: Die Goal-Frames beziehen sich auf die Kaufentscheidung. AH= Alltagskomfort-hedonistisch; FH= Fahrspaß-hedonistisch; FG= finanziell-gewinnorientiert; SG= Status-gewinnorientiert; UN= umweltnormativ. Die Abstände zwischen den Punkten sind nicht interpretierbar, da die Skala Ordinalskalenniveau besitzt und von -3 bis +3 begrenzt ist.*

Wie in Abbildung 6-8 dargestellt, zeigen fünf Personen (n01, n05, n09, n18, n21) der Stichprobe ein Fahrleistungsrebound-Verhalten. Bei ihnen ging der Autowechsel mit einem gleichzeitigen Anstieg des Effizienzgrads und der Fahrleistung einher. Bei sechs Personen (n03, n10, n12, n15, n19, n30) verbesserte sich tendenziell die Effizienz, während die Fahrleistung jedoch konstant blieb. Bei weiteren drei Personen (n04, n13, n17) stieg ausschließlich die Fahrleistung, nicht die Effizienz.

Bei den drei Fällen, deren Effizienz sich durch den Autowechsel sogar verschlechterte, kommt es in zwei Fällen (n06, n24) zu einer Erhöhung der gefahrenen Kilometer (schlichtes Mehrnachfrageverhalten) und bei einem Fall (n11) zu einer leichten Verringerung der Kilometer. Außerdem gibt es zwei Fälle (n07, n32), die von einem Dienstwagen auf einen Privatwagen gewechselt haben und dabei die Effizienz verbessert und ihre Fahrleistung verringert haben. Insgesamt gibt es in der Stichprobe einen generellen Trend zum Anstieg der Fahrleistung: deutlich mehr Personen (11 Fälle) haben ihre Fahrleistung erhöht, statt verringert (3 Fälle).

Somit zeigt sich in der deskriptiven Auswertung der Fahrleistungsänderungen kein klarer linearer Trend zu einem Rebound-Verhalten. Eine Effizienzverbesserung geht nicht automatisch mit einer Erhöhung der Fahrleistung einher, sondern nur bei einigen Fällen. Deshalb muss auch die Frage gestellt werden, warum sich bei einigen Fällen die Fahrleistung *nicht* erhöht, obwohl eine Effizienzverbesserung stattgefunden hat. Auch die Frage, warum sich wiederum bei anderen Fällen die Fahrleistung *ohne* Effizienzverbesserung erhöht, ist für das Gesamtverständnis sehr wichtig. Was unterscheidet diese Fälle voneinander? Wie wirken die Effizienzverbesserung, die damit verbundenen finanziellen Einsparungen und andere, personenbezogene Faktoren zusammen auf die Fahrleistung ein? Diese Fragen möchte ich in den folgenden drei Abschnitten zu fördernden, hemmenden und weiteren Faktoren anhand der empirischen Fallbeispiele erörtern.

### 6.2.2    Fördernde Faktoren für Fahrleistungsrebound-Verhalten

Die Einflussfaktoren auf Fahrleistungsrebound-Verhalten arbeite ich anhand des Interviewmaterials heraus, indem ich die Fälle mit Fahrleistungsrebound-Verhalten mit den Fällen ohne Fahrleistungsrebound-Verhalten systematisch vergleiche. Dieser Prozess beginnt mit einer detaillierten Betrachtung der fünf Fälle, die gleichzeitig ihre Effizienz und ihre Fahrleistung erhöht haben, die also ein Rebound-Verhalten zeigen. Um abzuschätzen, ob die Mehrfahrten tatsächlich durch die bessere Effizienz stimuliert wurden, ist die entscheidende Frage: Hätte die Person ihre Mehrfahrten auch mit dem bisherigen, weniger effizienten Fahrzeug genauso unternommen?

Die Analyse des Interviewmaterials und des systematischen Fallvergleichs zeigt, dass ein Fahrleistungsrebound v. a. dann auftritt, wenn folgende fünf Faktoren gleichzeitig bei einer Person vorliegen (vgl. Abbildung 6-9): (1) eine spürbare technische Effizienzverbesserung (ab 10 % Verbesserung) des Fahrzeugs, (2) ein subjektiver Frame von Effizienz als instrumentelle Kostenersparnis, (3) ein niedriges Haushaltseinkommen, (4) ein bisher ungesättigter Pkw-Mobilitätsbedarf, v. a. in der Freizeitmobilität, und (5) eine positiv-hedonistische Einstellung der Fahrerin zum Autofahren als Tätigkeit („gerne Auto fahren"). Dabei ist keiner dieser Faktoren alleine hinreichend, um Rebound-Verhalten hervorzurufen.

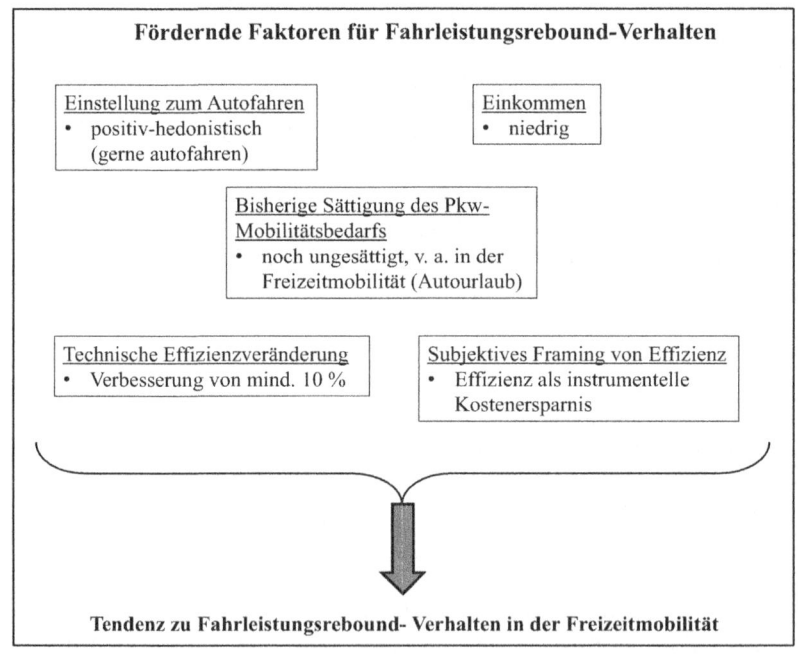

*Abbildung 6-9 Schaubild zu fördernden Faktoren von Fahrleistungsrebound-Verhalten. Eigene Darstellung.*

**Fallbeschreibungen**

Den wohl eindeutigsten Fall eines Fahrleistungsrebounds in meiner Stichprobe stellt **Herr Weyer (n09)** dar. Mit dem Autowechsel hat er seinen Benzinverbrauch um 27 % gesenkt, von 11 Liter auf 8 Liter pro 100 km. Gleichzeitig hat er seine Jahresfahrleistung um 175 % erhöht, von 12.000 km auf 33.000 km. Die Frage, ob sich etwas an den Wegen und Strecken, die er mit dem Auto fährt, geändert habe, verneint Herr Weyer zunächst. Er verweist aber auf die nun höhere Transportkapazität seines VW Tourans, die zu einigen wenigen Mehrfahrten, auch für Freunde, führt.

> **Rüdiger Weyer:** „Die Strecken sind autounabhängig. Das sind mehr oder weniger Bedürfnisfahrten. Ich kann es [das neue Auto] rein vom Volumen besser nutzen. (…) dadurch, dass ich einfach Sachen besser transportieren kann (…). So Ikea-Einkäufe, oder dass man mal Freunden hilft was zu transportieren, oder das Lager, das ich noch hab."
> **I:** „Also wenn, dann hat sich das durch die Ladefläche ein bisschen verändert?"
> **Rüdiger Weyer:** „Mhm (zustimmend)."
> **I:** „-dass es dann mehr Fahrten gibt?"
> **Rüdiger Weyer:** „Minimal mehr. Das ist höchstens einmal im Monat." [n09_t2: 64-68]

Mit den Kilometerständen konfrontiert, ergibt sich dann jedoch ein anderes Bild und Herr Weyer ist selbst zunächst etwas erstaunt, dass er seit dem ersten Interviewtreffen (acht Monate zuvor) bereits 25.000 Kilometer mit dem Touran gefahren ist.

> **I:** „Wie ist denn jetzt der aktuelle Kilometerstand?"
> **Rüdiger Weyer:** „205.000. Das sind 20.000 mehr oder wie war das beim letzten Mal?"
> **I:** „Letztes Mal hattest du 180.000 gesagt."
> **Rüdiger Weyer:** „Ah. Sagen wir 25 [tausend]. Gut, die 9.000 Kilometer allein wegen dem Schwedenurlaub. Wenn man den abziehen würde, weil der ist ja auch nicht jedes Jahr, dann sind's 14.000, ja 16.000. Ui, das ist schon viel. Das ist deutlich mehr wie ich früher hatte. Zwischen 9 und 12 [tausend] war ich eigentlich immer. Gut, [Gemeinde im Umland von Stuttgart] ist wirklich jeden Tag jetzt. Ja. Das ist sinnvoll, wenn ich dann weniger Benzinkosten hab, bei so vielen Kilometern. Gut."
> **I:** „Das heißt, das ist schon mehr als du eigentlich erwartet oder geplant hattest?"
> **Rüdiger Weyer:** „Ja schon. Man macht sich ja schon Gedanken, weil das ja abgefragt wird, wenn man ne Autoversicherung abschließt, was die Jahresleistung ist. Da hab ich mich schon nen bisschen verschätzt. Da hatte ich, glaube ich, 12.000 geschätzt, weil es schon mehr wäre als 9.000, die ich sonst immer hatte."
> **I:** „Du hattest damals gesagt, dass du [früher] 12.000 Kilometer pro Jahr hattest."
> **Rüdiger Weyer:** „Ahh (lacht). Okay."

**I:** „Wie erklärst du dir das jetzt vor allem?"

**Rüdiger Weyer:** „Ich glaube, da müsst ich nochmal nachrechnen. Dadurch, dass meine Arbeitsstelle 16 Kilometer entfernt ist und ich das an 270 Tagen im Jahr bediene, die Fahrt 230 mal. Ja und dadurch, dass ich nach [Stadt ca. 150 km entfernt] fahr. Das hatte ich früher auch nicht." [n09_t2: 69-78]

Herr Weyer nennt zwar seine Arbeitsfahrten als einen der Gründe für die hohe Kilometerleistung, gibt aber später an, dass sich an seiner Lebenssituation nichts geändert habe und er fuhr auch zum t1-Interviewzeitpunkt bereits nach Ludwigsburg zu seiner Arbeitsstelle. Außerdem nennt er Fahrten zu einer Stadt in ca. 150 km Entfernung und v. a. eine sehr weite Urlaubsfahrt nach Schweden als Erklärung für die deutlich höhere Fahrleistung. Er erläutert dann weiter, dass die Schwedenreise ja nicht jedes Jahr unternommen wird (und man sie deshalb „abziehen" könnte) und dass er jetzt durch die bessere Effizienz weniger Benzinkosten hat. In der ersten Hälfte des t2-Interviews hatte ich ihn bereits gefragt, was er mit dem eingesparten Geld anfange. Auf diese Frage fällt ihm zuerst keine Antwort ein. Spontan stellt er dann Überlegungen an, wofür er Geld ausgibt, wenn er mal welches übrig hat. Von sich aus kommt er dabei auch erneut auf das Autofahren zu sprechen.

**I:** „Könntest du denn irgendwie mutmaßen, wo das gesparte Geld jetzt hingeht, so durch die Effizienzverbesserung?"

**Rüdiger Weyer:** „Nö. Keine Ahnung (lacht). Im normalen Alltag vielleicht auch dadurch, dass man beim Einkaufen höherwertige Produkte im Bioladen, oder einfach mal nen exotisches Obst, oder keine Ahnung was, oder hochwertigen Brotaufstrich oder so [kauft]. Ich denk schon. Dass man nicht das billigste kaufen muss, sondern sagt: okay ich seh, ich hab noch nen bisschen Geld auf dem Konto, jetzt können wir uns auch ne schöne Wurst für dich [seinen Sohn, der neben ihm sitzt] kaufen und nicht immer die gleiche. Das fließt glaub ich direkt in den Alltag, unbewusst. *Es ist auch nen bisschen Lebensqualität, die man zurückerhält dadurch, dass man ein sparsameres Auto hat* oder auch sparsamer umgeht oder auch für den Urlaub. *Ich hätte den Urlaub nach Schweden nicht gemacht, wenn ich noch das alte Auto gehabt hätte. Das wäre einfach von den Benzinkosten 1.000 Euro mehr gewesen. 9.000 Kilometer* sind wir gefahren in gut zwei Wochen, wo auch das Auto ideal war. Wir haben über die Hälfte der Zeit im Auto übernachtet, weil es für's Zelten nen bisschen zu kalt war draußen. Im Sommer bei drei Grad auch nen ideales Urlaubsauto dafür."

**I:** „Okay. Das heißt, die Effizienz des Autos hat den Urlaub auch ermöglicht?"

**Rüdiger Weyer:** „Ja, sonst wäre es ein Zelturlaub in Norddeutschland geworden oder Mecklenburg oder Frankreich oder so." [n09_t2: 49-52]

Herr Weyer sagt also recht deutlich, dass er den Schwedenurlaub mit dem alten Auto nicht unternommen hätte, sondern stattdessen ein deutlich näheres Urlaubsziel angesteuert hätte. Mit dem alten Auto konnte er offenbar seinen Freizeitmobilitätsbedarf (er fährt sehr gerne in kühle Regionen, weil er keine Sommerhitze mag) noch nicht decken, weil die Benzinkosten mit dem alten Auto für sein Budget zu hoch gewesen wären[44]. Dass Herr Weyer von einer höheren Lebensqualität durch das effizientere Auto spricht, deutet daraufhin, dass er sich vorher durch die hohen Spritkosten spürbar eingeschränkt gefühlt hat. So verwundert auch seine Antwort auf die Frage, ob er gerne Auto fahre, nicht:

> **Rüdiger Weyer:** „Oh ja. Zum Beispiel, was ich auch 16 Jahre lang gemacht hab, jeden Sommer, wenn ich nach Nordschweden fahr (…). Das sind 3.500 Kilometer von hier, reine Fahrstrecke. (…) Also hin eher langsam, weil, man ja was sehen will von der Landschaft. Da oben möchte man so lange wie möglich bleiben, um das wirklich *bis zur letzten Minuten auszukosten* (…) *Es macht mir überhaupt nichts aus 1.000 Kilometer bestimmt zu fahren,* ohne Pause. Da wird's nachts nicht dunkel, man übermüdet nicht. Es ist nicht so viel Verkehr." [n09_t1: 39]

Herr Weyer genießt seine Autourlaube also sehr und er ist schon sehr oft mit dem Auto nach Schweden gefahren. Insofern ist es nicht so, dass sein effizienteres Auto ihn nun dazu veranlasst hat, zum ersten Mal eine lange Autoreise nach Schweden zu machen, aber das neue Auto hat ihm durch die effizienzbedingte Kostensenkung ermöglicht, diese Urlaubstradition fortzusetzen.

**Dennis Lohmeier (n01)** hat seine Effizienz um 31 % verbessert und seine Fahrleistung um 44 % (von ca. 10.000 auf 14.400 km) gesteigert. Im t2-Interview ist er überrascht, dass er und seine Freundin das Auto doch mehr nutzen als sie es geplant hatten:

> **Dennis Lohmeier:** „Kilometerbegrenzung aufs Auto wegen der Versicherung sind 15.000 im Jahr. Also bis Mai kann man noch bisschen fahren, *aber es ist näher dran als gedacht. Es wird das Auto mehr genutzt als gedacht.*"
> **I:** „Wie kommt das?"
> **Dennis Lohmeier:** „Es fing ja schon mit Dänemark hin und zurück an. Nach den ersten drei Wochen hatte das Auto schon über 2.000 Kilometer. (…) und danach die anderen Touren, *wenn man die jetzt wegrechnet, wären wir wieder im normalen Rahmen,* hätten wir die 10.000 [km] gerade überschritten oder so. Dann wär das wieder okay." [n01_t2: 222-26]

---

[44] Nimmt man eine Schätzung der tatsächlichen Preisdifferenz für den Schwedenurlaub (bei einem Benzinpreis von 1,59 Euro im Juli 2014 und 9.000 km Strecke) vor, so ergibt sich lediglich eine Einsparung von 430 Euro und nicht 1.000 Euro. Insofern scheint Herr Weyer die Entscheidung für den Schwedenurlaub nicht auf der Basis einer expliziten Kalkulation, sondern mithilfe einer relativ groben Abschätzung der Effizienzverbesserung getroffen zu haben.

Herr Lohmeier erklärt die höhere Kilometerleistung mit einer Urlaubsfahrt nach Dänemark kurz nach dem Kauf und einigen anderen Extratouren. „Wenn man die jetzt wegrechnet", dann wäre die Fahrleistung wieder so wie bisher. Auf Nachfrage sagt er, dass er die Dänemarkfahrt im vorherigen Jahr genauso unternommen hätte, um dort Freunde zu besuchen. Außerdem stören ihn lange Autofahrten nicht. Im Gegenteil, er fährt sehr gerne Auto: „Ich freue mich schon vorher immer ne längere Strecke selbst zu fahren." (n01_t1: 108). Ein Teil der Extratouren sind etwas häufigere Fahrten in seine Heimatregion, um dort Freunde und Familie zu besuchen. Dies ist jedoch auch deshalb mehr geworden, weil parallel zum Autowechsel ein Jobwechsel erfolgte, sodass er nicht mehr samstags arbeiten muss:

> **I:** „Und welche Rolle spielt jetzt das Auto oder, sag ich mal, das neue Auto? Ist das jetzt irgendwie anders als vorher?"
> **Dennis Lohmeier:** „Nee, in der Hinsicht gar nicht. *Eher dann der Wechsel des Jobs, macht mir das möglich. Das Auto ist nur Mittel zum Zweck.* Ich könnte zwar auch mi'm Zug fahren, aber (…) das ist echt schon tiefer Wald (…) Das [Auto] ist dann ganz praktisch. Diese Freiheit ist dann das Auto."
> **I:** „Das heißt, das wäre jetzt mit dem alten Auto genauso gewesen?"
> Dennis Lohmeier: „Ja."
> **I:** „Okay."
> **Dennis Lohmeier:** „Eher der Jobwechsel macht das häufiger möglich." [n01_t2: 187-192]

Seine häufigeren Fahrten liegen also nicht in der Effizienz des Autos begründet, sondern darin, dass er nun am Wochenende frei hat. Dass die Mehrfahrten in seine Heimatregion durch seine mit dem Jobwechsel verbundene Gehaltserhöhung (von 1.150 auf 1.340 Euro netto monatlich) ermöglicht wurden, verneint Herr Lohmeier später im Interview. Die Effizienz des Autos findet Herr Lohmeier zwar gut, die damit verbundene Einsparung scheint aber für ihn nicht der entscheidende Faktor zu sein. Er gibt das Geld für Autofahrten in seine Heimat gerne aus:

> **I:** „Und findest du wie beurteilst du jetzt die Angemessenheit der monatlichen Ausgaben für das Auto, die so anfallen? Findest du das okay, oder?"
> **Dennis Lohmeier:** „Ja. Also hat mich beim alten Auto soweit nicht gestört, dass die Spritkosten höher waren. Selbst da bleibt noch genug für mich übrig. Man muss ja mal sagen, wir wohnen ziemlich günstig, wir haben keine Kinder. Können uns relativ viel leisten. Fühlen uns relativ unabhängig, was das Geld betrifft. Ähm deswegen fällt für mich jetzt nicht ins Gewicht, *ob das Auto wegen mir hätt es jetzt mal mehr Sprit oder weniger fällt für mich jetzt nicht ins Gewicht.* Ich benötige ja sozusagen das Geld für meine Freizeit sozusagen. Zwei Wochen hintereinander in die Heimat fahren, ein-

einhalb Stunden aufzuopfern, entsprechend grob gerechnet 25 Euro kosten mich die Hin-und Rückfahrt. Ähm dafür hab ich ja das Geld. Das ist für mich eine freiwillige Bereitschaft. Das berechne ich auch nicht und denke auch nicht im Kopf nach. Dafür mach ich's ja. (lacht)." [n01_t2: 195-198]

Es klingt also nicht so, als ob sich Herr Lohmeier bisher in seinem Autokonsum eingeschränkt hätte. Er ist mit seinem Gehalt zufrieden und findet, dass er sich viel leisten kann. Das durch die Effizienz gesparte Geld möchte er für einen neuen Computer ausgeben. Während der ersten sechs Monate hatte er anhand von Kilometerständen und Tankquittungen sehr genau ausgerechnet, was das Auto real verbraucht. Danach hat er damit aber wieder aufgehört und es interessiert ihn nicht mehr so: „Ich tank, wenn ich tanken muss und fertig." [n01_t2: 40]

Bei **Frau Husemann (n05)** hat sich die Effizienz um 28 % verbessert und die Jahresfahrleistung ist von ca. 10.000 km auf etwas über 16.200 km angestiegen (+64 %). Frau Husemann gibt an, dass sich ihre Autonutzung im Alltag nicht geändert hat, aber einige Urlaubsfahrten mit dem Auto statt mit dem Flugzeug erfolgten.

> **I:** „Nutzen Sie das neue Auto in irgendeiner Form anders als vorher?"
> **Nadine Husemann:** „Nee." [n05_t2: 61-62]

Die 4.000 zusätzlichen Kilometer scheinen hauptsächlich auf einige längere Freizeitfahrten zurückzuführen zu sein. Grundsätzlich fährt sie gerne Auto. Frau Husemann erläutert auf Nachfrage außerdem, dass ihr die Flugpreise für den nächsten Sommerurlaub unverhältnismäßig teuer erscheinen und sie deshalb statt nach Mallorca zu fliegen nun mit dem Auto nach Italien reisen wird. Hier berücksichtigt sie den Kostenfaktor des Verkehrsmittels also sehr deutlich. In Bezug auf die Effizienz ihres Autos und die damit verbundenen Kosten ist sie jedoch nicht auf die präzisen Kosten fokussiert, sondern verlässt sich auf eine heuristische Einschätzung des ungefähren Spritverbrauchs:

> **I:** „Wie ist es denn mit der Effizienz? Wie zufrieden sind Sie denn mit der Effizienz?"
> **Nadine Husemann:** „Bezogen auf was? Spritverbrauch oder? *Da hab ich jetzt nicht das Gefühl es wäre schlecht oder gut. Hab ich gar kein Gefühl dafür.* Achso, ja das hat nicht unbedingt was mit Effizienz zu tun. Wir tanken jetzt Diesel und nicht mehr Benzin und das ist schon angenehmer. Es ist günstiger *und ich hab auch das Gefühl wir müssen nicht so viel tanken wie vorher.* Der Verbrauch ist geringer. Der war auch wichtig als wir es gekauft haben. Ich finde das muss auch ein neues Auto können, dass es weniger Verbrauch hat als so ne alte Laube." [n05_t2: 15-16]

Effizienz ist für sie ein Symbol für Fortschrittlichkeit und Innovation. Sie sagt zunächst, dass sie gar kein Gefühl dafür hat, ob die Effizienz gut oder schlecht ist. Dann behilft sie sich aber mit dem Verweis auf den Wechsel von Benzin zu Diesel. Daraus schlussfolgert sie, dass der Verbrauch nun geringer sei. Außerdem deutet sie auch ihr „Gefühl" weniger tanken zu müssen als Anzeichen für einen gesunkenen Verbrauch und damit geringere Kosten. Auf die Frage, wo das eingesparte Geld hinfließe, nennt sie keinen spezifischen Verwendungszweck:

> **I:** „Und können Sie sagen, wo das gesparte Geld hingeht?"
> **Nadine Husemann:** „Ich weiß gar nicht, ob es irgendwohin fließt. Also wenn, dann fließt es in die allgemeinen Haushaltskosten rein."
> **I:** „Nicht für was Bestimmtes?"
> **Nadine Husemann:** „Nein wir sagen jetzt nicht jetzt haben wir die fünf Euro auf die Seite gelegt, jetzt machen wir mal was. Nene (lacht)." [n05_t2: 39-44]

Die Vorstellung, eine Ersparnis durch die Effizienzverbesserung genau auszurechnen, erscheint ihr beinahe absurd. Der gesparte Betrag ist ihr nicht bewusst und interessiert sie auch nicht, weil er für sie nicht ins Gewicht fällt. Damit scheint der Kostenfaktor insgesamt für Frau Husemann bei ihrer Autonutzung keine wichtige Rolle zu spielen.

Auch **Herr Beile (n21)** hat seine Effizienz deutlich verbessert (30 %) und seine Fahrleistung deutlich gesteigert, von 6.840 km p. a. auf hochgerechnet 9.818 km (44 %). Zum Zeitpunkt des t2-Interviews (Januar 2015, etwa 5,5 Monate nach Auslieferung des Fahrzeugs an ihn) hatte er bereits 4.500 km mit seinem neuen VW Golf zurückgelegt. Einerseits fährt er im Winter bei sehr schlechter Witterung/ Schnee auch gelegentlich eine Strecke mit dem Auto, die er sonst mit dem Fahrrad erledigen würde. Hauptsächlich sind diese Mehrkilometer jedoch durch zwei Besuchsfahrten zustande gekommen:

> **I:** „Und wie ist der aktuelle Kilometerstand von dem Auto jetzt ungefähr?"
> **Georg Beile:** „Viereinhalbtausend. Also *das kommt durch die zwei außergewöhnlichen Familienfeierfahrten.* Die haben das dann doch ziemlich belastet, wobei mich jetzt ein Freund nach Berlin eingeladen hat und ich weiß jetzt noch nicht, ob ich den Flieger nehm oder mit dem Auto. Aber das kommt auch auf die Witterungsverhältnisse an. Wenn's schlecht ist, nehm ich den Flieger. (…)"
> **I:** „Ich hatte beim letzten Mal aufgeschrieben, dass Sie mit dem alten Auto pro Jahr ungefähr 6.500 Kilometer durchschnittlich gefahren sind, gerechnet aus dem alten Kilometerstand und wie lange Sie es haben. Sieben bis acht Jahre hatten und 52.000 Kilometer. Dann wären Sie ja jetzt, wenn ich's mal zwei nehme bei 9.000."
> **Georg Beile:** „Ja ja klar, aber Sie müssen wirklich in Rechnung stellen, dass es durch diese außergewöhnlichen Familienfeiern kam. Die haben das so ein bisschen zu nem Ausreißer nach oben gestalten lassen und ein 50. Geburtstag wiederholt sich auch nicht alle."
> **I:** „Ne das soll auch kein Vorwurf sein. Das war nur ne Frage quasi."

**Georg Beile:** „Ich hab mich selber gefragt, wie dieser Kilometerstand zur Stande kommt, aber das sind wirklich diese Fahrten und wenn Sie das hochrechnen waren das 1800 Kilometer."

**I:** „Das schlägt dann so ganz schön rein, sozusagen in die Statistik?"

**Georg Beile:** „Und die abgezogen wäre ich bei meinem normalen Stand."

**I:** „Bei so längeren Fahrten, nach welchen Kriterien entscheiden Sie dann, also Sie haben grad gesagt Witterung, und gibt es da noch andere Kriterien nach denen Sie entscheiden, ob Flugzeug oder Bahn, Auto?"

**Georg Beile:** „Erreichbarkeit ist das eine und das zweite: wie ist denn die Autostrecke? Die nach Dornburg bzw. Merseburg, wo das stattgefunden hat an der Universität, die ist deshalb so gut, weil da ne neue Autobahn drangebaut wurde, die 71, die relativ wenig belastet ist also insofern ist es nicht der Stress, den Sie wenn Sie von Stuttgart nach Mannheim fahren auf der A6 erleben müssen, sondern das ist wirklich nur die relativ freie Autobahn dort und da gibt es einen Streckenabschnitt, wo man nach Dresden, dass ist kurz und danach geht es auf die Landstraße." [n19_t2: 67-78]

Herr Beile fühlt sich durch die Konfrontation mit seiner bisherigen Fahrleistung beinahe etwas angegriffen und rechtfertigt sich. Er macht deutlich, dass man die Besuchsfahrten von seiner Fahrleistung abziehen muss, weil sie außerplanmäßig stattfanden. Als Entscheidungskriterien seiner Verkehrsmittelwahl nennt er Erreichbarkeit und Autoreisekomfort, der für ihn von der Autobahnauslastung abhängt. Die Effizienz seines Autos scheint seine Entscheidungen nicht zu beeinflussen.

Er weiß, dass sein neues Auto energieeffizienter ist, nimmt aber keine spürbaren finanziellen Einsparungen war. „Das läuft mit, ohne irgendwie, jetzt, sonderliche Beachtung zu finden." [n21_t2: 52] Sein Haushaltseinkommen schätzt er auf 6.000 bis 7.000 Euro netto monatlich und da er auch bei den Kriterien der Verkehrsmittelwahl keinerlei finanzielle Aspekte nennt, scheinen die Kosten für ihn ein sehr nachgeordnetes Kriterium zu sein.

Er fuhr früher gerne Auto, sogar auch Motorrad, aber mittlerweile hat er ein relativ emotionsloses, pragmatisches Verhältnis zum Autofahren entwickelt.

**Georg Beile:** „Mir hat früher das Fahren in der Hohenlohe, da bin ich aufgewachsen, ist noch ein relativ verkehrsarmes Gebiet damals hat's mir noch Spaß gemacht, aber nö, inzwischen nicht mehr. Es ist wirklich ein Zweck irgendwohin zu wollen oder irgendwas transportieren zu wollen und als solches nehme ich es hin aber dass es jetzt irgendwie mit einer Selbststeigerung in irgendeiner Form verbunden wäre, ne ganz und gar nicht. Da ist das Radfahren, das ist wirklich Genuss." [n21_t1: 36]

Ein hedonistisches Fahrvergnügen empfindet Herr Beile also weniger im Auto als auf dem Fahrrad, mit dem er pro Jahr etwa 7.000 km zurücklegt, die sich aus einer starken Alltagsfahrradmobilität und sportlichen Freizeitfahrten mit dem Rennrad zusammensetzen.

Als letzter Fall der Rebound-Gruppe wird **Frau Linde (n18)** betrachtet, deren Leasingvertrag einen einjährigen Wechselturnus des Autos vorsieht. Sie hatte im t1-Interview bereits eine wachsende Fahrleistung vorausgesagt, da sie damals kurz vor einem Jobwechsel stand. Tatsächlich hat sich ihre Fahrleistung um 105 % erhöht. Frau Linde wollte die PS-Leistung ihres Autos deutlich erhöhen und hat die Gelegenheit genutzt, um von Benzin auf Diesel zu wechseln (15 % Verbrauchsenkung). Wegen der bald anfallenden längeren Pendelwege hat sie besonders auf den Spritverbrauch des Autos geachtet:

> **Sabrina Linde:** „Also ich hab mir bei allen Autos, die in Frage kommen könnten, schon die Durchschnittsverbräuche angeschaut. Also die Herstellerangabe. Ich weiß nicht, ob du das verfolgt hast in der Presse. Das war ja neulich erst in der Diskussion wie ehrlich die sind[45], aber ich hab sie mir angeschaut für dieses Auto *auch aufgrund der Jobsituation mir dann auch durchgerechnet, wie viel Kilometer fahr ich. Die Benziner sind von der Leasingrate geringer, klar, wie die Diesel und da rechnet man dann.*
>
> Und weil ich dann davon ausgeh, jetzt dann doch weitere Strecken zu fahren, war dann so die Effizienzfrage dann so im Raum. Wie gesagt, ich hab's dann auch durchgerechnet. Schön mit Exeltabelle.
>
> Und Umweltaspekt war, ich hab mir schon diese $CO_2$-Werte angeschaut, aber das war jetzt kein Kriterium für mich, dass ich sag: aufgrund der Umwelt entscheid ich mich jetzt für das Auto, weil das einen geringeren $CO_2$-Ausstoß hat." [n18_t1: 30]

Frau Linde hat keinerlei ökologische Motive, sondern sie überlegt ganz strategisch, mit welchem Auto sie, trotz der erhöhten Motorisierung, die längeren Pendelwege möglichst kostenschonend absolvieren kann. Bei Frau Linde ist es also nicht so, dass das effizientere Fahrzeug zu einer höheren Kilometerleistung führt, sondern dass sie wegen der antizipierten Fahrleistungszunahme explizit ein effizienteres Fahrzeug kaufen wollte.

### 6.2.3 Hemmende Faktoren auf Fahrleistungsrebound-Verhalten

Bei vier Personen (n03, n15, n19, n30) blieb die Fahrleistung unverändert, obwohl sich die Effizienz ihres Wagens verbesserte. Sie zeigen also kein Fahrleistungsrebound-Verhalten.

---

[45] das t1-Interview fand im Juni 2014 statt.

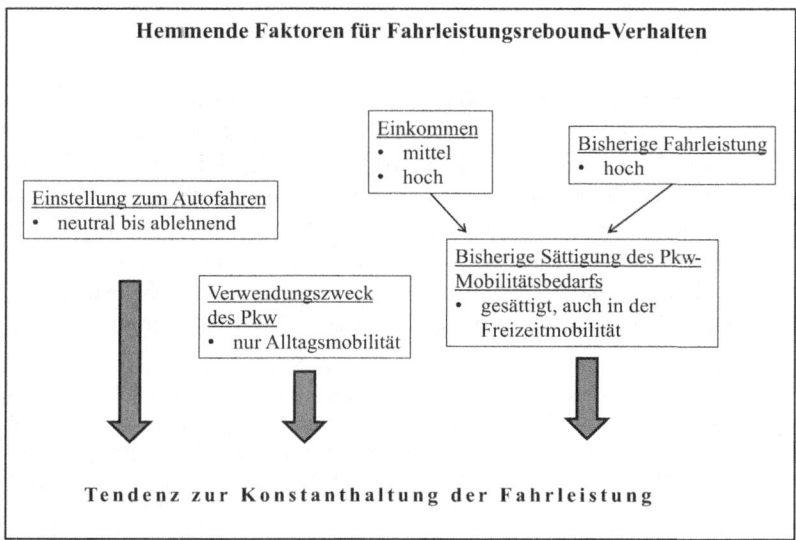

*Abbildung 6-10 Schaubild zu den hemmenden Faktoren auf Fahrleistungsrebound-Verhalten. Eigene Darstellung*

Betrachtet man diese Fälle ohne Fahrleistungsrebound-Verhalten in der Stichprobe, dann wird ein Fahrleistungsrebound-Verhalten von den folgenden Faktoren gehemmt (vgl. Abbildung 6-10): (1) hohes Haushaltseinkommen und/oder (2) hohe bisherige Fahrleistung (ab ca. 20.000 km p. a.), sodass der Pkw-Mobilitätsbedarf bereits gesättigt ist und weitere Mehrfahrten keinen Mehrnutzen bringen würden; (3) neutrale bis negative Einstellung der Fahrerin zum Autofahren als Tätigkeit, v. a. bei Langstrecken; (4) ausschließliche Nutzung des beobachteten Autos für die Alltagsmobilität. Dabei kann einer dieser Faktoren bereits hinreichend sein, um Rebound-Verhalten zu verhindern (durch die direkten grauen Pfeile dargestellt, s. Abbildung 6-10). Die entsprechenden Einflussfaktoren werden im Folgenden anhand der Fallbeispiele diskutiert.

**Fallbeschreibungen**

**Herr Baum (n15)** hatte mit seinem Dienstwagen schon bisher eine relativ hohe jährliche Fahrleistung (42.500 km p. a.) und fährt mit seinem neuen Auto genau so viel wie vorher. Er fährt grundsätzlich gern Auto, freut sich aber auch, wenn er in der Freizeit mal nicht Auto fahren muss und hat keinen ungesättigten Automobilitätsbedarf mehr. Deshalb bewirkt die Effizienzverbesserung von 15 % bei ihm keine Mehrnachfrage.

Eine relativ hohe, wenngleich privat bedingte Pkw-Mobilität hat auch **Herr Pohl (n03)** mit 30.000 km p. a., die sich seit dem Autokauf nicht weiter erhöht hat, obwohl er die Effizienz um 29 % verbessert hat. Seine hohe Fahrleistung kommt hauptsächlich durch eine Patchwork-Familiensituation (sein Sohn aus erster Ehe wohnt in Hamburg) zustande, die viele Autofahrten erfordert. Er fährt aber auch grundsätzlich sehr gerne und viel Auto. Seine Nutzungsweise des Autos hat sich nicht quantitativ, sondern qualitativ geändert. Der Grund dafür ist jedoch nicht die Effizienz, sondern der veränderte Typ des Automodells.

> **Manfred Pohl:** „Ja. Also dadurch, dass das Auto davor ein Cabrio war, geht es nicht mehr. Ich hab früher mit dem Cabrio, hab ich auch Fahrten einfach nur so gemacht. Also so wie andere Leute mit dem Fahrrad fahren bin ich mit dem Auto gefahren. Einfach so. Nicht von A nach B, sondern von A zurück nach A. Auf die Idee käme ich mit meinem neuen Auto nicht. Warum auch? Mit nem Kombi durch die Gegend zu fahren, das ist witzlos. Da haben wir aber schon Aspekt zwei: Dadurch, dass es nen Kombi ist, kann ich damit Sachen transportieren, die ich vorher nicht transportieren konnte." [n03_t2: 144]

Seine Nutzungsweise hat sich also von gelegentlichen Spazierfahrten aus purer Lust am Cabriofahren zu gelegentlichen Transportfahrten mit praktischem Charakter verändert. Die Frage, ob sich auch bei den längeren Fahrten etwas geändert habe, verneint er entschieden:

> **Manfred Pohl:** „Gar nicht. Ist genauso. *Wir fahren deswegen nicht häufiger mit dem Wagen nach Hamburg, nur weil er 'nen bisschen weniger Sprit verbraucht.* Meistens flieg ich. Und ab und zu mal, wenn wir meinen Sohn in Hamburg abholen, wir fahren dann in die Schweiz, fahren wir von hier nach Hamburg und fahren dann weiter in die Schweiz. Das machen wir mit meinem Auto." [n03_t2: 149]

Obwohl er recht genau weiß, wie viel er im Monat durch das neue Auto und seine um 29 % bessere Effizienz spart, verneint er, dass die Effizienz einen Einfluss auf seine Verkehrsmittelwahl und Fahrleistung habe. Er schätzt, dass er im Monat (unter Vollkostenrechnung) zwischen 120 und 150 Euro durch das neue Auto spart. Auf die Frage, was er mit dem eingesparten Geld mache, antwortet er: „ich hab dadurch mein Konsumverhalten nicht verändert." [n03_t2: 90]. Es scheint für Herrn Pohl eher eine Prinzipienfrage zu sein, die verschiedenen Kostenpunkte des Autos durchzurechnen und dabei das beste Kosten-Nutzen-Verhältnis herauszuholen. Nicht weil er es muss, sondern weil er es will.

**Frau Petzold (n30)** fuhr mit ihrem alten VW Passat etwa 10.000 km p.a. und tut dies auch weiterhin mit ihrem neuen Passat. Die Familie mit drei Kindern (7 bis 12 Jahre alt) wohnt im ländlichen Raum und hat noch einen Zweitwagen (VW T4), der für die Urlaubsfahrten mit der Familie genutzt wird. Da Frau Petzold ihren Passat bisher und auch weiterhin hauptsächlich für den täglichen Pendelweg zur Arbeit benutzt (ca. 25 km einfache Strecke), hat sich an ihrem Mobilitätsverhalten durch das neuere Modell nichts geändert, auch wenn sich die Effizienz um 29 % verbessert hat. Wenn sie fährt, dann fährt sie gern Auto. Sie vermeidet aber aus ökologischen Motiven Kurzstrecken mit dem Auto und ist mit ihren Kindern viel zu Fuß oder mit dem Fahrrad unterwegs.

Als letzten der vier Fälle mit einer konstanten Fahrleistung trotz Effizienzverbesserung möchte ich die Situation von **Herrn Orlow (n19)** genauer betrachten. Er hat die Effizienz seines Fahrzeugs um 28 % verbessert, fährt aber nicht mehr als vorher (17.000 km p. a.). Er berichtet, dass der jährliche Sommerurlaub mit der Familie einen großen Anteil an seiner Fahrleistung hat. Bei der Verkehrsmittelwahl für den Urlaub spielen jedoch andere Faktoren als die Fahrzeugeffizienz eine wichtige Rolle:

> **I:** „Und würdest du sagen, dass du mit dem neuen Auto mehr Fahrten oder weitere Fahrten machst?"
> **Peter Orlow:** „Nicht wesentlich. Vielleicht paar Mal Ausflüge gemacht zusätzlich, weil man das Auto ausprobieren will. Wie das so ist, aber das pendelt sich ein. *Diesen Sommerurlaub fahren wir nicht mit dem Auto, sondern fliegen wir, weil, nach Sizilien ist es mit dem Auto ziemlich weit und die Kinder, die rebellieren._* Also ich könnte es mir vorstellen, aber dann hatten wir den Flug gebucht. Das heißt in diesem Jahr werde ich weniger fahren als letztes Jahr, weil, der Sommerurlaub war immer ein größerer Block." [n19_t2: 85-86]

Herr Orlow fährt grundsätzlich gerne Auto und hat am Anfang mit dem neuen Auto ein paar zusätzliche Probefahrten gemacht, aber dann gab es weiterhin die üblichen Fahrten. Er rechnet für das kommende Jahr mit einer geringeren Fahrleistung, weil der große Sommerurlaub, der sonst traditionell mit dem Auto zum italienischen Festland ging, dieses Mal mit dem Flugzeug gemacht wird. Dabei scheinen Effizienzaspekte für ihn keine Rolle zu spielen, sondern die Vermeidung von Stress für seine Kinder hat oberste Priorität. Die Effizienz begeistert ihn zwar („Man hat [eine] bessere Motorisierung und verbraucht weniger Sprit!", n19_t2:14), sie scheint für seine Fahrleistung aber nicht relevant zu sein.

*6.2.4    Weitere Einflussfaktoren auf die Fahrleistung*

Im Folgenden betrachte ich die verbleibenden zehn Personen, die keines der beiden oben diskutierten Muster zeigen, und erörtere von welchen Faktoren ihre Fahrleistung beeinflusst wird.

Bei drei Personen (n07, n11, n32) in meiner Stichprobe hat sich die Fahrleistung verringert. In allen drei Fällen kam dies durch eine Verringerung des beruflichen Mobilitätsbedarfs zustande. Die verringerte Fahrleistung des Autos im Haushalt von Frau Veil (n11) ergibt sich durch einen geringeren beruflichen Mobilitätsbedarf ihres Ehemanns, während ihr eigenes Fahrverhalten gleich blieb (n11_t2: 42). Ihre hohe Umweltschutzmotivation und die Tatsache, dass sie nur relativ ungern Auto fährt, wirken zusätzlich hemmend auf ihre Fahrleistung. Herr Kies (n07) und Frau Bilgin (n32) wechselten von einem Dienstwagen zu einem Privatwagen. Ihr beruflicher Mobilitätsbedarf verringerte sich jeweils schlagartig durch den Ruhestand (Herr Kies) bzw. den Arbeitsplatzverlust (Frau Bilgin).

Bei zwei Fällen (n10, n12) blieben sowohl die Fahrleistung als auch die Effizienz (trotz Verjüngung des Fahrzeugs) konstant. Herr Costard (n10) fuhr seinen Dienstwagen bisher bereits 26.000 km pro Jahr und musste sich weder mit dem bisherigen Mercedes GLK, noch mit dem neuen Mercedes E-Coupé 400 einschränken. Zum Autofahren hat er ein sehr pragmatisches Verhältnis. Es ist für ihn eine funktionale Tätigkeit, wie ein Arbeitsvorgang: „es ist so wie ich am Schreibtisch sitze, oder Zug fahre." (n10_t1: 118). Er ist nicht auf das Autofahren fixiert, sonden für jedes Verkehrsmittel offen: „wenn ich beamen könnte dann würde ich wahrscheinlich auch ab und zu mal beamen" (n10_t1: 118).

**Frau Dolge (n12)** hatte bisher mit ihrem VW Golf (7,5 l Benzin/100 km) eine ungefähre Jahresfahrleistung von 10.000 km pro Jahr. Mit dem neuen Ford Fiesta (6,9 l Benzin/100 km) bleibt die Fahrleistung konstant, während sich der Effizienzgrad leicht verbessert (8 %). Spielt diese leichte Effizienzverbesserung für Frau Dolge eine Rolle in ihren Mobilitätsentscheidungen? Es zeigt sich, dass sie subjektiv das Gefühl hat, der Fiesta verbrauche weniger:

> **I:** „Und wie ist es mit dem Verbrauch?"
> **Helga Dolge:** „Das haben Sie mich schon das letzte Mal gefragt?"
> **I:** „Ja genau."
> **Helga Dolge:** „Das weiß ich ehrlich gesagt nicht. Ich hab's immer noch nicht gemessen. Vom Gefühl merk ich aber: für diesen Golf, der für sein Gewicht zu wenig PS hatte und ganz schön geschluckt hatte - also ich verbrauch im Vergleich zu ihm weniger. Aber wie viel weiß ich wirklich nicht. Ich fahr ja auch nicht so arg viel und die

Benzinpreise sind ziemlich unten. Also insofern ist es für mich nicht relevant, ob ich jetzt im Monat fünf Euro mehr für Sprit verbrauch oder nicht." [n12_t2: 5-8]

Sie schätzt ihre monatlichen Spritkosten also subjektiv geringer ein. Diese gefühlte Einsparung sei aber letztlich nicht entscheidend für sie, weil sie eh nicht so viel fahre. Somit hat sich zwar der (gefühlte) Effizienzgrad verbessert, er führt aber bei Frau Dolge nicht zu einer Mehrnachfrage. Sie fährt gerne Auto, aber am liebsten im Nahbereich und in der Stadt. Strecken über 100 km fährt sie ungern selbst mit dem Auto.

Desweiteren gibt es drei Fälle (n04, n13, n17) in der Stichprobe, bei denen die Effizienz zwar konstant geblieben, die Fahrleistung aber gestiegen ist. **Herr Albrecht (n17)** führt seine höhere Kilometerleistung auf einige Bahnstreiks zurück, die ihn dazu zwangen mehrere Fahrten mit dem Auto zu machen. Außerdem hat er ein paar spontane Urlaubsfahrten mit seinem Porsche 911 statt mit dem Flugzeug oder Zug gemacht. Damit sind die 50 % höhere Jahresfahrleistung (von 10.000 auf 15.000 km) des Porsches zu erklären:

> **I:** „Und haben Sie diese Reisen vorher mit der C-Klasse gemacht, mit dem Vernunftauto oder wie kommt das?"
> **Alexander Albrecht:** „Nee, es war ne andere, weiß ich nicht. Es war einfach ungeplant. Die Urlaubsreise nach Italien war mal was anderes, statt fliegen, oder Zug fahren nach Sylt beispielsweise, kann ich auch mi'm Auto fahren. Nach Italien haben wir eigentlich Lust über die Alpenpässe zu fahren. Dafür bietet es sich ja an. Die Termine in Frankfurt habe ich sonst per Zug gemacht, aber da war Bahnstreik. Und München genau das gleiche." [n17_t2: 59-60]

Durch geringere Kilometerkosten kann die höhere Fahrleistung nicht zustande gekommen sein, da Herr Albrecht mit seinem neuen Porsche monatlich etwa 100 Euro mehr Kosten hat als früher: „die hohe Leistung trotz Fahrweise fordert mehr Verschleiß an den Reifen. Der Spritverbrauch ist geringer. Die Jahreswartung ist etwas teurer. Und so in der Mischung sind es ungefähr 100 Euro, die die Sache mehr kostet." [n17_t2: 40]. Insgesamt sagt er selbst, dass er das neue Modell „ganz genau gleich" nutze wie das vorherige [n17_t2: 48]. Herr Albrecht fährt zwar sehr gerne mit seinem Porsche, er fährt aber nicht so oft er kann und unter allen Umständen Auto:

> **Alexander Albrecht:** „Ich bin da ganz ambivalent, Auto fahren per se macht ja keinen Spaß. Also mir nicht. Also wenn ich von A nach B muss (Pause) das ist ja eigentlich lästig, das ist tote Zeit. Wenn ich weiter weg muss, versuch ich zum Beispiel grundsätzlich mit dem Zug zu fahren oder zu fliegen. (…) Ich käm im Leben nicht auf die Idee mit dem Auto nach Köln zu fahren. Das nervt ja wahnsinnig. Also Verkehr in Deutschland ist ja sowas von zu. Also macht mir keinen Spaß. *Also das Fahren-*

*Müssen empfind ich als extrem enervierend. Das Fahren-Wollen, also Serpentinen am
Gardasee, Lust. Sonne. Dach offen. Dahingleiten: Super."* [n17_t1: 186]

Seine Verkehrsmittelwahl macht Herr Albrecht also vom Reisekomfort abhängig. Wenn das Risiko für Stau und zähes Vorankommen besteht, dann möchte er
nicht im Auto sitzen müssen, sondern die Zeit lieber sinnvoll nutzen können.
Insofern zeigt Herr Albrecht eigentlich die für den Rebound typische Zunahme
der Freizeitmobilität (neben den vom Bahnstreik verursachten Fahrten). Die
Effizienz des Fahrzeugs scheint in der Nutzungsphase (im Gegensatz zu seiner
Kaufentscheidung) jedoch kein relevantes Entscheidungskriterium für ihn zu
sein.

**Herr Sollke (n13)** hat seine Fahrleistung leicht erhöht, von 20.000 auf
22.400 km (12 %), bei gleichbleibender Effizienz. Er berichtet aber, dass er das
neue Auto genauso benutzt wie das vorherige und sich an seiner Alltagsmobilität
nichts geändert hat. Die laufenden Kosten sind wegen höherer Steuer, Versicherung und Reifenkosten etwas gestiegen. Die etwas mehr als 2.000 km mehr mit
dem neuen Auto sind Herrn Sollke nicht bewusst und er hat selbst keine spezifische Erklärung dafür. Er ist Rentner, hat ein sehr gutes Auskommen und viel
freie Zeit zur Verfügung. Auf die Frage, ob sich denn an seiner Lebenssituation
etwas geändert habe, antwortet er: „Ich hab 'nen Porsche gekauft und 'ne neue
Couchgarnitur und bin grad auf der Suche nach 'ner Uhr für hierhin, nach 'ner
antiken. Sonst hat sich nichts verändert." [n13_t2: 100]. Herr Sollke ist also recht
materialistisch orientiert und schränkt sich weder aus Kosten- noch aus Umweltgründen in seiner Automobilität ein.

**Bernd Walter (n04)** fuhr bisher mit seinem alten Peugeot 206 (6,8 l Ben-
zin/100 km) ca. 7.300 km pro Jahr und kommt mit seinem neuen Ford Fiesta (6,7
l Benzin/100 km) nun auf eine geschätzte Jahresfahrleistung von 9.400 km (ein
Plus von 29 %). An seiner Lebenssituation hat sich nichts geändert und es sind
auch keine neuen Fahrten notwendig geworden, berichtet er. Ihm ist der konkrete
Effizienzgrad seines Autos nicht bewusst. Er hat aber subjektiv das Gefühl, dass
die Effizienz ganz gut sei.

> **I:** „Wie zufrieden bist du denn jetzt mit der Effizienz des Autos so in der Praxis?"
> **Bernd Walter:** „Effizienz, auf Spritverbrauch bezogen oder?"
> **I:** „Zum Beispiel."
> **Bernd Walter:** „Ja, bin ich eigentlich auch zufrieden, muss ich sagen."
> **I:** „Ist das so wie du das erwartet hattest?"
> Bernd Walter: „Ja."
> **I:** „Und was ist der Verbrauch so ungefähr? Ob jetzt im Durchschnitt, oder so von-
> bis?"

**Bernd Walter:** „Kann ich jetzt gar nicht so sagen. Da hätt ich mir glaub ich noch die technischen Daten vorher anschauen müssen, weil, so im Hinterkopf hab ich das gar nicht."

**I:** „Ist das für dich so, ein wichtiger Punkt?"

**Bernd Walter:** „Dass es einigermaßen sparsam ist, schon so. So aus Ökologiegründen und auch für den eigenen Geldbeutel, hab ich schon den Eindruck, dass es nicht so viel verbraucht, auch wenn ich die Daten jetzt nicht im Kopf habe. Dass ich jetzt merke, dass ich jetzt nicht ständig zur Tankstelle fahren muss und neu tanken muss. Dass es schon noch in Ordnung ist und vertretbar ist." [n04_t2: 19-28]

Herr Walter kann nicht genau benennen, wie viel sein Auto verbraucht, hat aber den Eindruck dass die Effizienz sowohl umweltschonend als auch kostensparend sei. Die Nennung der Umweltvorteile wirkt hier wie eine Postrationalisierung. Es überrascht nicht, dass er auch auf die Frage nach einer Veränderung seiner Spritkosten eher mit einer heuristischen Einschätzung antwortet:

**I:** „Haben sich die Spritkosten verändert im Gegensatz zu dem alten Auto?"

**Bernd Walter:** „Also generell ist das Benzin grad recht billig und viel günstiger geworden, in Relation. Also durch den Verbrauch, der ist annähernd gleich bzw. etwas weniger in dem Neuen. Weil, der Peugeot war ja schon einige Jahre alt, den ich davor gefahren hab. Ich denk schon, dass es weniger Verbrauch dadurch ist. Und dadurch, dass das Benzin grad relativ günstig ist, für Super ist ja grad unter 1,30. Da ist es dann weniger, was ich an Spritkosten hab, als früher." [n04_t2: 45-46]

Zuerst schildert Herr Walter, dass der Verbrauch annähernd gleich ist[46], korrigiert sich dann jedoch selbst mit der Vermutung, dass das neuere Modell wahrscheinlich etwas weniger Sprit verbraucht. Was er aber sicher weiß, ist, dass der Benzinpreis gerade relativ gering ist. Deshalb schlussfolgert er, dass er also insgesamt weniger Spritkosten hat. Es wäre also denkbar, dass sich aufgrund der subjektiv als besser eingeschätzten Effizienz ein paar Mehrfahrten eingeschlichen haben. Ganz unmittelbare Anhaltspunkte auf einen solchen Prozess finden sich in seinen Interviewaussagen jedoch nicht.

Zuletzt möchte ich noch die zwei Fälle besprechen, die ihre Fahrleistung erhöht haben, obwohl sich die Effizienz ihres Autos verschlechtert hat (n06, n24). Bei **Frau Radke (n24)** haben sich gleich mehrere wichtige Aspekte ihrer Lebenssituation geändert: Sie ist von Frankfurt nach Freiburg gezogen und hat einen neuen Job als Geschäftsführerin im Familienunternehmen begonnen und dabei den Privatwagen gegen einen Dienstwagen eingetauscht. Der Verbrauch des neuen Dacia Sandero Stepway ist zwar um 27 % höher als der ihres bisheri-

---

[46]  Diese Einschätzung deckt sich mit den Verbrauchsdaten auf Spritmonitor.de entspricht

gen Toyota Yaris, ihre Fahrleistung sank jedoch nicht, sondern stieg sehr stark an, von 7.500 auf 17.250 km (130 %). Neben den neuen dienstlichen Langstrecken kam, wie sie im t2-Interview berichtet, außerdem bald noch eine Fernbeziehung mit entsprechendem Pkw-Mobilitätsbedarf hinzu. Somit sind veränderte Lebensumstände und der Wechsel zum Dienstwagen hier die Treiber der Fahrleistungssteigerung.

Im Vergleich dazu gab es bei **Herrn Mühlenkamp (n06)** nur eine geringe Steigerung der Jahresfahrleistung, um 14 % von 14.000 km auf 16.000 km, während sich der Verbrauch durch den Wechsel von Diesel auf Benzin und zu einem etwas größeren Modell um 26 % erhöhte. Dies hatte Herr Mühlenkamp beim t1-Interview bereits so erwartet und einen leichten Anstieg der familienbedingten Fahrten vorhergesagt. Er und seine Frau haben zwei Jahre alte Zwillinge und machen mit dem Auto Ausflugsfahrten als Familie, v. a. innerhalb Deutschlands, und Alltagsfahrten zur Arbeit, zum Kindergarten oder zum Einkaufen. Ein veränderter Effizienzgrad ist dabei für Herrn Mühlenkamp nicht entscheidend, wenn er eine Fahrt plant: „entweder braucht man das Auto oder man braucht es nicht." (n06_t2: 58).

### 6.2.5    Zusammenfassung der Ergebnisse zum Fahrleistungsrebound-Verhalten

Die deskriptive Auswertung zeigt, dass lediglich bei fünf von 19 betrachteten Personen ein Fahrleistungsrebound-Verhalten vorliegt. Vier weitere Personen verbessern ihre Effizienz, halten ihre Fahrleistung aber konstant. Bei den zehn verbleibenden Fällen liegt keine Effizienzverbesserung vor, aber die Nachfrage ändert sich zum Teil.

Die genauere Betrachtung der fünf Personen mit einem Fahrleistungsrebound-Verhalten ergibt, dass diese nicht zu einer homogenen Gruppe zusammengefasst werden können. Vielmehr zeigt der systematische Fallvergleich, dass sich fördernde und hemmende Faktoren für Fahrleistungsrebound-Verhalten herausarbeiten lassen.

Folgende fünf Faktoren wirken fördernd: (1) eine spürbare technische Effizienzverbesserung (ab 10 % Verbesserung) des Fahrzeugs, (2) ein subjektiver Frame von Effizienz als instrumentelle Kostenersparnis, (3) ein niedriges Haushaltseinkommen, (4) ein bisher ungesättigter Pkw-Mobilitätsbedarf, v. a. in der Freizeitmobilität, und (5) eine positiv-hedonistische Einstellung der Fahrerin zum Autofahren als Tätigkeit („gerne Auto fahren"). Dabei ist keiner dieser Faktoren alleine hinreichend, vielmehr müssen alle fünf Faktoren gleichzeitig bei einer Person vorliegen, damit es zu Fahrleistungsrebound-Verhalten kommt. Dieses vollzieht sich dann wiederum hauptsächlich in der Freizeitmobilität, also außerhalb eingefahrener Verhaltensmuster des Alltags.

Dabei haben die Personen mit einer gestiegenen Fahrleistung die Tendenz, die Kilometerleistung der Freizeitfahrten zu verdrängen. Mehrmals wurde mir im Interview erläutert, man müsse oder könnte diese Kilometer „rausrechnen", „wegrechnen" oder „abziehen" und dann käme man ja wieder auf die bisherige Jahresfahrleistung. Als Begründung wurde genannt, dass diese Fahrten schließlich nicht jedes Jahr, sondern außerplanmäßig oder unregelmäßig stattfinden.

Die vier Personen, deren Fahrleistung trotz Effizienzverbesserung konstant blieb, haben keinen ungesättigten Mobilitätsbedarf mehr, was als hemmender Faktor auf Fahrleistungsrebound-Verhalten wirkt. Dies kann entweder durch ein hohes Einkommen oder eine hohe bisherige Fahrleistung mit einem bereits vorhandenen Dienstwagen bedingt sein. Eine noch stärkere Autonutzung bietet dann keinen zusätzlichen Mehrwert für die Person. In ähnlicher Weise fungiert eine allgemein ablehnend-distanzierte oder neutrale Einstellung zum Autofahren als Tätigkeit als hemmender Faktor, weil Mehrfahrten hier ebenfalls nicht mit einer Zunahme an Vergnügen oder Nutzen verbunden sind. Wenn das Auto hauptsächlich für die alltäglichen Pendelwege zur Arbeit und nicht für die Freizeitmobilität genutzt wird, wirkt dies ebenfalls einem Fahrleistungsrebound-Verhalten entgegen[47], v. a. wenn es für die Urlaubsfahrten ein speziell dafür vorgesehenes Fahrzeug im Haushalt gibt.

In der Gesamtbetrachtung der verbliebenen zehn Fälle zeigt sich, dass eine Veränderung des beruflichen Mobilitätsbedarfs einer der größten und eindeutigsten Einflussfaktoren auf die Fahrleistung ist. Der Faktor Effizienz spielt für die meisten der hier betrachteten Fälle eine untergeordnete Rolle, wenn es um die Nutzungsentscheidung und Verkehrsmittelwahl geht. Es zeigt sich auch kein negatives Fahrleistungsrebound-Verhalten, in dem Sinne, dass die Personen mit einer Effizienz*verschlechterung* nun deshalb *weniger* fahren würden. Die subjektive Einschätzung der Effizienzveränderung ist teilweise recht diffus und ungenau. Dieser „gefühlte Effizienzwert" ist dabei tendenziell eine Überschätzung der tatsächlich erfolgten Effizienzverbesserung. Dementsprechend ungenau ist oftmals auch die Abschätzung der durch die Effizienzverbesserung möglicherweise erfolgten Einsparungen. Außerdem zeigt sich erneut, dass eine pragmatisch-

---

[47] Diese Aussage beschränkt sich natürlich nur auf das empirisch beobachtbare, direkte Fahrleistungsrebound-Verhalten mit demjenigen Auto, das in der Erhebung berücksichtigt wurde.

neutrale Einstellung zum Autofahren oder gar eine Abneigung gegenüber Lang-
streckenfahrten einen hemmenden Einfluss auf Fahrleistungssteigerungen hat.

Der Wechsel von einem Privatwagen auf einen Dienstwagen macht eine
Erhöhung der Fahrleistung sehr wahrscheinlich. Dieses Phänomen geschieht
jedoch recht unabhängig vom jeweiligen Effizienzgrad und fällt daher m. E.
nicht in den Bereich des Rebound-Verhaltens.

## 6.3    Fahrstilrebound-Verhalten

### 6.3.1    Deskriptive Ergebnisse zum Fahrstilrebound-Verhalten

Der Fokus der Auswertung lag auf der Frage, ob sich Änderungen des Fahrstils
in Abhängigkeit von Effizienzänderungen beobachten lassen. In einem ersten
Schritt habe ich dazu die Selbstbeschreibungen des Fahrstils kategorisiert. Diese
Kategorisierung erfolgte überwiegend induktiv aus dem Interviewmaterial heraus, orientierte sich aber auch an der Frage, inwieweit der jeweilige Fahrstil
energiesparende Verhaltensweisen aufweist. Eine Übersicht der vier Fahrstilkategorien *Energiesparend*, *Defensiv*, *Zügig*, *Sportlich* ist in Tabelle 6-3 dargestellt.

*Tabelle 6-3 Vier Fahrstilkategorien. Eigene Darstellung.*

| Fahrstilkategorie | Beschreibung |
|---|---|
| Energiesparend | Die Person achtet auf den Spritverbrauch und wendet energiespa-rende Fahrstrategien gewohnheitsmäßig und in den meisten Situa-tionen an. |
| Defensiv | Die Person fährt regelkonform, sicherheitsorientiert und mit ge-mäßigter Geschwindigkeit. Sie achtet dabei eher nicht auf den Spritverbrauch. |
| Zügig | Die Person möchte v. a. schnell vorankommen. Sie achtet nicht auf den Spritverbrauch. |
| Sportlich | Die Person empfindet hedonistisches Vergnügen beim schnellen und dynamischen Fahren. Sie ignoriert den Spritverbrauch größ-tenteils. |

Wenn es zu einem Fahrstilrebound-Verhalten kommt, würde dies bedeute-
ten, dass die Fahrerin mit ihrem effizienteren Auto energieintensiver fährt als mit
ihrem vorherigen Auto. Die Ergebnisse zeigen keinen klaren Trend zu einem

Fahrstil-Rebound-Verhalten in der vorliegenden Stichprobe (n= 22). Eine systematische Übersicht[48] der betrachteten Fälle mit den Effizienzveränderungen, Fahrstiländerungen und zusammengefassten Selbstaussagen zum Fahrstil ist im Anhang enthalten.

Von den elf Personen, deren neues Auto eine verbesserte Effizienz aufweist, zeigen lediglich zwei Personen (n18, n19) einen energieintensiveren Fahrstil, den sie selbst jedoch auf die höhere Motorleistung (PS) und nicht auf die Effizienzverbesserung zurückführen. Bei weiteren fünf Fällen bleibt der Fahrstil konstant.

Bei vier Personen zeigt sich nach der Effizienzverbesserung eine Verstärkung des energiesparenden Fahrstils, auch wenn diese teilweise durch eine verringerte Motorleistung und eine neue Momentanverbrauchsanzeige stimuliert wurde und somit nicht unbedingt durch die Effizienz bedingt sein muss. Die andere Hälfte der Personen weist keine Verbesserung der Effizienz, sondern eine Konstanz oder Verschlechterung auf. Hier zeigen sich überwiegend keine Änderungen im Fahrstil und wenn doch, dann weisen diese eher in eine energieintensivere Richtung. Das schnellere Fahren ist dabei auf die höhere Motorleistung zurückzuführen.

### 6.3.2 Einflussfaktoren auf Fahrstilrebound-Verhalten und weitere Änderungen des Fahrstils

Die Goal-Frame-Kategorien der Kaufentscheidung dienten als grobe Hintergrundfolie für die Auswertung der motivationalen Aussagen zum Fahrstil. Dabei zeigte sich schnell, dass die Goal-Frames des Fahrstils nicht nur zwischen den Personen sondern auch innerhalb einer Person in Abhängigkeit von der jeweiligen Fahr-Situation stark variieren. Welche situativen, technischen und motivationalen Faktoren auf den Fahrstil einwirken und wie sie den Fahrstil möglicherweise verändern, wird in den folgenden Abschnitten anhand von grafischen Darstellungen und Fallbeispielen erläutert.

---

[48] Da ich die Fahrstile über die subjektiven Selbsteinschätzungen der befragten Personen (n= 22) erheben musste und keine unabhängigen Beobachtungsdaten dazu habe, verzichte ich hier auf die Darstellung der deskriptiven Ergebnisse in Form einer Quantifizierung oder eines Achsenkreuzes.

Der Fahrstil mit Pkw2 wird von der vorhandenen Fahrstil-Gewohnheit mit Pkw1, den technischen Fahrzeugeigenschaften von Pkw2, sowie situativen Faktoren und den damit verknüpften Goal-Frames des Autofahrens beeinflusst. Diese Faktoren und ihre möglichen Ausprägungen zeigt Abbildung 6-11. Dieses Schaubild basiert auf der Auswertung des Interviewmaterials und referiert als Ausgangssituation auf die im vorherigen Abschnitt vorgestellten vier Kategorien von Fahrstilen. Das Schaubild illustriert, dass die technische Effizienz (und ihre eventuelle Veränderung) nur einer von mehreren Einflussfaktoren auf den Fahrstil ist.

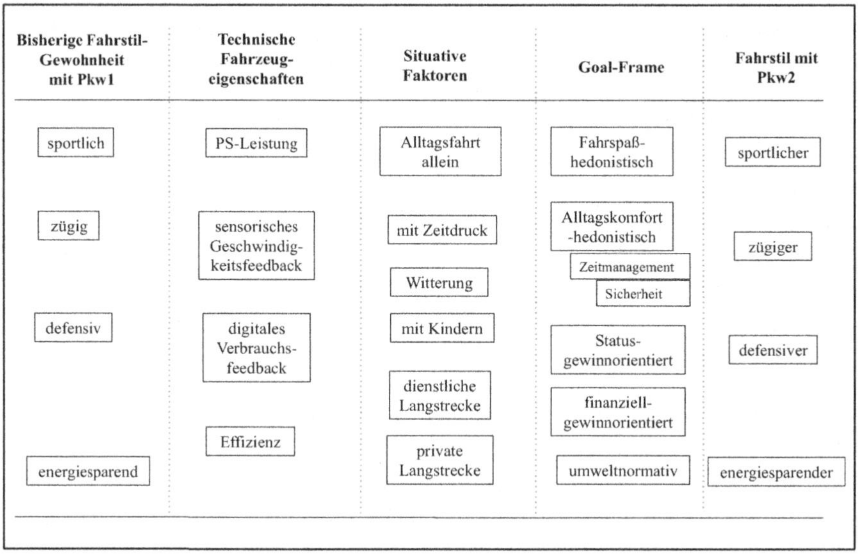

| Bisherige Fahrstil-Gewohnheit mit Pkw1 | Technische Fahrzeugeigenschaften | Situative Faktoren | Goal-Frame | Fahrstil mit Pkw2 |
|---|---|---|---|---|
| sportlich | PS-Leistung | Alltagsfahrt allein | Fahrspaß-hedonistisch | sportlicher |
| zügig | sensorisches Geschwindigkeitsfeedback | mit Zeitdruck | Alltagskomfort-hedonistisch | zügiger |
|  |  | Witterung | Zeitmanagement |  |
|  |  |  | Sicherheit |  |
| defensiv | digitales Verbrauchsfeedback | mit Kindern | Status-gewinnorientiert | defensiver |
|  |  | dienstliche Langstrecke | finanziell-gewinnorientiert |  |
| energiesparend | Effizienz | private Langstrecke | umweltnormativ | energiesparender |

*Abbildung 6-11 Schaubild zu Einflussfaktoren auf den Fahrstil und seine mögliche Veränderung. Eigene Darstellung.*

Die technischen Faktoren PS-Leistung und sensorisches Geschwindigkeitsfeedback bewirken tendenziell eine Energieintensivierung des Fahrstils –sofern diese Faktoren sich in Richtung Geschwindigkeitssteigerung verändern, also die PS-Leistung *steigt* und das sensorische Geschwindigkeitsfeedback (z. B. durch eine bessere Innenraumschallisolierung[49]) für die Fahrerin *abnimmt*. Die Einführung oder Verbesserung einer digitalen Momentanverbrauchsanzeige bewirkt dagegen eher eine Änderung in Richtung eines energiesparenderen Fahrstils.

Die situativen Faktoren im Schaubild spiegeln v. a. das situative Zeitbudget, die Art der Passagiere, den Wegezweck und das Streckenprofil wider. Bei diesen Faktoren sind noch weitere Ausprägungen als die im Schaubild erwähnten denkbar. Die besonders relevanten Faktoren werden bei den illustrierenden Fallbeispielen besprochen (s. u.).

Die Goal-Frames beziehen sich hier auf den Fahrstil und sind zunächst an die Goal-Frames, die im Kontext der Autokaufentscheidung spezifiziert wurden (vgl. Kap. 6.1.2), angelehnt. Hier zeigten sich während des Auswertungsprozesses noch zwei zusätzliche Subkategorien des Alltagskomfort-hedonistischen Goal-Frames: *Sicherheit* und *Zeitmanagement*. Wenn eine Person auf das Zeitmanagement fokussiert ist, hat sie keine Kapazitäten mehr, sich noch über den Spritverbrauch Gedanken zu machen. Wenn die Fahrerin auf die Sicherheit fokussiert ist, dann kann dies v. a. auf Langstrecken durchaus zu einer eher spritsparenden Fahrweise führen, weil sie die Geschwindigkeit begrenzt. Im Stadtverkehr kann das Sicherheitsziel aber aufgrund des hohen Verkehrsaufkommens und der komplexeren Aufmerksamkeitsanforderungen so dominant werden, dass energiesparende Fahrstrategien ganz in den Hintergrund rücken.

Der finanziell-gewinnorientierte und der umweltnormative Goal-Frame fördern beide eine spritsparende Fahrweise, wenn auch aus unterschiedlichen Motiven (eigenen Geldbeutel schonen vs. Umwelt schonen). Der Statusgewinnorientierte Goal-Frame kann je nach sozialer Bezugsgruppe und sozialer Norm fördernd oder hemmend auf spritsparendes Fahren einwirken (s. u.). Ein Fahrspaß-hedonistischer Goal-Frame führt meist zu einer expliziten Verdrängung von Spritsparzielen.

Im Folgenden werden spezifische, empirisch vorgefundene Konfigurationen dieser allgemeineren Faktoren anhand von Fallbeispielen vorgestellt, die die Mechanismen des Zusammenwirkens illustrieren sollen. Zu Beginn rücken dabei die zwei Fälle in den Fokus, die ein Fahrstilrebound-Verhalten zeigen.

---

[49] Mehrere Personen beschreiben, dass sie mit dem neuen Auto aufgrund besserer Schallisolierung nicht mehr so recht merken wie schnell sie schon fahren.

**Fallbeschreibungen**

Die beiden Personen, die ein Fahrstil-Rebound-Verhalten zeigen (n18, n19), haben gleichzeitig die Effizienz ihres Pkw verbessert und seine Motorisierung erhöht. Mit ihrem neuen Auto fahren sie nun, v. a. bei Alltagsfahrten ohne ihre Kinder, noch etwas sportlicher als vorher (s. Abbildung 6-12). Doch welche Rolle spielt hierbei der Faktor der Effizienzverbesserung?

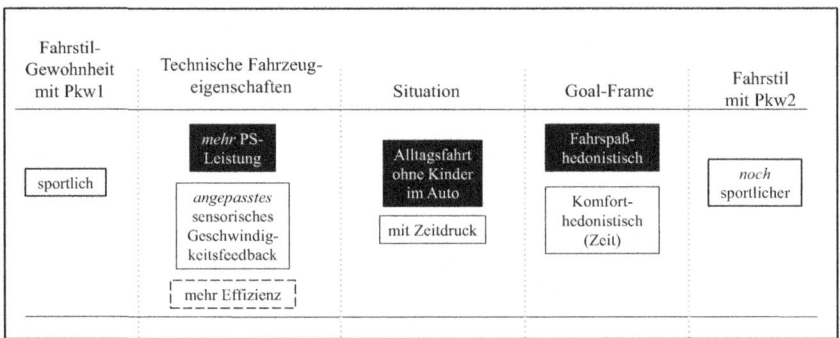

*Abbildung 6-12 Schematische Darstellung der wichtigsten Einflussfaktoren auf die Änderung des Fahrstils bei den Fällen mit Fahrstil-Rebound-Verhalten (n18, n19). Eigene Darstellung.*

*Anmerkungen: Die schwarz hinterlegten Felder stehen für die wichtigsten Einflussfaktoren. Das gestrichelt umrandete Feld „mehr Effizienz" stellt dar, dass hier zwar eine technische Effizienzverbesserung erfolgt ist, diese aber keinen Einfluss auf den Fahrstil mit Pkw2 hat.*

**Frau Linde (n18)** berichtet im t2-Interview, dass sie mit ihrem neuen VW Golf (Bj. 2014, 5,5 l Diesel, 150 PS) etwas schneller fährt als mit ihrem bisherigen VW Golf (Bj. 2013, 6,5 l Benzin, 85 PS). Dies ist jedoch insofern nicht überraschend, als dass sie das neue Auto gezielt höher motorisieren wollte als ihr bisheriges, mit dem sie nicht ganz so sportlich-dynamisch fahren konnte wie sie das gerne möchte.

Dass Frau Linde schon mit ihrem bisherigen Auto gerne schnell fuhr und der Effizienzgrad dabei kein einschränkender Faktor für sie war, zeigt sich bereits im t1-Interview:

**I:** „Und wenn die Straße [Autobahn] frei ist, was fährst du dann gerne?"
**Sabrina Linde:** „Jetzt aktuell? 160/180."
**I:** „Und spielt dann an der Stelle der Spritverbrauch eine Rolle?"

**Sabrina Linde:** „Nee. In dem Moment nicht. (lacht) Nee, dann dürfte ich nicht 180 fahren, wenn's so wäre." [n18_t1: 120-123]

Sie weiß also, dass hohe Geschwindigkeiten mit einem hohen Spritverbrauch einhergehen, hat aber keine Motivation, sich deshalb in ihrer Fahrweise einzuschränken, sondern fährt in einem Fahrspaß-hedonistischen Goal-Frame. Der geschwindigkeitsbegrenzende Faktor ist für sie eher die Verantwortung für ihre Familie (Sicherheitsziel), während ökologische Bedenken für sie keine Rolle spielen. Wenn sie alleine fährt, dann nutzt sie die höhere Motorleistung zum schnellen Fahren. Mit 180 bis 200 km/h zeigt sich mit Pkw2 eine leichte Tendenz zu höherer Geschwindigkeit im Vergleich zu vorher. Da sich Frau Linde in ihrer Fahrweise auch bisher wenig an dem Kriterium der Spritsparsamkeit orientiert hat und bereits relativ schnell fuhr, ist die Effizienz hier kein erkennbarer Einflussfaktor für den Fahrstil.

**Herr Orlow (n19)** hat ebenfalls die Effizienz seines Autos verbessert und gleichzeitig die PS-Zahl erhöht, indem er von einem 3er BMW Kombi (Bj. 2005, 9 l Benzin/LPG, 115 PS) auf einen Mazda Cx5 (Bj. 2014, 6,5 l Diesel, 150 PS) gewechselt ist. Mit dem neuen Auto ist sein Fahrstil noch etwas dynamischer geworden, was er auf die technischen Eigenschaften des Autos zurückführt:

**I:** „Was ist denn so deine Lieblingsgeschwindigkeit mit dem Auto auf der Autobahn?"
**Peter Orlow:** „160. Auf der freien Autobahn auch gern mehr. Je nach Faktor: mit Familie, oder Straße nass."
**I:** „Und so insgesamt dein Fahrstil mit dem Auto jetzt, wie würdest du den beschreiben?"
**Peter Orlow:** „Ich würde den immer noch als sportlich bezeichnen. Vielleicht noch etwas sportlicher. *Der Wagen ist sportlicher als der BMW, den ich hatte, und ich glaub, ich nutz das auch.* Ich geb auch Gas in gewissen Situationen." [n19_t2: 51-54]

Die jeweilige Witterung und die Verantwortung für seine Insassen sind für Herrn Orlow geschwindigkeitsbegrenzende Faktoren (Sicherheitsziel). Grundsätzlich fährt er aber gerne schnell und da sein neuer Wagen ihm mehr Motorleistung als sein bisheriger bietet, nutzt er diese Fahrdynamik auch. Umweltaspekte sind für ihn beim Autofahren nicht relevant, er hat generell eine indifferente bis ablehnende Haltung gegenüber Umweltschutz. Aus finanziell-gewinnorientierten Motiven heraus interessiert er sich durchaus für die Effizienz seines Wagens und versucht auch gelegentlich die Herstellerangabe des Spritverbrauchs durch eine energiesparende Fahrweise zu erreichen. Im durchgetakteten Familienalltag steht Herr Orlow jedoch oft unter Zeitdruck und dann ist zügiges Vorankommen mit dem Auto prioritär:

**I:** „Was sind das so für Situationen, typischerweise, in denen das der Fall ist, wie du grad gesagt hast, dass man sich beeilen muss?"
**Peter Orlow:** „Zur Arbeit oder nach der Arbeit, wenn man das Kind abholen muss. Bis 6 muss man abholen, da muss man da pünktlich sein. Und entspannt: wenn man am Wochenende irgendwohin fährt. Aber meistens hat man es immer eilig." [n19_t2: 26]

Für Herrn Orlow sind die Fahrten unter Zeitdruck also der Normalfall und in diesem Normalfall spielen Spritsparziele und Effizienzgrad keine Rolle für seinen Fahrstil.

Somit ist die Intensivierung des sportlichen, nicht-energiesparenden Fahrstils bei beiden Fällen auf die höhere Motorisierung und ihre generelle Präferenz für schnelles Fahren (Fahrspaß-hedonistischer Goal-Frame) zurückzuführen, nicht aber auf die Effizienzverbesserung.

**Herr Beile (n21)** ist hoch umweltmotiviert und hat deshalb ein deutlich effizienteres Auto gekauft, ohne die PS-Zahl zu steigern. Er ist mit Spritspartechniken vertraut und hat eine Präferenz für energiesparendes Fahren. Diesen spritsparenden Fahrstil behält er auch nach der technischen Effizienzverbesserung bei (Abbildung 6-13). Es zeigt sich hier also kein Rebound-Verhalten und kein Frame-Switch (à la „weil mein Auto nun so effizient ist, brauche ich nicht mehr auf eine energiesparende Fahrweise zu achten"). Stattdessen bleibt sein umweltnormativer Goal-Frame konstant.

| Fahrstil-Gewohnheit mit Pkw1 | Technische Fahrzeug-eigenschaften | Situation | Goal-Frame | Fahrstil mit Pkw2 |
|---|---|---|---|---|
| | | Alltagsfahrt | umweltnormativ | |
| energiesparend | Euphemistische Herstellerangabe als Benchmark | Landstraße oder Autobahn | Komfort-hedonistisch (Aufmerksamkeit & Sicherheit) | weiterhin energiesparend |
| | mehr Effizienz | ohne Zeitdruck | | |
| | | ohne Kinder | | |

*Abbildung 6-13 Herr Beile (n21): Konstanz des umweltnormativen Goal-Frames und des energiesparenden Fahrstils trotz Effizienzverbesserung. Eigene Darstellung.*

*Anmerkung: Die schwarz hinterlegten Felder stehen für die wichtigsten Einflussfaktoren.*

Der technische Faktor einer euphemistischen Herstellerangabe wirkt auf Herrn Beile sogar noch zusätzlich motivierend. Herr Beile ist ambitioniert, die Werksangaben[50] durch besonders effiziente Fahrweise tatsächlich oder zumindest näherungsweise zu erreichen und berichtet, dass ihm dies auch ungefähr gelingt:

> **Georg Beile:** „Der Hersteller, ich weiß nicht unter welchen Bedingungen der diesen Drittelmix macht. Landstraße, Autobahn. Es [der tatsächliche Verbrauch] ist nen bisschen drüber, aber *da hab ich wirklich den Ehrgeiz das wirklich zu erreichen.* Es gab mal von meinem Arbeitgeber so Fahrkurse organisiert, wo man dann mit Reifendruck, mit Abschalten, mit ähm auch ja vom Gas gehen und Gang drin lassen, dass da ne Schubabschaltung dann auch bedeutet, dass man da relativ sparsam über die Runden kommt, und dann eben nicht so hochdrehen, den Motor. Solche Sachen hab ich mir damals angewöhnt und das praktiziere ich auch im Verkehr." [n21_t2: 40]

Eine spritsparende Fahrweise ist also für Herrn Beile seit dem Spritspartraining zur Gewohnheit geworden. Entsprechend verneint er die Frage nach einer Änderung seines Nutzungsverhaltens deutlich:

> **I:** „Hat sich denn insgesamt irgendetwas geändert von der Nutzung des neuen Autos im Vergleich zum Vorhergehenden?"
> **Georg Beile:** „Ich bin der Gleiche geblieben und das Auto verändert nicht meinen Lebensstil. Das ist auch kein Spielzeug. Manche kaufen sich ja nen Spielzeug und fahren dann mit einer bestimmten Sound-Akkustik, die sie dann einstellen, durch den Tunnel durch. Solche Leute, die halte ich für potenziell geistig minderbemittelt und die dürfen das machen. Ich mache sowas nicht. Also: da ändert sich nichts durch das Fahrzeug." [n21_t2: 43-44]

Hier wird deutlich, wie eng sein Fahrstil mit seinem Selbstverständnis als ökologisch-bewusster und sicherheitsorientierter Fahrer bzw. Mensch verknüpft ist. Das absolvierte Spritspartraining, die starke intrinsische Umweltmotivation und die Abwesenheit situativer Stressfaktoren aufgrund der Lebenssituation (Rentner, ohne Kinder) bewirken, dass der umweltnormative Goal-Frame und der energiesparende Fahrstil konstant bleiben.

Bei autoaffinen Personen zeigt sich dagegen ein viel größerer Einfluss von technischen Faktoren auf ihren Fahrstil, wie bei **Herrn Pohl (n03)**. Er bildet den Gegenpol zu Herrn Beile, denn Herr Pohl hat keinerlei Umweltmotivation und ist sehr autoaffin. Er fuhr bisher schon sehr schnell, ja sogar sportlich-aggressiv, und behält diese generelle Tendenz auch mit dem neuen, effizienteren Auto bei. Somit ist die Effizienzverbesserung hier kein Einflussfaktor für den Fahrstil.

---

[50] Die Herstellerangabe von VW lautet 5,1 l/100 km. Herr Beile berichtet von einem tatsächlichen Verbrauch von 5 bis 5,5 Litern; Bei Spritmonitor.de liegt der Durchschnittswert bei 5,7 Litern.

Stattdessen wirken das sensorische Geschwindigkeitsfeedback und andere technische Faktoren bei Herrn Pohl deutlich auf seinen Fahrstil ein (s. Abbildung 6-14).

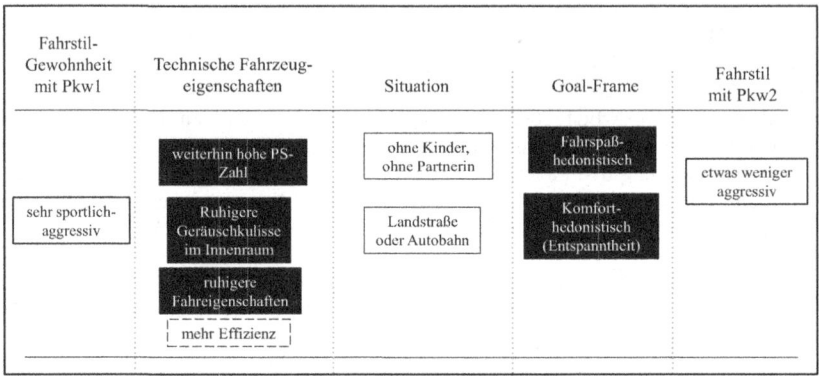

*Abbildung 6-14  Herr Pohl (n03): Fahrstil grundsätzlich konstant, aber etwas weniger aggressiv. Starker Einfluss der technischen Faktoren auf den Fahrstil. Eigene Darstellung.*

*Anmerkungen: Die schwarz hinterlegten Felder stehen für die wichtigsten Einflussfaktoren. Das gestrichelt umrandete Feld „[mehr Effizienz]" stellt dar, dass hier zwar eine technische Effizienzverbesserung erfolgt ist, diese aber keinen Einfluss auf den Fahrstil mit Pkw2 hat.*

Diesen Prozess der Mensch-Technik-Interaktion beschreibt er sehr genau für die Wechselphase von seinem 3er BMW Cabrio (Bj. 2007, 10,5 l Benzin, 272 PS) zum Citroen C5 Kombi (Bj. 2010, 7,5 l Diesel, 241 PS):

**Manfred Pohl:** „Ja gut, vom Fahren her ist er einfach so angenehm. So ruhig. Man merkt wie der [neue] Wagen Auswirkungen auf mein Fahrverhalten hat und auch auf den Grad der Anspannung während des Fahrens. (…) *wenn ich in den BMW eingestiegen bin, hatte ich direkt beim Schlüsselrumdrehen schon 'nen Messer zwischen den Zähnen. Und bei dem [Citroen] stellt sich das nie ein. Man ist immer entspannt (lacht)."*

**I:** „Kannst du das an irgendwas fest machen?"

**Manfred Pohl:** „Klar. Zum einen die Geräuschkulisse. Bei dem BMW, der war ja darauf getrimmt, der war auch innen laut. Also der Wagen hat das förmlich von dir erwartet, könnte man sagen. Es war auch vom Fahrverhalten sehr sportlich, sehr hart, sehr laut. Man hatte an sich selbst den Anspruch des Wagens zu erfüllen, sozusagen. Zum Wagen zu passen. Und das mache ich interessanterweise im Citroen auch, aber der erwartet was völlig anderes von mir (lacht)."

**I:** „Was erwartet der denn von dir?"

**Manfred Pohl:** „Einfach, dass ich mich da reinsetze, mich entspanne und dann einfach so langsam vor mich hinrolle. Ich meine - er ist schnell, der Wagen. Keine Frage. Aber *er ist anders schnell. Nicht so auf-, aufgeregt.* Es geht alles so spielerisch nebenher. Das ist schön."
**I:** „Wie wirkt sich das dann so aus, auf die Fahrgeschwindigkeit zum Beispiel?"
**Manfred Pohl:** „Ich glaub die Fahrgeschwindigkeit nicht sehr. Ich fahr immer schnell. Mit dem wie mit dem anderen. Das ist mehr so die Fahrweise. Also ich sag mal so Überholmanöver, Beschleunigungsvorgänge; drängeln, rechts überholen, so die ganzen hässlichen Sachen macht man mit dem BMW häufiger als mit dem Citroen." [n03_t2: 8-14]

Herr Pohl fühlt sich also stark von seinem jeweiligen Fahrzeug beeinflusst. Das neue, ruhigere Fahrzeug triggert bei Herrn Pohl einen neuen Goal-Frame (Komfort-hedonistisch) und eine entspanntere Fahrweise. Seinen dominanten Fahrspaß-hedonistischen Goal-Frame und seine Grundtendenz zum sportlichen Fahren behält Herr Pohl zwar bei, doch es steht ihm nun noch ein alternativer Goal-Frame zur Verfügung. Somit ist Herr Pohl als autoaffiner, technikinteressierter Fahrer durch die Veränderung technischer Fahrzeugattribute in seinem Fahrstil beeinflussbar, jedoch nicht durch den Faktor der Effizienzverbesserung.

Der Einfluss technischer Fahrzeugattribute auf den Fahrstil zeigt sich auch bei **Frau Petzold (n30)**, jedoch in einer anderen Form. Sie hat auf ein effizienteres, elf Jahre jüngeres Modell gewechselt und ihr Fahrstil ist mit dem neuen Auto energiesparender geworden (s. Abbildung 6-15).

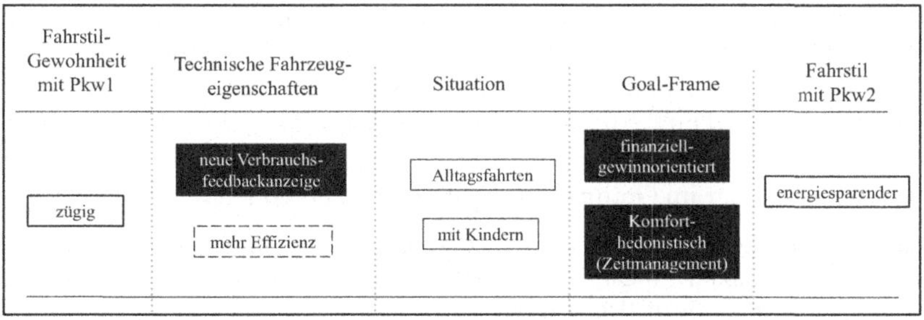

*Abbildung 6-15 Frau Petzold (n30): die neue Verbrauchsfeedbackanzeige regt zu spritsparenderem Fahrstil an. Eigene Darstellung. Anmerkungen: vgl. Abb. 6-14*

Frau Petzold berichtet, dass die neue Verbrauchsanzeige für ihre Fahrstiländerung verantwortlich ist:

**Wiebke Petzold:** „Also was ich jetzt natürlich hab, ich *hab bei dem neuen Auto, hab ich diese permanente Anzeige, wie viel Sprit ich verbrauche.* Da muss ich zugeben, dass hat mich am Anfang unheimlich irritiert. Also diese ganzen Anzeigen im Display. Ich würde aber inzwischen sagen, *ich hab mich auch angepasst.* Also ich hab immer diese Anzeige durchschnittlicher Spritverbrauch angezeigt und ähm hab dann auch so *einen Ehrgeiz quasi "lacht", nen bestimmten Verbrauch auch zu unterbieten.* Das auf jeden Fall. *Das hat mich schon beeinflusst im Fahrverhalten auch.* Schalten vielleicht auch mal früher in den höheren Gang, wenn's möglich ist. Ja." [n30_t1: 42]

Die neue Momentanverbrauchsanzeige regt Frau Petzold zu einem spritsparenderen Fahrstil an. Zu ihrem bisherigen Komfort-hedonistischen Goal-Frame kommt nun auch ein alternativer, finanziell-gewinnorientierter Goal-Frame hinzu. Die Verbrauchsanzeige stimuliert bei Frau Petzold einen Zielsetzungsprozess, sich zu verbessern und ein bestimmtes Verbrauchsziel durch sparsame Fahrweise zu erreichen. Frau Petzold hat also durch den Kauf eines deutlich jüngeren Fahrzeugs gleichzeitig eine bessere Effizienz und modernere Verbrauchsfeedbackanzeigen erreicht. Ihre Fahrstiländerung ist jedoch auf diese neuen Verbrauchsanzeigen (und nicht auf die Effizienz) zurückzuführen.

Der Fahrstil kann nicht nur durch technische Faktoren beeinflusst werden, sondern auch durch gezielte Framing-Prozesse. Das folgende Beispiel von **Herrn Baum (n15)** zeigt, welchen großen Einfluss soziale Anreizsysteme auf das (energiesparende) Fahren haben können. Herr Baum ist im Außendienst tätig und fährt einen Firmenwagen mit einer Tankflatrate. Es könnte ihm also in finanzieller Hinsicht egal sein, wie viel Sprit er beim Fahren verbraucht. Seine Firma arbeitet jedoch im Energieeffizienzsektor und sieht energiesparendes Handeln deshalb als Teil ihres Selbstverständnisses. Deshalb wird jährlich eine Auszeichnung für den spritsparendsten Fahrer im Unternehmen ausgelobt. Außerdem wird allen Mitarbeitern mit Dienstwagen ein Spritspartraining verordnet, sodass neben motivationalen Anreizen auch das nötige Handlungswissen bereitgestellt wird. Wie wirkungsvoll dieses Vorgehen ist, zeigt sich darin, wie ehrgeizig Herr Baum versucht, mit seinem effizienteren Dienstwagen die Herstellerangabe zu erreichen oder im Optimalfall sogar noch zu unterbieten:

> **Harald Baum:** „Ob Sie dann unter den angegebenen Durchschnittsverbrauch kommen von dem Auto oder nicht, das ist so ne gedankliche Geschichte. Das lass ich mir eigentlich immer anzeigen, den Verbrauch."
> **I:** „Was meinen Sie mit ‚gedanklicher Geschichte'?"
> **Harald Baum:** „Ja ich möchte schon da drunter liegen. Also ich möchte schon, wenn da ne Herstellerangabe ist, da versuche ich zumindest mal, das mal hinzukriegen und nicht deutlich drüber zu liegen, vom Verbrauch. Obwohl es für mich so gesehen relativ egal ist, wie viel das Auto verbraucht. Ich muss es nicht selbst bezahlen. Aber trotz alledem ist das schon wichtig, finde ich."
> **I:** „Wieso?"

**Harald Baum:** „Das ist ne Ressource. Wir verkaufen Wärme bzw. wir verkaufen die Infrastruktur, um Wärme zu verteilen. Wir stellen Rohre her. Irgendjemand lässt da warmes Wasser durchlaufen und verwendet das als Fernwärmenetz und da ist es wichtig, dass in diesem Netz so wenig wie möglich von dieser Energie verloren geht. Genau das gleiche ist bei so einem Auto auch." [n15_t2: 10-14]

Obwohl Herr Baum keine finanziellen Vorteile davon hat, ist er hochmotiviert, spritoptimiert zu fahren. Da er für eine Firma arbeitet, die Energieinfrastruktur herstellt, fühlt sich Herr Baum auch beim Autofahren dem Prinzip Energieeffizienz verpflichtet. Dadurch wird bei ihm ein umweltnormativer Goal-Frame getriggert (s. Abbildung 6-16). Gleichzeitig hat er auch Statusmotive (wegen des firmeninternen Wettbewerbs), die ihn zu spritsparendem Fahren motivieren.

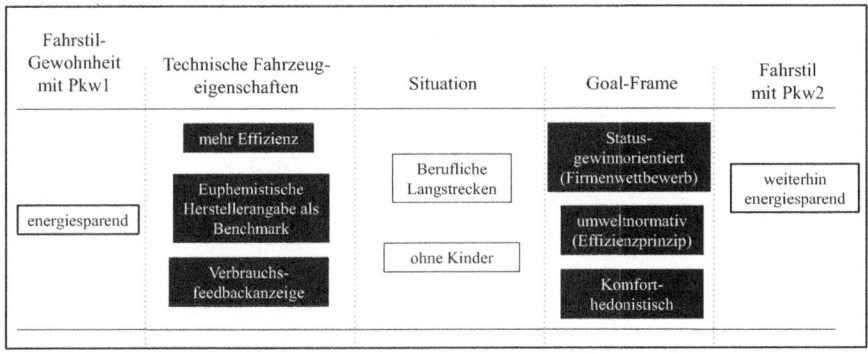

*Abbildung 6-16 Herr Baum (n15): auch ein Status-gewinnorientierter Goal-Frame kann zu energiesparendem Fahren motivieren. Eigene Darstellung. Anmerkung: Die schwarz hinterlegten Felder stehen für die wichtigsten Einflussfaktoren.*

Herr Baum hat zwar auch Komfort-hedonistische Motive beim Fahren, weil er oft sehr lange Strecken fahren muss. Dadurch, dass er im Spritspartraining die entsprechenden Fahrtechniken intensiv gelernt und eingeübt hat, muss er über deren Anwendung jedoch nicht mehr bewusst nachdenken und kann gleichzeitig entspannt und energiesparend fahren.

Abschließend sei erwähnt, dass sich bei dem einzigen Hybridfahrer der Stichprobe durchaus eine Vision von schnellem Fahren ohne ökologische Gewissensbisse findet, die ein großes Fahrstilrebound-Risiko beinhaltet:

**Frank Hessel:** „Also da ist dann schon mein Traum, irgendwann, dass es Elektrowägen sind und man dann irgendwo so 'ne Solartankstelle hat, wo man dann mit PV-Strom den Wagen aufladen kann und dann kann ich damit ohne schlechtes Gewissen rumheizen wie ich will. Also des ist schon auch 'n Traum, klar. Ob der realistisch ist, weiß ich nicht, aber in 30 Jahren vielleicht (lacht)." [n26_t1: 86]

Momentan fährt Herr Hessel sein Hybridauto mit einer energiesparenden Fahrweise, die von einem umweltnormativen Goal-Frame geprägt ist (s. Abbildung 6-17, obere Hälfte). Wenn man seine Vision jedoch in einem Zukunftsszenario visualisiert (s. Abbildung 6-17, untere Hälfte), dann deutet sich hier ein möglicher Frame-Switch, von einem umweltnormativen hin zu einem Fahrspaß-hedonistischen Goal-Frame, an.

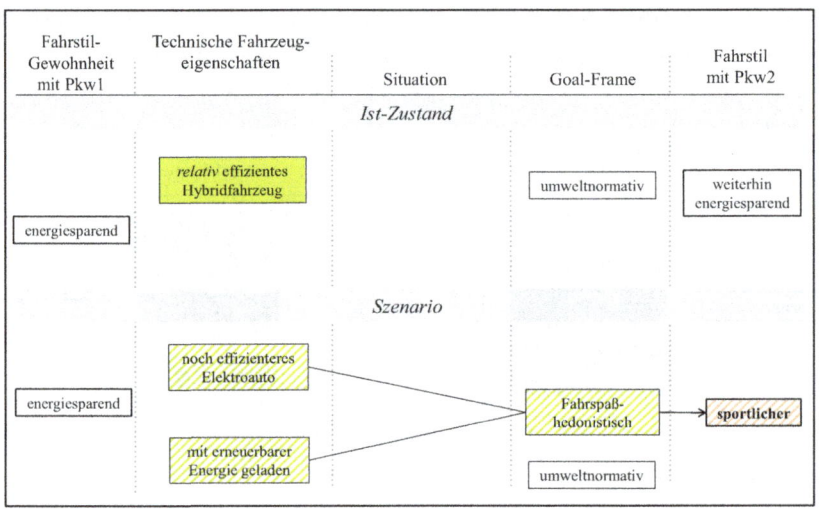

*Abbildung 6-17 Möglicher Frame-Switch beim Kauf eines Elektroautos (Szenario). Das Beispiel von Frank Hessel (n26). Eigene Darstellung.*

*Anmerkung: Die gelb hinterlegten Felder stehen für die wichtigsten Einflussfaktoren. Die schraffierten Flächen zeigen an, dass es sich hier um ein hypothetisches Szenario handelt.*

Der entscheidende Faktor ist hier die subjektive Einordnung der Fahrzeugtechnologie als inkrementelle oder als radikale Effizienzinnovation. Herr Hessel interpretiert sein Hybridauto als eine inkrementelle Effizienzverbesserung, die zwar etwas besser als ein konventioneller Verbrennungsmotor ist, aber immer noch fossile Ressourcen verbrennt und $CO_2$ ausstößt. Deshalb bemüht er sich weiterhin um eine energiesparende Fahrweise (umweltnormativer Goal-Frame).

Bei einem mit erneuerbarer Energie betankten Elektroauto stellt sich Herr Hessel vor, dass seine normativen Bedenken wegfallen werden und er nach Herzenslust auf's Gaspedal drücken kann (Fahrspaß-hedonistischer Goal-Frame), ohne dabei ein schlechtes Umweltgewissen haben zu müssen.

### 6.3.3 Zusammenfassung der Ergebnisse zum Fahrleistungsrebound-Verhalten

Die Effizienzverbesserung bewirkt in keinem der betrachteten Fälle eine direkte Änderung des Fahrstils. Stattdessen wirken die Faktoren Motorleistung, Verbrauchsanzeige und Spritspartraining verändernd auf den gewohnten Fahrstil ein. Dabei geht eine Steigerung der Motorleistung tendenziell mit einer Veränderung des Fahrstils in Richtung eines schnelleren/dynamischeren und damit energieintensiveren Fahrstils einher.

Die Personen, die ein Spritspartraining absolviert haben, zeigen spritsparende Verhaltensweisen als neue Gewohnheit zur effektiven Reduzierung des Verbrauchs. Eine neue Momentanverbrauchsanzeige kann im Sinne eines Verhaltensfeedbacks motivierend auf eine Veränderung des Fahrstils in Richtung einer spritsparenderen Fahrweise einwirken. Ebenso stellen für einige Personen die Herstellerangaben eine motivierende Zielgröße dar, die sie mit verbrauchsoptimierter Fahrweise und einigem Ehrgeiz erreichen wollen – obwohl sie gleichzeitig wissen, dass die Herstellerangaben unter alltagsfernen Bedingungen entstehen.

Nur in Ausnahmefällen gibt es die Bereitschaft, sich zugunsten des spritsparenden Fahrens spürbar einzuschränken oder die spritsparende Fahrweise bei jeder Fahrt und in jeder Situation durchzuhalten. Im Alltag stehen andere Ziele wie der Reisekomfort (aller Insassen) und schnelles Vorankommen oftmals im Vordergrund. Dem Ziel einer spritsparenden Fahrweise wirken insbesondere hedonistische Motive bei Personen, die Autofahren als sinnliches Vergnügen empfinden und Spaß am schnellen Beschleunigen und einer hohen Reisegeschwindigkeit auf der Autobahn haben, am stärksten entgegen.

## 6.4 Moral Licensing und Umweltschutzmotivation

In diesem letzten Teil des Ergebniskapitels werden die empirischen Hinweise auf Moral Licensing Prozesse im Zusammenhang mit Rebound-Verhalten dargestellt und interpretiert. Diese Betrachtung erfolgt quer zu den drei Rebound-Verhaltensdimensionen, da Moral Licensing Prozesse prinzipiell auf allen drei Dimensionen auftreten können.

Die Auswertung der relevanten Interviewpassagen zeigt, dass Moral Licensing Prozesse stark durch die individuelle Ausprägung der Umweltschutzmotivation bedingt sind. Deshalb wird die folgende Darstellung der Moral Licensing Prozesse entlang der Ausprägung der Umweltschutzmotivation strukturiert. Umweltschutzmotivation (kurz: Umweltmotivation) verstehe ich hier als *das Ausmaß, in dem eine Person dazu motiviert ist, mit ihrem Handeln die natürlichen Ressourcen zu schonen.* Es geht also nicht nur um eine kognitive Problemeinsicht, sondern auch um den inneren Antrieb, das eigene Handeln umweltfreundlich zu gestalten. Die induktiv kodierten Kategorien der Umweltmotivation sind: *gering bis ablehnend, oberflächlich, moderat und extrinsisch, moderat und komfortorientiert, hoch und intrinsisch.* Das vollständige Kodierschema zur Umweltmotivation ist im Anhang enthalten.

Personen mit einer geringen Umweltmotivation oder einer ablehnenden Einstellung gegenüber diesem Thema zeigen keinerlei Moral Licensing Prozesse. Umweltschutz ist für sie keine relevante Verhaltensnorm. Dementsprechend empfinden sie keine moralische Verpflichtung, umweltfreundliche und umweltschädliche Handlungen gegeneinander aufzuwiegen.

### 6.4.1    *Eine starke Umweltschutzmotivation wirkt Moral Licensing entgegen*

Nicht nur die Personen ohne Umweltschutzmotivation, sondern auch diejenigen am anderen Ende des Spektrums, also Personen mit hoher und intrinsischer Umweltmotivation, zeigen keine Moral Licensing Prozesse – jedoch aus anderen Gründen. Diese Personen sind durch drei Charakteristika gekennzeichnet, die einem Moral Licensing Prozess entgegenwirken: (1) Umweltidentität, (2) Framing der umweltfreundlichen Handlungen als unvollständige „Bemühungen", (3) Individuelle Ressourcenschonung als ethisches Prinzip trotz gegenläufiger globaler Trends.

Zu (1) Umweltidentität

Die hoch und intrinsisch umweltmotivierten Personen verstehen sich als umweltfreundliche Menschen und die umweltschützenden Handlungen bekräftigen sie in diesem Selbstverständnis. Dass das Mobilitätsverhalten für Sie eine Frage des Gewissens und der Umweltidentität ist, zeigt das folgende Zitat:

> **Georg Beile:** „ich versuche als Einzelner vernünftig in der Hinsicht, also ressourcenschonend zu leben. (…) Acht Jahre [Haltedauer des bisherigen Autos] und 52.000 Kilometer [Gesamtfahrleistung in diesem Zeitraum]. Also *das zeigt, dass ich nicht so ein Mensch bin,* der seine Lebenszeit auf der Straße gerne verbringt." [n21_t1: 20]

Herr Beile (n21) führt seine geringe Fahrleistung als Beweis für die Authentizität seiner Umweltidentität an. Wenn er mit seinem neuen, effizienteren Auto mehr fahren würde als vorher, dann würde dies seinem Selbstverständnis als umweltfreundlicher Mensch widersprechen, wie er spontan ausführt:

> **I:** „Sie haben vorhin ja gesagt, dass ein Grund für das neue Auto jetzt auch war, dass es einen deutlich geringeren Verbrauch hat. Würden Sie denn sagen, dass Sie sich jetzt mit dem neuen Auto so ein Stückchen besser fühlen beim Autofahren als mit dem alten?"
>
> **Georg Beile:** (Pause) „Sie meinen eine Gewissensentlastung oder so was?"
>
> **I:** „Zum Beispiel"
>
> **Georg Beile:** „Ja. (Pause) Der Fußabdruck wird ein bisschen kleiner. Ich hoffe nicht, dass es jetzt dazu führt, dass ich mehr gefahren bin. Das glaube ich aber auch nicht, nee." [n21_t1: 16-20]

Somit zieht Herr Beile einen Moral Licensing Prozess zwar selbst in Betracht, verneint ihn aber. Er sieht die Effizienzsteigerung als eine Verbesserung seines ökologischen Fußabdrucks, aber nicht als Freifahrtschein für Mehrfahrten.

Zu (2) Framing der umweltfreundlichen Handlungen als unvollständige „Bemühungen"

Die hoch umweltmotivierten Personen reflektieren ihren eigenen Ressourcenverbrauch kritisch und bemühen sich, ihren ökologischen Fußabdruck so weit wie möglich zu reduzieren. So bemüht sich auch Frau Veil (n11) in ihrem Alltag ihre Werte zu leben, auch wenn sie ihre eigenen Ideale nicht hundertprozentig umsetzen kann und oftmals mit Kompromissen leben muss.

> **Paula Veil:** „Ich glaube ich müsste jetzt einen sehr konsequenten Schritt machen, um mich von den Annehmlichkeiten der Zivilisation, die Ressourcen zu verbrauchen, zu lösen. Das kann ich halt auch nicht, weil ich an das Umfeld in dem ich lebe, gebunden bin und so kommt der Kompromiss zustande, dass ich sage *ich tu das, was ich tun kann*. Ich *versuche* Energie zu sparen, ich *versuche* Verpackungen zu vermeiden. Ich *versuche* eher in der Natur zu zelten." [n11_t1: 36]

Frau Veil spricht von „versuchen", betrachtet ihre umweltfreundlichen Handlungen also immer wieder als ein Bemühen, ein Ringen um die beste Lösung innerhalb ihres Handlungsspielraums und der Anforderungen, die ein moderner Familienalltag an sie stellt. Insgesamt sieht sie ihre umweltschützenden Handlungen als einen Beitrag zum größeren Ziel, auch wenn ihr bewusst ist, dass sie allein dieses Ziel nicht erreichen kann.

Auch für den Hybridfahrer Frank Hessel (n26) ist der Kauf eines Hybridautos eine Gewissensfrage und ein Versuch, zumindest einen etwas geringeren Ressourcenverbrauch zu haben als mit einem konventionellen Antrieb:

**I:** „Hast du denn das Gefühl jetzt mit deinem Auto, sozusagen mit gutem Gewissen fahren zu können, oder mit besserem Gewissen als mit 'nem konventionellen Verbrennungsmotor?"
**Frank Hessel:** „(Pause) Ja. Aber natürlich *nur unwesentlich, nämlich nur in dem Maße besser, wie die Spriteinsparung gegenüber dem konventionellen Antrieb ist.* Also, ein reines Gewissen kann ich ja nicht haben, weil ich ja immer noch Sprit verbrauch'. Aber *ich verbrauch 'n bisschen weniger und das find ich gut.*" [n26_t1: 39-40]

Herr Hessel sieht den Hybrid-Autokauf also nicht als Freifahrtschein für unökologische Handlungen, sondern ihm ist bewusst, dass er damit lediglich eine *relative* Verbesserung zum Verbrennungsmotor erreicht.

Zu (3) Individuelle Ressourcenschonung als ethisches Prinzip trotz gegenläufiger globaler Trends

Die hoch umweltmotivierten Personen wissen, dass der menschliche Ressourcenverbrauchs insgesamt steigt und zweifeln teilweise daran, welche Wirkungskraft ihr eigenes Handeln dabei hat. Trotz dieser Reflektion und Zweifel halten sie an ihrer persönlichen umweltschützenden Norm fest. Es ist für sie eine Prinzipienfrage:

**Paula Veil:** „Es ist mehr ne Haltungssache. Wie das viel bei ethischen Sachen ist, viele Dinge sind ne Haltungssache."
**I:** „Was meinst du mit Haltung? Was für ne Haltung?"
**Paula Veil:** „Also ich glaube einfach ne Haltung zu Ressourcen. Dass die Grundhaltung ist: wie verbrauche ich das, was ich kann? Oder mache ich mir überhaupt Gedanken darum, ob ich mit weniger auskomme als mir zu Verfügung steht? Und ich meine die Energiebilanzen, die wir in Mitteleuropa haben, die sind ohnehin horrend im Vergleich zu Asiaten oder Afrikanern oder so etwas und es ist klar, dass ich niemals bei dem Klima, das wir haben, und den Bedingungen, die wir haben, dass ich da herankommen kann. Und das meine ich, was das dann bringt, wenn - *ich kann natürlich meine eigene Energierechnung oder meine persönliche Energiebilanz reduzieren, indem ich sparsam lebe, aber wie viel es letztlich ausmacht für die Welt? Das kann sein, das es total verschwindet und das meine ich mit Haltung.* (…) dass ich mich wohler fühle, wenn ich das Gefühl habe ich nehme so viel wie ich brauche und nicht so viel wie ich kann. Und in der Masse würde es glaube ich schon einen Unterschied machen und das ist auch sowas, was ich als Lehrerin und Mutter als Vorbild leben möchte und, ohne dass ich damit das Gutmenschentum meine, sondern das ist für mich eher ne philosophische Frage." [n11_t1: 18-20]

Frau Veil nutzt ihr eigenes umweltfreundliches Handeln also nicht dazu, ihre kognitiven Dissonanzen aufzulösen (wie es bei einem Moral Licensing Prozess geschehen würde), sondern sie lebt mit diesen Dissonanzen. Sie hat eine hohe

Frustrationstoleranz gegenüber Entwicklungen, die das eigene umweltfreundliche Handeln konterkarieren und macht trotzdem weiter. Insgesamt finden sich somit in der vorliegenden Stichprobe keine Hinweise auf Moral Licensing Prozesse bei den hoch und intrinsisch umweltmotivierten Personen. Ihre starke Identifizierung mit Umweltschutzzielen, ihre Einordnung der individuellen Handlungen als unvollständige Bemühungen hin zum größeren Gesamtziel und ihr Festhalten an Umweltschutz als ethisches Prinzip trotz gegenläufiger Konsumtrends wirken eventuellen Moral Licensing Prozessen entgegen.

### 6.4.2 Eine moderate Umweltmotivation kann mit Moral Licensing einhergehen

Bei den Personen mit einer moderaten Umweltmotivation finden sich vereinzelt Moral Licensing Prozesse, die im Zusammenhang mit Effizienzaspekten des Autos stehen. Moral Licensing findet nicht als automatisierter Prozess oder Effekt statt, sondern lässt sich in der vorliegenden Stichprobe nur anhand zweier Einzelfälle beobachten. Beide Personen haben eine mittlere Umweltmotivation, die bei Herrn Albrecht (n17) stark extrinsisch geprägt ist und bei Frau Radke (n24) mit einer Komfortorientierung konkurriert. Wie diese Ausprägungen der Umweltmotivation gemeinsam mit technischer Effizienz zu Moral Licensing Prozessen führen kann, wird im Folgenden anhand der relevanten Interviewpassagen illustriert.

Für Herrn Albrecht (n17) sind Umweltbedenken weniger eine Gewissensfrage, sondern eine wahrgenommene soziale Norm, ein Zeitgeist, an dem man sich der „political correctness" wegen orientieren sollte. Die Effizienz seines Fahrzeugs begeistert ihn, weil sie ihm den Spaß am Spaßauto nicht verdirbt, sondern zu einem sorgenfreien Genusserlebnis beiträgt. Der Effizienz kommt eine gewissenserleichternde Funktion zu:

> **Alexander Albrecht:** „Es [Effizienz] ist die Freude dran, dass (…) es dann und wann möglich ist, *nicht unbedingt auf political correctness zu achten.* Dann kann man das mit viel Spaß und Freude am Fahren machen. (…) Also *diese Effizienz macht sich eher an dem Gefühl fest, der Spaßfaktor und das Angenehme. Das Fahrgefühl, ohne dass es einen wirklich reut, was den Spritverbrauch anbetrifft.*
> In diesem Fall Spritverbrauch sind es tatsächlich weniger die Kosten - auch, aber in erster Linie geht es um die absolute Höhe- ... Ich würde mich ärgern, wenn ich mit 16 Litern unterwegs wäre. *Das passt nicht mehr in die Zeit.* Es gibt durchaus einen Umweltgedanken, der tatsächlich als erstes steht. *Wenn ich dieses Fahrerlebnis haben kann für unter 10 Liter, fühle ich mich, für ein Spaßauto,* das wenige Kilometer Fahr-

leistung hat, *ökologisch noch akzeptabel, ne?* - als wenn ich da die 15, 16 Liter der Mitbewerber brauche. Das macht schon einen gewaltigen Unterschied, auch im Selbstverständnis.

*Und wenn ich mich dann noch vergleiche* und andere anschaue, die mit irgendwelchen die mit irgendwelchen 8 Jahre oder 10 Jahre oder 12 Jahre alten Autos mit gerade so noch G-KAT, gerade ne grüne Plakette hingenudelt oder mit gelb durch die Gegend fahren, *die dann noch mehr Sprit rausblasen als ich, dann denke ich mir so, also da mach ich doch vieles richtig. Selbst mit einem Spaßauto.*"

**I:** „Das heißt, man kann mit besserem Gewissen genießen als wenn es jetzt die 16-Liter-Variante wäre?"

**Alexander Albrecht:** „Ganz genau! Mit besserem Gewissen genießen ist ein super Stichwort. Genau so!" [n17_t2: 22-24]

Die wahrgenommene Effizienz seines Porsche 911 Turbo (500 PS) bewahrt Herrn Albrecht davor, ökologische Bedenken hinsichtlich seines ökologischen Fußabdrucks zu haben. Der Moral Licensing Prozess besteht also darin, dass der Effizienzgrad Herrn Albrecht die innere Erlaubnis gibt, recht sorglos und ohne drohenden Ansehensverlust die Porschefahrten zu genießen. Der Vergleich mit anderen Autobesitzern ist für Herrn Albrecht wichtig. Die schlechten Verbrauchswerte der Spaßautos anderer Hersteller nutzt er als Anker-Heuristik, um seinen *vergleichsweise* guten Verbrauchswert von knapp 10 Litern als sehr effizient zu bewerten und daraus zu schließen, dass er „doch vieles richtig" mache.

Bei Frau Radke (n24) konkurrieren Umweltmotivation und alltägliche Komfortbedürfnisse häufig miteinander. In ihrem neuen Auto wirkt bereits das *Vorhandensein* eines EcoModus-Schalters beruhigend auf Frau Radkes Umweltgewissen ein, auch wenn sie den Schalter selten benutzt.

**Sybille Radke:** „Der hat *jetzt irgendwie so'n Eco-Modus, den man anstellen kann.* Der ist schon ganz gut. Ich benutz' ihn zwar ehrlich gesagt nur auf der Autobahn mal, aber, - weil, hier in der Stadt wird man verrückt damit - aber ich, 's ist schon schön. *Ich fühl mich schon besser, den zu haben, die Taste.* (lacht)" [n24_t1: 29]

Auch wenn Frau Radke sich über den EcoModus-Schalter freut, war dieser Schalter jedoch kein Kaufkriterium und im Alltag nutzt sie ihn offenbar selten bzw. „in der Realität momentan einfach nie" (n24_t1: 31). Die Möglichkeit und die (gelegentliche) Intention zu umweltfreundlichem Verhalten wirken hier also bereits entlastend auf Frau Radkes Umweltgewissen ein.

In anderen Lebensbereichen zeigen sich bei Frau Radke weitere Ambivalenzen und Hinweise auf Moral Licensing Prozesse. Während ihrer Tätigkeit als Wirtschaftsberaterin in Frankfurt hat Frau Radke unter der hohen Arbeitsbelastung und der fehlenden Passung zwischen ihren persönlichen Werten und denen des Umfelds gelitten. Zur Reduktion dieser kognitiven Dissonanzen, versuchte sie ihr „schlechtes Gewissen" durch andere, ökologischere Handlungen auszugleichen:

> **Sybille Radke:** „Und *als Berater umweltbewusst in 'ner Stadt wie Frankfurt, in ner Business-Stadt, zu leben ist nicht möglich.* (…) In Frankfurt ging das halt einfach nicht, da hab ich halt teilweise 14 Stunden gearbeitet (…) ich hab einfach nur dort gearbeitet. So, Punkt. (lacht) und den Rest einfach nur großzügig ignoriert - *schon öfter mal aus schlechtem Gewissen auch bei Alnatura gekauft,* aber eigentlich war ich froh, wenn irgendein Supermarkt grad noch offen hatte." [n24_t1: 143-47]

Frau Radke vollzieht hier mit dem gewissensausgleichenden Einkauf beim Biosupermarkt Alnatura einen Prozess der moralischen Selbstregulation, auch wenn der Bioeinkauf für sie nicht die Funktion hat, eine ganz spezifische vorherige Handlung „auszugleichen", sondern eher als kurzfristige Beruhigung ihres dauerhaft schlechten Gewissens fungiert.

### 6.4.3 Zusammenfassung

Personen ohne Umweltmotivation zeigen in der Regel keine Moral Licensing Prozesse. Wenn Umweltschutz keine relevante Norm für eine Person ist, bemüht sie sich auch nicht, diese Norm zu erfüllen oder verschiedene Handlungen hinsichtlich der Erfüllung dieser Norm zu bewerten und miteinander zu verrechnen. Hier liegt also eine Konsistenz zwischen Einstellung und Verhalten und keinerlei kognitive Dissonanz vor.

Stark intrinsisch umweltmotivierte Personen zeigen ebenfalls kein Moral Licensing. Sie ordnen ihre umweltschützenden Handlungen als kleinen Beitrag zur großen Sache ein und denken gleichzeitig daran, wie viel noch getan werden muss um das Ziel der Ressourcenschonung zu erreichen. Sie sprechen vorsichtig davon, es zu „versuchen" oder sich zu „bemühen" umweltfreundlich zu handeln. Teilweise leiden sie unter ihren kognitiven Dissonanzen, die ihnen der Autokonsum verursacht, weil sie wissen, dass dies eigentlich umweltschädigend und mit ihrem ökologischen Selbstverständnis nicht vereinbar ist. Sie haben eine hohe Frustrationstoleranz gegenüber dem steigenden globalen Ressourcenverbrauch und lassen sich durch diese Entwicklungen nicht entmutigen. Im Gegenteil, sie finden es vor diesem Hintergrund umso wichtiger, an ihrer ökologischen Grundhaltung festzuhalten.

Vereinzelt zeigen diejenigen Personen Moral Licensing, die zwar auf eine grün angehauchte Außenwirkung bedacht sind, sich aber in ihrem Konsum keineswegs einschränken möchten. Wahrgenommene technische Effizienz kann dabei eine erleichternde Funktion einnehmen: ein Auto, das im Vergleich zu den Alternativmodellen effizienter ist, wird als umweltschonendes Auto wahrgenommen, für das man kein schlechtes Gewissen haben muss.

Auch Personen, die sich mit kleineren ökologischen Taten gut fühlen wollen, weil sie in anderen Bereichen eigentlich häufig aufgrund von Komfortmotiven oder Alltagsanforderungen gegen ihre persönliche Umweltschutznorm handeln, können durchaus Moral Licensing Prozesse zeigen. Das Beispiel eines EcoModus-Schalters im neuen Fahrzeug zeigt, dass allein das Vorhandensein dieser Option und die gelegentliche Intention zur Nutzung bereits einen gewissensentlastenden Effekt haben können.

# 7. Diskussion

In diesem Kapitel werden die empirischen Ergebnisse zum individuellen Pkw-Rebound-Verhalten eingeordnet und reflektiert. Zuerst stehen die Eignung des theoretischen Ansatzes und die Rückschlüsse aus der Empirie auf die Theorie im Fokus (7.1). Daran anschließend werden die deskriptiven und analytischen Ergebnisse zu den drei Dimensionen von möglichem Rebound-Verhalten, beginnend mit der Kaufentscheidung (7.2) und dem subjektiven Effizienzverständnis (7.3), betrachtet. Auf die Ausführungen zu Rebound-Verhalten in der Fahrleistung (7.4) und im Fahrstil (7.5) folgt eine Einordnung der Ergebnisse zu Moral Licensing Prozessen (7.6). Das Kapitel schließt mit einer Diskussion der Methodik und der Limitationen der vorliegenden Studie (7.7).

## 7.1 Zur Goal-Framing-Theorie und den beobachteten Goal-Frames

Die Goal-Framing Theorie (GFT, vgl. Kapitel 4.1) hat sich als geeigneter theoretischer Rahmen für die vorliegende Untersuchung erwiesen. Sie kann die Bandbreite der von den Befragten geäußerten Kaufmotive erfassen und bietet gleichzeitig eine Orientierung und Strukturierungshilfe zur Einordnung selbiger.

Dadurch gelang eine Informationsreduktion und sinnvolle Abstrahierung von den vielfältigen und zahlreichen Einzelmotiven und Kaufkriterien. Das Prinzip der abnehmenden Abstraktion (Lindenberg, 1992) konnte erfolgreich angewendet werden und hat sich als hilfreiche Methode zur Verbindung von Theorie und Empirie erwiesen. Die abstrakten Master Goal-Frames (hedonistisch, gewinnorientiert, normativ) bildeten ein gutes Suchradar, während die empirisch entwickelten fünf Goal-Frames der Pkw-Kaufentscheidung wiederum eine kontextsensible Spezifizierung dieser Master Goal-Frames leisten. Insbesondere in einem qualitativen Design konnte die GFT den Anspruch der theoriegeleiteten Forschung einlösen und sowohl den ersten Kodierprozess als auch die nachfolgende Interpretation der empirischen Befunde sinnvoll strukturieren.

Die fünf im Wechselspiel von Theorie und Empirie für den Kontext des Autokaufs entwickelten Goal-Frames sind: *Fahrspaß-hedonistisch*, *Alltagskomfort-hedonistisch*, *finanziell-gewinnorientiert*, *Status-gewinnorientiert* und *um-*

© Springer Fachmedien Wiesbaden GmbH, ein Teil von Springer Nature 2019
S. Becker, *Individuelles Rebound-Verhalten in der Pkw-Mobilität*, Studien zur Mobilitäts- und Verkehrsforschung, https://doi.org/10.1007/978-3-658-20679-6_7

*weltnormativ.* Sie zeigen eine deutliche Kongruenz mit den theoretisch postulierten Master Goal-Frames (hedonistisch, gewinnorientiert, normativ). Gleichzeitig besitzen die Autokauf-bezogenen Goal-Frames und ihre Subkategorien auch Verknüpfungen zu den universell-instrumentellen Zielen (Stimulation/ Aktivierung, Komfort, Status, Verhaltensbestätigung). Auf diese Bezüge zwischen den theoretisch postulierten Konstrukten und den anhand des empirischen Interviewmaterials kontextspezifisch kodierten Goal-Frames gehe ich im Folgenden näher ein.

**Bezüge zwischen Theorie und Empirie**

Der Fahrspaß-hedonistische Goal-Frame des Autokaufs ist eng mit dem Ziel der Stimulation/ Aktivierung verbunden. Ein schnelles Auto ermöglicht angenehme sensorische Erlebnisse, sodass die Fahrerin von einem neutralen Gefühlszustand in einen positiv-angeregten Gefühlszustand kommen kann. Das Auto hat also eine positive Funktion für die Selbstregulation der persönlichen Stimmung. Im Alltagskomfort-hedonistischen Goal-Frame des Autokaufs liegt das Ziel hingegen darin, negative Reize abzuwehren, um einen neutral-entspannten Gefühlszustand und physisches Wohlbefinden (z. B. thermischer Komfort) zu erhalten. Hier hat das Auto die selbstregulierende Funktion, den eigenen Alltag möglichst stressfrei zu bewältigen.

Die beiden gewinnorientierten Goal-Frames des Autokaufs sind eng mit dem instrumentell-universellen Ziel Status (im Sinne der Kontrolle über knappe Ressourcen, vgl. Lindenberg, 2001b) verbunden. Der finanziell-gewinnorientierte Goal-Frame des Autokaufs zielt auf die Verbesserung der finanziell-materiellen Ressourcensituation bzw. auf die Vermeidung finanzieller Risiken durch den Autokauf und die Folgekosten ab. Dadurch soll der monetär-materielle Status erhalten werden, sodass finanzielle Spielräume für Ausgaben in anderen Lebensbereichen weiterhin ohne Einschränkungen (und damit ohne Statusverlust) möglich bleiben. Im Status-gewinnorientierten Goal-Frame des Autokaufs geht es dagegen weniger um finanzielle Sorgen, sondern um die Kommunikation wünschenswerter persönlicher und beruflicher Eigenschaften wie Erfolg, Jugendlichkeit, Modernität. Insbesondere ein Dienstwagen trägt als Teil der Außenwirkung oder des „Impression-Managements" dazu bei, beruflichen Erfolg zu gewährleiten oder zu steigern.

Im Interviewmaterial zeigen sich bei statusorientierten Käufern aber auch Bezüge zum Ziel der Verhaltensbestätigung, denn die Auswahl des richtigen Automodells ist für Personen im Status-gewinnorientierten Goal-Frame auch eine Frage der sozialen Angemessenheit. Sie möchten nicht protzen und nicht als rücksichtslose Verschwender wahrgenommen werden. Sie versuchen also subjektiv wahrgenommene soziale Normen einzuhalten, um negative Verhaltenssanktionen zu vermeiden.

Anders als in der GFT und der Theorie Sozialer Rationalität von Lindenberg (2001b) angenommen, streben die statusorientierten Personen – zumindest im untersuchten Kontext des Autokaufs – nicht danach, durch ihr Auto einen möglichst hohen, sondern einen sozial angemessenen, Status zu erreichen oder zu kommunizieren. Dies könnte daran liegen, dass sie bereits ein als ausreichend hoch empfundenes Statuslevel erreicht haben. Lindenberg (2001b, S. 657) postuliert jedoch, dass das Streben nach Status eher einen unersättlichen Charakter hat: „the marginal utility of status is likely to decrease less with increasing status than the marginal utility of the other respects of social welfare." Dieser weniger abnehmende Grenznutzen liege in der doppelten Natur des Statusziels begründet. Ein hoher Status ist gleichzeitig eine direkte Quelle für soziales Wohlbefinden und eine Ressource zur Erreichung anderer instrumenteller Ziele wie Geld oder soziale Teilhabe. Übertragen auf meine Untersuchungsergebnisse könnte dies auch heißen, dass die befragten Personen zwar weiterhin nach höherem Status streben, das Auto aber nicht als Vehikel zur Erreichung dieses Ziels ansehen. – Hat das Auto als privates Statussymbol ausgedient?

Viele statussensible Käufer haben sich im Interview explizit und eigeninitiativ dagegen verwehrt, dass das Auto für sie ein Statussymbol sei. Es scheint also zumindest in bestimmten Milieus sozial unerwünscht zu sein, das große Auto wie eine Goldkette vor sich herzutragen. Trotzdem erzählen insbesondere die statusmotivierten, gut situierten Käufer mit einem stolzen Unterton, dass für sie nur deutsche Automarken in Frage kämen und begründen dies nicht mit Qualitätsargumenten. Vielmehr scheint es für sie eine patriotische Verpflichtung und Ausdruck des eigenen gehobenen Status zu sein, wenn man mit der persönlichen Kaufentscheidung die deutsche Automobilindustrie unterstützt: „wenn man nicht gerade zu den Allerärmsten gehört und man sich leisten kann, die deutsche Industrie zu unterstützen, dann denke ich, sollte man das tun." (n07_t1: 107). Während mir beim Thema Umweltschutz gelegentlich entgegnet wurde, dass der Einzelne da eh nichts bewirken könne, scheinen zumindest die Käufer von deutschen Automobilen eine hohe Selbstwirksamkeitsüberzeugung zu haben, was den Effekt ihrer Kaufentscheidung auf den Industriestandort Deutschland betrifft. Diese Ergebnisse könnten teilweise von der Region Stuttgart als deutschem Automobilindustrieschwerpunkt geprägt sein (vgl. Kap. 7.7 zur Diskussion der Stichprobe), viele der befragten Status-motivierten Käufer sind jedoch nicht auf

Stuttgarter Hersteller wie Mercedes oder Porsche festgelegt, sondern v. a. auf eine *deutsche* Marke. Insgesamt zeigt sich hier (erneut) wie facettenreich und komplex der Zusammenhang zwischen Status-bezogenen Zielen zur Erreichung sozialen Wohlbefindens und dem technischen Artefakt des Automobils ist.

Für Personen im umweltnormativen Goal-Frame des Autokaufs stehen umweltschützende soziale Normen im Fokus ihrer Überlegungen. Dieser Goal-Frame zeigt den stärksten Bezug zum instrumentell-universellen Ziel der Verhaltensbestätigung. Allerdings sind die Personen in diesem Goal-Frame durchaus intrinsisch umweltschutzmotiviert. Sie erwarten nicht unbedingt Lob für ihre Entscheidung, sondern handeln stark nach ihrer persönlichen Norm, also den ökologischen Prinzipien, die sie selbst für richtig und wichtig halten. Ihre teilweise starken kognitiven Dissonanzen deuten auf innere Konflikte mit dieser persönlichen Norm, weniger mit der sozialen Norm, hin.

Insgesamt deuten die empirischen Ergebnisse auf die Gültigkeit der von Lindenberg (2001b) postulierten a-priori Stärken der Master Goal-Frames hin. Der hedonistische (Alltagskomfort) Goal-Frame kann die größte Kraft als Einflussfaktor auf Kauf-Nachfrageverhalten entfalten, besonders wenn er mit einer veränderten Lebenssituation einhergeht. Als zweitstärkster Faktor zeigt sich ein gewinnorientier Goal-Frame (finanziell-gewinnorientiert), ausgelöst durch eine angespannte Einkommenssituation und die finanzielle Bedrohung, die eine große Anschaffung wie das Auto mit sich bringt. Der normative Goal-Frame zeigt sich auch in meinen Ergebnissen als der schwächste Goal-Frame. Er kann von der Lebenssituation, finanziellen Sorgen und beruflichen Notwendigkeiten verdrängt werden.

**Eindeutigkeit der dominanten Goal-Frames**

Wie von Lindenberg und Steg (2007) angenommen, versucht eine Person in ihrer Entscheidung oftmals viele Ziele und Kriterien gleichzeitig zu berücksichtigen. Bei den meisten Käufern ließ sich im Interview trotzdem recht gut ein übergeordnetes Ziel herausarbeiten, das die anderen Ziele überstrahlt hat. So konnte ich ihnen i. d. R. gut einen der fünf Goal-Frames als dominanten Goal-Frame zuweisen. Bei einigen Käufern war es aber sehr schwierig, ihnen nur *einen* dominanten Goal-Frame zuzuordnen. Da der Fokus meiner Studie auf *Veränderungen* von Effizienz und Nachfrage liegt, habe ich im Zweifelsfall das Ziel als dominant gewertet, das den *Wechsel* des Autos verursacht hat oder das ausschlaggebend für das letztendlich gewählte Modell war. So wollte zum Beispiel Herr Pohl (n03) den hohen Motorisierungsgrad beibehalten (Fahrspaß-hedonistisches Ziel), aber nun sein Cabrio gegen einen Kombi eintauschen, damit das Auto mehr Platz für die Familienreisen mit seinem größer werdenden Sohn bietet (Alltagskomfort-hedonistisches Ziel). Gleichzeitig wollte er auch von einem Benziner auf einen Diesel wechseln, um die Kilometerkosten zu optimieren (finanziell-gewinnorientiertes Ziel). Da der gestiegene Platzbedarf der ausschlaggebende Grund für den Wechsel und das wichtigste Kriterium bei der Modellauswahl war, habe ich diesen Fall primär dem Alltagskomfort-hedonistischen Goal-Frame zugeordnet.

## 7.2 Kaufrebound-Verhalten: Typologie und Kaufmotive

Die deskriptive Auswertung ergab, dass 13 Käufer durch ihren Autowechsel die Effizienz verbessert haben. Allerdings zeigen nur fünf davon eine gleichzeitige Nachfragesteigerung und damit ein Kaufrebound-Verhalten. Diese Fälle sind dem *optimierenden* Typ zuzuordnen. Hier hat die Effizienzverbesserung eine *erleichternde* Wirkung auf die Steigerung der Nachfrage, weil sie verhindert, dass die Nachfragesteigerung in einer Spritverbrauchssteigerung resultiert – was ohne Effizienzverbesserung der Fall wäre. Die Effizienzsteigerung verhindert also ein negatives Verbrauchsfeedback.

Insgesamt zeigen sich große interindividuelle Unterschiede im Nachfrageverhalten, in den Goal-Frames der Kaufentscheidung und in weiteren personenbezogenen Faktoren (Lebenssituation, Einkommen, Umweltschutzmotivation, bisheriger Sättigungsgrad der Automobilwünsche). Die problemorientierte Typologie zur sinnvollen Strukturierung dieser Unterschiede unterscheidet neben dem optimierenden noch den *wachstumsdominierten*, den *gesättigten* und den *preisfixierten* Käufertyp (vgl. Abbildung 6-3). Alle diese drei Typen zeigen kein Rebound-Verhalten.

Bei den Bezeichnungen der vier Typen fällt auf, dass sie eine Nähe zu ökonomischen Begrifflichkeiten (Wachstum, Sättigung, Preis, Optimierung) aufweisen und auf den ersten Blick nicht allzu sehr nach einem sozialwissenschaftlichen Erklärungsansatz klingen. Dies liegt in der hohen Gegenstandsorientierung begründet: die Typologie soll hauptsächlich die Unterschiede der Nachfrageverhaltensänderungen im Kontext von Kaufrebound (Rebound vs. Konstellationen ohne Rebound) erklären. Dennoch sind die Typen nicht nur durch ihr jeweiliges Nachfrageverhalten definiert, sondern spiegeln auch verschiedene Muster/Cluster von Goal-Frames (finanziell-gewinnorientiert beim *preisfixierten* Typ), Lebenssituation (sich verändernd beim *wachstumsdominierten* Typ) und den o. g. personenbezogenen Einflussfaktoren wider.

**Bezüge zum bisherigen Forschungsstand**

Die Ergebnisse zum Kaufrebound-Verhalten stimmen mit den Beobachtungen von Peters, Sonnberger und Deuschle (2012) darin überein, dass der bisherige Grad der Bedürfnisbefriedigung als wichtigster Einflussfaktor für Rebound-Verhalten angesehen wird und dass ökologische Motive nur vereinzelt der entscheidende Faktor für die Herbeiführung einer Effizienzverbesserung sind. Wie von Flamm und Agrawal (2012) berichtet, gibt es auch in meiner Stichprobe einige Autokäufer, die sich dezidiert von Umweltmotiven abgrenzen und diese in ihren Pkw-bezogenen Entscheidungen nicht berücksichtigen möchten. Oftmals fahren sie sehr schnell und sehr gerne Auto und können sich ein Leben ohne ihr Gefährt nicht vorstellen, zumindest nicht als gutes Leben. Diese Gruppe entspricht am ehesten dem von Anable (2005) beschriebenen Typus *Die Hard Drivers*, deren Anteil er auf 19 % der erwachsenen Bevölkerung in Großbritannien schätzt.

Dass die Effizienz für verschiedene Käufertypen unterschiedlich wichtig ist, deckt sich mit den deskriptiven US-amerikanischen Ergebnissen von Allcott (2011), wonach sich Autokäufer deutlich darin unterscheiden, ob, wie stark und wie präzise sie die Effizienz (als Spritkostenfaktor verstanden) als Kaufkriterium berücksichtigen.

Die größte Übereinstimmung zeigt sich mit der kalifornischen Interviewstudie zu Autokaufentscheidungen von Turrentine und Kurani (2007), denn auch in meiner Erhebung wurde Effizienz/Spritverbrauch nicht sehr häufig von den Befragten spontan als Kaufkriterium geäußert und wenn, dann häufiger von Personen mit niedrigem Einkommen. Ebenso zeigt sich in meinen Daten der bereits häufiger beobachtete Effekt, dass Personen mit niedrigem Einkommen zwar ein Interesse an Effizienz haben, allerdings nicht die Kaufkraft für ein Auto mit besonders effizienter Technologie besitzen (Dillman et al., 1983; Macias & Gregory, 2014).

Die von van Rijnsoever et al. (2009) in den Niederlanden beobachtete Kluft zwischen Umwelteinstellungen und Autokaufverhalten zeigt sich in meinen Daten nur bedingt. Sie zeigt sich nur bei Personen mit einer mittleren Umweltmotivation und einem hohen abstrakten Umweltwissen. Diese Personen deklarieren in meinen Interviews zwar ein Umweltproblembewusstsein und eine positive Einstellung zum Umweltschutz, sind aber nicht bereit sich bei ihrem Neuwagen in Hinblick auf Komfort oder Leistungsattribute einzuschränken und Umweltkriterien den Vorrang zu geben. Personen mit einer hohen intrinsischen Umweltmotivation handeln dagegen mit ihren Einstellungen konsistent und verbessern durchaus gezielt die Effizienz ihres Autos (vgl. Flamm, 2009; Kahn, 2007; Nayum et al., 2013) – sofern sie daran nicht durch eine bestimmte Lebenssituation (kleine Kinder/ländlicher Wohnort) oder ein geringes Einkommen gehindert werden. Außerdem zeigt sich auch in meiner Stichprobe, dass umweltmotivierte Personen eine explizite Abneigung gegen SUVs haben (vgl. Kahn, 2007). Dieses Automodell gilt mittel- bis hoch umweltmotivierten Personen als Inbegriff rücksichtsloser Ressourcenverschwendung.

## 7.3    Subjektives Effizienzverständnis

Die Ergebnisse zeigen, dass Effizienz keineswegs eindeutig einer bestimmten Motivkategorie zugeordnet werden kann. In bisherigen Studien wird Effizienz in der Regel von den Forschenden als instrumentelles Motiv oder rational-harter Faktor (Klühspies, 1999) eingeordnet. Dies entspricht einem technischen Verständnis von Effizienz als *Energie*effizienz und als instrumentelle Kostenersparnis, stellt m. E. aber eine Vorkategorisierung dar, die die Heterogenität der subjektiven Framings von Effizienz verdeckt. Erst das offene Vorgehen der qualitativen Forschung kann diese Reifikation verhindern, indem sie den Befragten weitestgehend selbst überlässt, wie sie den Sachverhalt (hier den Effizienzbegriff) interpretieren (Bohnsack, 2000). Durch diese Offenheit traten in meinem Material ganz unterschiedliche subjektive Frames von Effizienz zu Tage. Diese Frames reichen von ökologischen Vorteilen, über finanzielle Vorteile bis hin zu symbolischen Vorteilen von Effizienz, wenn sie mit technischer Innovation und Modernität assoziiert wird. Die breite Verwendung des Begriffs geht sogar teilweise so weit, dass sich das Wort *Effizienz* gar nicht mehr auf die Energie- oder Ressourceneffizienz bezieht. Mehrere Befragte erläutern, dass ein Auto dann effizient sei, wenn es ihre vielfältigen Anforderungen erfülle. Dieses Verständnis legt eine Bedeutung des Begriffs Effizienz nahe, die eher in Richtung *Effektivität* weist. Ein Auto soll ein effektives, d. h. wirkungsvolles, Mittel zur Erreichung von psycho-sozialem Wohlbefinden als universellem Ziel sein (vgl. das Konzept der *sozialen Produktionsfunktionen*, Lindenberg, 2001b). Durch die alltagssprachliche Unschärfe im Gebrauch der Begriffe *effizient* und *effektiv* dienen beide als wertvolle Anhaltspunkte für die sozialwissenschaftliche Interpretation der multiplen sozialen Verwendungszusammenhänge, in die das technische *Vehikel* eingebunden ist.

## 7.4    Fahrleistungsrebound-Verhalten und seine Einflussfaktoren

Die deskriptiven Ergebnisse zeigen, dass neun Personen durch ihren Autowechsel zwar die Effizienz verbessert haben, allerdings nur fünf davon ein Fahrleistungsrebound-Verhalten aufweisen, während vier Personen ihre Fahrleistung trotz besserer Effizienz konstant halten. Bei den übrigen Fällen zeigen die Ergebnisse verschiedene andere Konstellationen von Effizienzänderung und Nachfrageänderung. Dies führt zur Schlussfolgerung, dass eine technische Effizienzverbesserung als isolierter Faktor kein hinreichender Prädiktor für das Auftreten von Fahrleistungsrebound-Verhalten ist. Die Effizienzverbesserung muss vielmehr mit anderen Faktoren *gemeinsam* auftreten: eine positiv-hedonistische Einstellung zum Autofahren als Tätigkeit, gepaart mit einem niedrigen Einkommen, das zu einem bisher noch ungesättigten Pkw-Mobilitätsbedarf führt. Eine technische Effizienzverbesserung ist dann subjektiv als instrumentelle Kostenersparnis geframed und regt ein Rebound-Verhalten, v. a. in der nicht-habituierten Freizeit- und Urlaubsmobilität, an. Als hemmende Faktoren für Fahrleistungsrebound-Verhalten fungieren dementsprechend eine neutrale bis ablehnende Einstellung gegenüber dem Autofahren, eine hohe bisherige Fahrleistung oder ein mittleres bis hohes Einkommen (bereits gesättigter Pkw-Mobilitätsbedarf) und eine ausschließliche Verwendung des betreffenden Pkws für die Alltagsmobilität (keine Veränderung bisheriger Verhaltensroutinen). Im Gegensatz zu den fördernden Faktoren müssen die hemmenden Faktoren nicht gemeinsam auftreten, sondern entfalten auch als isolierte Faktoren eine blockierende Wirkung auf Fahrleistungsrebound-Verhalten.

### Bezüge zum bisherigen Forschungsstand

Es zeigen sich Übereinstimmungen mit den ökonomischen Studien, die eine negative Korrelation von Einkommen und Rebounds beobachten (Greene, 2012; Hymel et al., 2010; Small & van Dender, 2007; Sorrell, 2007; Su, 2011). Dabei stützen meine Ergebnisse die Argumentation von Sorrell (2007), dass Konsumenten mit niedrigem Einkommen einen geringeren Sättigungsgrad an Energiedienstleistungen aufweisen und deshalb ein höheres Risiko für Rebound-Verhalten haben. Allerdings scheint mir das niedrige Einkommen kein hinreichender Faktor zu sein, sondern es muss zusätzlich eine positiv-hedonistische Einstellung zum Autofahren als Tätigkeit vorliegen. Auf die Bedeutung dieses Faktors (gerne Auto fahren) verweisen auch Matiaske et al. (2012). Ihre Vermutung, dass Rebounds v. a. bei Diesel-Fahrzeugen oder Autos mit einem Verbrauch > 8 l/100 km auftreten, bestätigt sich in meinen Daten jedoch nicht. Zwar erreichen die Konsumenten durch den Wechsel auf ein Dieselfahrzeug i. d. R. eine Effizienzverbesserung (in l/100 km). Diese kann jedoch auch deshalb erfolgen, weil ein Mehrbedarf an Kilometern bereits beim Kauf antizipiert wurde (wie bei Frau Linde, n18) und somit ein Rebound *intendiert* wurde. So zeigen sich beim Zusammenhang von Dieselantrieben und hohen Fahrleistungen vermutlich Selbstselektionseffekte, wie auch Schipper et al. (2002) feststellen.

Viele der von Peters, Sonnberger und Deuschle (2012) in ihrer Fokusgruppenstudie diskutierten Einflussfaktoren auf Rebound-Verhalten erweisen sich auch in meiner Studie als hochrelevant, z. B. eine hedonistische Einstellung zum Autofahren und der bisherige Sättigungsgrad an Pkw-Mobilität. Die detaillierte, disaggregierte Betrachtung von Einzelpersonen und ihr systematischer Vergleich in der vorliegenden Studie erlauben es darüber hinaus, auch Aussagen über das *Zusammenwirken* dieser Faktoren zu machen (s. o.). So zeigt sich auch bei der Analyse des Faktors Umweltschutzmotivation, dass dieser zwar tendenziell hemmend auf Rebound-Verhalten wirkt, aber insbesondere in der Freizeit- und Urlaubsmobilität nicht zwingend zu einer Begrenzung der Pkw-Fahrleistung führt, zum Beispiel wenn umweltschutzmotivierte Familien gerne naturnahe Zelturlaube mit dem Pkw unternehmen (n09, n11). Würde die vierköpfige Familie von Frau Veil (n11) statt ihres Sommer-Zelturlaubs in Norddeutschland eine Flugreise an die Costa Brava unternehmen, fiele ihre Umweltbilanz vermutlich deutlich schlechter aus. Dies verweist zum einen auf die Notwendigkeit einer umfassenderen Betrachtung von Rebound-Verhalten, die alle Verkehrsmittel und ihre jeweiligen Energie- und Umweltbilanzen berücksichtigt (s. Kap. 8.1.2). Zum anderen zeigt sich hier auch, dass der Faktor Umweltschutzmotivation als isolierter Faktor oftmals nur geringe Erklärungskraft für das tatsächliche Autonutzungsverhalten hat, insbesondere in der Freizeit- und Urlaubsmobilität. Erst in der gemeinsamen Betrachtung mit den Faktoren Lebensumstände (Kinder im Haushalt; Berufstätigkeit), Einkommen und Wohnsituation (urban/ländlich) ergibt sich ein kohärenteres Bild.

Darüber hinaus neigen viele der Befragten, auch einige der Umweltmotivierten, dazu, die gefahrenen Autokilometer der Freizeit- und Urlaubsmobilität zu verdrängen. In der Interviewsituation versuchen sie spontan, diese Kilometer aus ihrer „eigentlichen" Jahresfahrleistung herauszurechnen. Dieser Verdrängungsmechanismus findet sich am wenigsten bei den Personen, die gar keine Umweltschutzmotivation zeigen. Sie scheinen den Tatsachen klarer ins Auge zu blicken, weil sie keine Umweltgewissensbisse und kognitive Dissonanzen haben, die verdrängt werden müssten.

Moral Licensing Prozesse in Bezug auf die Fahrleistung, wie sie Ohta und Fujii (2010) in ihrer japanischen Hybridauto-Käufer-Stichprobe beobachteten, finden sich in meinen Daten nicht. Dies mag aber auch daran liegen, dass die von mir für diese Fragestellung betrachteten Personen (n=19) alle lediglich eine inkrementelle (oder keine) Effizienzverbesserung vorgenommen und kein Hybridauto oder sonstiges alternativ angetriebenes Auto (im Sinne einer radikalen Effizienzverbesserung) gekauft haben.

Abschließend sei noch der Faktor Gewohnheit angesprochen, der bisher in der Literatur als schützender Faktor gegen Rebound-Verhalten diskutiert wurde (Peters, Sonnberger & Deuschle, 2012). Da sich das in meiner Stichprobe beobachtete Rebound-Verhalten überwiegend im Bereich der Freizeit- und Urlaubsmobilität abspielt, wirken Alltagsgewohnheiten tatsächlich einer noch größeren Mehrnachfrage entgegen. Die Freizeit- und Urlaubsmobilität ist bei vielen Personen weniger von gewohnheitsmäßigen Entscheidungen geprägt, was sie generell anfälliger für Pkw-Rebound-Verhalten macht.

## 7.5  Fahrstilrebound-Verhalten

Die deskriptiven Ergebnisse zeigen lediglich bei zwei Personen ein Fahrstilrebound-Verhalten. In beiden Fällen ist die Steigerung der Motorleistung (nicht der Effizienz) dafür entscheidend. Diese Beobachtungen weisen darauf hin, dass ein Fahrstil-Rebound-Verhalten nicht automatisch auf eine technische Effizienzverbesserung folgt.

Damit bestätigen meine Ergebnisse die Vermutungen von Peters, Sonnberger und Deuschle (2012), dass es hier große interindividuelle Unterschiede gibt. Diese Unterschiede betreffen zum einen die Grundtendenz des Fahrstils, die in vier Kategorien eingeteilt wurde (sportlich/ zügig/ defensiv/ energiesparend) und zum anderen die Art der Reaktion auf eine Effizienzverbesserung. Die sportlichen Fahrer suchen sich meist gezielt ein höher motorisiertes Auto aus, sofern sie es sich finanziell leisten können, und nutzen dann auch die Leistung, um schnell zu fahren. In ähnlicher Weise berichten auch Gonder et al. (2012), dass sich eine hohe verfügbare Motorleistung negativ auf Ecodriving auswirkt. Eine simultane Effizienzoptimierung kann dabei einen zusätzlichen, *erleichternden* Effekt für das energieintensivere Fahren haben, da sie verhindert, dass der Spritverbrauch proportional zur Motorleistungssteigerung und zum schnelleren Fahren steigt. Stattdessen sinkt der Spritverbrauch mit dem neuen, effizienteren und höher motorisierten Auto sogar. Dadurch bekommt die Fahrerin kein negatives

Feedback (in Form von gestiegenem Spritverbrauch und -kosten) zu ihrem ener-gieintensiveren Fahrstil. Dass die zwei Fälle mit einem Fahrstil-Rebound-Verhalten in meiner Stichprobe beim Fahren nicht besonders auf den Spritver-brauch achten (müssen), ist also möglicherweise eine Begleiterscheinung der Effizienzverbesserung.

Als Reaktion auf eine Effizienzverbesserung zeigt sich aber bei anderen Personen auch ein gegenteiliger Effekt: vier Fälle zeigen tendenziell mehr Eco-driving nach der Effizienzverbesserung als vorher. Wer sich einmal eine Ecodri-ving-Routine angewöhnt hat, scheint diese nicht wegen eines effizienteren Autos aufzugeben. Dies deckt sich mit den Beobachtungen von Strömberg et al. (2015), die berichten, dass die im Spritsparen besser geschulten jüngeren Fahrer gar nicht mehr darüber nachdenken, sondern aus Gewohnheit energiesparend fahren.

Wie in den detaillierteren Studien zum Thema Feedbacktechnologien (Bar-kenbus, 2010; Hermsen et al., 2016), zeigt sich auch in meiner Stichprobe, dass diese ein „disruptives Potenzial" haben, also die Gewohnheit des Fahrstils in eine positive Richtung verändern können. Das gleiche gilt für Spritspartrainings (Barkenbus, 2010; Beusen et al., 2009; Strömberg et al., 2015). Dabei sind die spritsparendsten Fahrer solche, die auch nach ihrem Spritspartraining kontinuier-lich zum energiesparenden Fahren motiviert sind, sei es durch Anreize des Ar-beitgebers, wie eine Auszeichnung für den spritsparendsten Fahrer im Unter-nehmen (vgl. den Fall n15), oder durch eine hohe intrinsische Umweltmotivati-on. Letzteres deckt sich mit den Ergebnissen von Dogan et al. (2014), dass Um-weltmotive durchaus eine gute Erklärungskraft für spritsparendes Fahren haben.

Die von Lauper et al. (2015) beobachtete Lücke zwischen der Intention zum spritsparenden Fahren und dem tatsächlichen Verhalten zeigt sich auch in meiner Stichprobe bei den Fällen, die nur gelegentlich aber nicht gewohnheits-mäßig spritsparend fahren. Die Betreffenden wissen zwar, was sie tun müssten um spritsparender zu fahren (vgl. van Mierlo et al., 2004). Im praktischen Alltag sind dann aber andere Ziele prioritär, wie auch Dogan et al. (2011) berichten. In meiner Stichprobe sind diese anderen Ziele v. a. schnelles Vorankommen (vgl. Gonder et al., 2012) und thermischer Komfort aller Passagiere (bes. der Kinder), was in einer intensiven Klimaanlagennutzung mit hohem Energieverbrauch re-sultiert.

Die Herstellerangaben zum Spritverbrauch werden zwar von fast allen Be-fragten als unrealistische Werte wahrgenommen. Dies führt aber nicht etwa zu einer Resignation (à la „ist ja eh alles gefälscht"), sondern im Gegenteil, zu ei-nem interessanten Benchmarking-Prozess. Die Fahrerin entwickelt den Ehrgeiz, die Herstellerangabe durch ihre spritoptimierte Fahrweise zu erreichen. Die Herstellerangabe ist die Zielmarke, der Anker (im Sinne einer Anchoring-Heuristik): „ich möchte schon da drunter liegen. Also ich möchte schon, wenn da ne Herstellerangabe ist, da versuche ich zumindest mal, das mal hinzukriegen und nicht deutlich drüber zu liegen, vom Verbrauch" (n15_t2: 12). Man hat das Gefühl, sein Fahrzeug zu beherrschen, wenn die Herstellerangabe als Zielmarke, zumindest gelegentlich, erreicht oder sogar unterboten werden kann.

In der ökonomischen Rebound-Logik müsste sich bei Personen, die die Effizienz ihres Autos verschlechtert haben, ein umgekehrtes Verhalten zeigen, sie müssten nun also spritbewusster fahren als vorher. Dafür finde ich jedoch bei keiner der Personen, die auf ein verbrauchsintensiveres Auto gewechselt haben, Anhaltspunkte in den Interviews. Eine Verschlechterung der Effizienz scheint kein disruptives Potenzial für eine Änderung des Fahrstils zu haben.

Insgesamt schätze ich das disruptive Potenzial einer inkrementellen Effizienzverbesserung für die Änderung des Fahrstils größer für die positive Richtung (mehr Ecodriving) als für die negative Richtung ein. Eine deutliche Effizienzverbesserung scheint nur in Ausnahmefällen mit Rebound-Verhalten einherzugehen, sondern eher die Motivation zu einem spritsparenden Fahrstil zu verstärken, insbesondere wenn dieser schon vorher vorhanden war. Dann wird Ecodriving als Gewohnheit beibehalten und teilweise sogar noch verstärkt. Dafür spricht auch die Beobachtung der motivierenden Wirkung der Herstellerangaben im Sinne einer Zielmarke, obwohl diese als unrealistisch empfunden werden. Ob dieser Effekt auch nach dem öffentlichen Skandal um Abgasmanipulationen erhalten bleiben wird, muss die zukünftige Forschung zeigen.

## 7.6    Moral Licensing

Die Ergebnisse der Interviewauswertung zeigen, dass Moral Licensing Prozesse durch die individuelle Ausprägung der Umweltmotivation bedingt sind. Personen mit niedriger Umweltmotivation zeigen kein Moral Licensing, da ökologische Kriterien für sie keine Handlungsorientierung darstellen und sie deshalb ihren Autokonsum nicht in einem normativen Goal-Frame wahrnehmen. Personen mit einer hohen und intrinsisch geprägten Umweltmotivation zeigen ebenfalls kein Moral Licensing. Hier sprechen die empirischen Ergebnisse für die Gültigkeit des Moral Credentials Model (Miller & Effron, 2010): hoch umweltmotivierte Personen identifizieren sich stark mit ökologischen Zielen, sehen ihre umweltfreundlichen Taten als kleinen Beitrag zur großen Sache und halten an einer umweltschützenden Grundhaltung fest, obwohl sie um gegenläufige globale

Ressourcenkonsumtrends wissen. Sie möchten sich nicht als Heuchler fühlen und versuchen ihren ökologischen Fußabdruck so weit wie möglich zu minimieren.

Bei den Personen mit einer moderat ausgeprägten Umweltmotivation deuten die empirischen Hinweise auf die Gültigkeit des Moral Credits Model (Merritt et al., 2012) und damit verbundener Moral Licensing Prozesse hin. Dies ist insbesondere dann der Fall, wenn die Person in ihrer Umweltmotivation stark extrinsisch orientiert ist. Ökologische Verträglichkeit ist dann eine Frage der grünen Außenwirkung und der *relativ* besseren Öko-Performance im Vergleich zur eigenen Peergroup. Wenn das eigene Auto im Vergleich mit Alternativmodellen, die im Freundeskreis gefahren werden, vergleichsweise effizient ist, dient dieser wahrgenommene Effizienzgrad als Symbol für ein sauberes, modernes Auto. Die (gefühlte oder tatsächliche) Effizienz fungiert als innere Erlaubnis, das leistungsstarke oder große Auto ohne schlechtes Gewissen genießen zu können.

Auch diejenigen Personen, deren moderat ausgeprägte Umweltmotivation eine starke Komfortorientierung aufweist, zeigen vereinzelt Moral Licensing Prozesse. Die Komfortorientierung und stressige Alltagsanforderungen führen zu zahlreichen kognitiven Dissonanzen, die gelegentlich durch ökologische Ausgleichshandlungen, z. B. ein Einkauf im Biosupermarkt, gemildert werden sollen. Beim Auto kann bereits das Vorhandensein einer Taste für den EcoModus, die man gerne von Zeit zu Zeit nutzen *möchte*, beruhigend auf das ökologische Gewissen einwirken und damit der moralischen Selbstregulation dienen („Ich fühl mich schon besser, den zu haben, die Taste", n24_t1: 29). Diese Beobachtung steht im Einklang mit den Berichten von Merritt et al. (2012), dass bereits die (gelegentliche) Intention zu einem ökologischen Verhalten eine gewissensentlastende Funktion haben kann.

Somit zeigen die Ergebnisse der vorliegenden Studie erstens, dass Moral Licensing kein automatisierter Prozess oder „Effekt" ist, der bei allen Personen gleichermaßen abläuft, sondern dass Moral Licensing stark durch die individuelle Ausprägung der persönlichen (Umwelt-)Norm bedingt ist. Zweitens zeigen die Ergebnisse, dass sich das Moral Credits Model und das Moral Credentials Model nicht ausschließen, sondern komplementär zu verstehen sind. Ersteres erklärt eher das Verhalten von moderat umweltmotivierten Personen, während letzteres besser zur Erklärung des Verhaltens von hoch umweltmotivierten Personen geeignet ist. Drittens zeigen die Ergebnisse, dass Moral Licensing sich tatsächlich auch außerhalb des Labors nachweisen lässt (Effron & Conway, 2015; Hofmann et al., 2014). Viertens verdeutlichen die Ergebnisse, dass zukünftige Forschung zu moralischer Selbstregulation stärker auf qualitative Methoden setzen sollte, um Moral Licensing nicht auf einen Verhaltenseffekt im Sinne eines Black-Box-Modells zu reduzieren, sondern die dahinter liegenden kognitiv-emotionalen Prozesse tiefergehend zu verstehen.

## 7.7  Forschungsmethodische Diskussion und Limitationen

Das qualitative Design der vorliegenden Studie hat sich als gewinnbringender Ansatz erwiesen, um relevante Faktoren für individuelles Pkw-Rebound-Verhalten zu identifizieren, ihre relative Bedeutung abzuschätzen und ihr Zusammenspiel besser zu verstehen. Dennoch unterliegt die Studie auch einigen Limitationen. Eine Abschätzung der Auftrittshäufigkeit der für Kaufrebound-Verhalten entwickelten Käufer-Typen ist mit dem vorhandenen Datenmaterial nicht möglich. Auch kann nicht ausgeschlossen werden, dass es weitere Typen gibt, denn die hier vorliegende Typologie basiert ausschließlich auf den dafür berücksichtigten Einzelfällen. Durch den qualitativen Stiehprobenplan konnte ich zwar insgesamt eine gute Heterogenität der Stichprobe hinsichtlich phänomenspezifischer und standardsoziodemografischer Merkmale erreichen. Die Realisierung der Vorgaben gelang aber nicht in allen Punkten. Personen mit hohen Fahrleistungen und einem privat zugelassenen Pkw (z. B. Berufspendler) sind beispielsweise kaum vertreten, obwohl dies im Stichprobenplan vorgesehen war. Meine Versuche, Personen mit einer hohen Fahrleistung als Interviewpartner zu akquirieren, resultierten eher in der Akquise von Dienstwagenfahrern (z. B. n15, n29).

Die zunächst überraschend hohe Zahl von sieben Befragten mit einem Dienstwagen, obwohl private Autokäufer gesucht wurden, stellt auf den zweiten Blick auch ein eigenes Ergebnis dar. Offenbar verstehen auch Dienstwagenfahrer das Auto als „ihr" Auto, für das sie persönlich eine Kaufentscheidung treffen und meldeten sich deshalb auf meinen Interviewaufruf. Alle befragten Dienstwagenfahrer nutzen das Auto auch privat, sowohl die Personen mit einem vom Arbeitgeber gestellten Wagen als auch die selbständig arbeitenden Personen, und bezogen deshalb auch private Nutzungsansprüche in ihre Kaufentscheidung mit ein.

### Heiliges Blechle im Ländle?

Die große Mehrheit meiner Interviewpartner lebt im Großraum Stuttgart und man könnte einwenden, dass die Menschen in dieser Region eine besondere Beziehung zum Automobil haben und dies die Generalisierbarkeit meiner Ergebnisse einschränke. Tatsächlich ist die soziale Norm in Bezug auf Autokonsum sicherlich in der automobilwirtschaftlich geprägten Stuttgarter Region eine andere als beispielsweise in Berlin. Die von mir befragten Personen sind jedoch keineswegs eine homogene Gruppe autovernarrter Statuskäufer, sondern weisen eine große Heterogenität hinsichtlich ihrer Beziehung zum Auto (kritisch/pragmatisch/enthusiastisch), ihrer Kaufmotive/Goal-Frames und ihrer Umweltmotivation und deren Berücksichtigung in der Kaufentscheidung auf. Gerade die hohe Alltagsdurchdringung des Pkw in der Stuttgarter Region bringt den Vorteil mit sich, dass sich der Autobesitz hier durch alle Gesellschaftsschichten zieht und mit einer solchen Stichprobe die (für qualitative Forschung so wichtige) Bandbreite an Käufern und Motiven gut abgebildet werden kann.

**Die Verwendung von l/100 km als Maß für technische Pkw-Effizienz**

In der vorliegenden Studie wurde der Energieverbrauch in Litern Kraftstoff auf 100 km als Maß für die technische Effizienz eines Pkw genutzt. Madlener und Alcott (2011) halten jedoch die Einbeziehung des Fahrzeuggewichts in das Effizienzmaß für unabdingbar, um Rebound zu diagnostizieren. Dementsprechend empfehlen sie, mit Verweis auf die gleichlautende Forderung von Sorrell (2007), als Effizienzmaß *Liter Sprit pro Tonnenkilometer* (l/tkm) zu nutzen (Madlener & Alcott, 2011, S. 9)[50]. Auf diesen Einwand möchte ich im Folgenden kurz eingehen und die Entscheidung für den Verbrauch in l/100 km noch einmal ausführlich erläutern.

Zunächst erscheint die Berücksichtigung des Gewichts sinnvoll, denn grundsätzlich können Ingenieure eine mögliche technische Effizienzverbesserung des Motors in zwei Richtungen nutzen: sie können die Modellkonfiguration genauso belassen wie sie ist und die Effizienzverbesserung des Motors dazu nutzen, den Energieeinsatz zu senken: stellen wir uns einen Golf-Kombi vor (ca. 1,5 t Leergewicht), der bisher 6 Liter Sprit auf 100 km verbraucht hat und nun in der effizienteren Version nur noch 5 Liter verbraucht, wenn er 100 km weit gefahren wird. Die andere Richtung wäre, dass die Ingenieure die neue Effizienz des Motors dazu nutzen, mit dem gleichen Energieeinsatz mehr Leistung zu erzielen. Sie würden also an der Output-Seite „schrauben". Der neue Golf-Kombi hat jetzt (durch zusätzliche Komfortausstattung, Automatikschaltung etc.) 2 t Leergewicht, braucht aber weiterhin 6 Liter Sprit. Dies würde einem Rebound

---

[50] Mir ist jedoch keine empirische Rebound-Studie bekannt, die diese Forderung umgesetzt hat, möglicherweise aufgrund der im Folgenden ausgeführten Probleme.

entsprechen, da die Effizienzgewinne nicht zur Senkung des absoluten Energie-verbrauchs, sondern zur Intensivierung der Leistung (höhere Ausstattung, die wiederum das Fahrzeuggewicht erhöht) genutzt werden. Das Fahrzeuggewicht ist damit jedoch ein Näherungsmaß für die Leistung und sollte *nicht* Bestandteil des Effizienzmaßes sein. Wenn das Gewicht bereits in das Effizienzmaß mitein-berechnet wird, kann es danach nicht als Teil der Verhaltensänderung, die in Reaktion auf die technische Effizienzverbesserung geschieht, betrachtet werden. Es würde sonst gewissermaßen auf beiden Seiten der Gleichung stehen. Deshalb darf das Gewicht nicht in das Effizienzmaß integriert werden, zumindest wenn die Untersuchung von Rebound-*Verhalten* als Folge einer technischen Effizienz-verbesserung im Fokus steht.

Ein weiterer problematischer Aspekt des Gewichts als Bestandteil eines Ef-fizienzmaßes ist, dass sich das Gewicht unterschiedlich stark auf den Spritver-brauch auswirkt, je nachdem, ob eine Beschleunigungsphase, eine Fahrt bergauf oder eine Autobahnfahrt mit konstanter 130 km/h Geschwindigkeit betrachtet wird. Auf diese wichtigen Zusammenhänge weist Meurisse (2015) in ihrer Dis-sertation zu Rebound eindrücklich hin. Sie betont, dass sich die einzelnen Fahr-zeugeigenschaften, z. B. Aerodynamik oder Reifenrollwiderstand, je nach Stre-ckenprofil sehr unterschiedlich als verlangsamende Kräfte auf die Bewegung des Fahrzeugs auswirken und damit auch auf den Energieverbrauch, der nötig ist, um ihnen entgegenzuwirken. Sie veranschaulicht dies für den Vergleich von Stadt-verkehr versus Autobahnverkehr. Während die Aerodynamik des Fahrzeugs im Stadtverkehr nur etwa 10 % der verlangsamenden Kräfte ausmacht, sind es auf der Autobahn dagegen 70 %. Somit sind im Stadtverkehr die Masse/ das Ge-wicht des Fahrzeugs (inertia force, 50 %) und der reifenbedingte Rollwiderstand (Tyre's rolling resistance force, 30 %) viel ausschlaggebender für den Spritver-brauch als die Aerodynamik.

Insgesamt zeigt sich, dass es von der Fragestellung abhängt, was auf der Input- und was auf der Output-Seite mit in die Berechnung von Effizienz einflie-ßen soll. Für die vorliegende Untersuchung war es wichtig, technische Effizienz-verbesserung und menschliche Verhaltensänderung konzeptuell klar voneinander zu trennen. Deshalb wurde für die Operationalisierung von technischer Effizienz das einfache Maß des Spritverbrauchs in Litern pro 100 Kilometer (l/100km) herangezogen und das Gewicht nicht in das Effizienzmaß miteinbezogen.

**Das Punkteschema zur Operationalisierung von Rebound-Verhalten**

Das verwendete Punkteschema zur Abschätzung der Veränderungstendenzen von technischem Effizienzgrad und individuellem Nachfrageverhalten hat sich als praktikable Vorgehensweise erwiesen, um eine grobe Einordnung der Veränderungen vornehmen zu können. Nur so konnte ich die beobachteten Konstellationen von Effizienz- und Nachfrageänderung in Hinblick auf Rebound-Verhalten einordnen und bewerten. Das Punkteschema ist jedoch nur ein grobes, heuristisches Instrument.

Die Vergröberung der Skala auf ganze Punkte und ihre Begrenzung von -3 bis +3 Punkten sollen den Messunsicherheiten Rechnung tragen, die im Methodenkapitel (5.3) detailliert besprochen und problematisiert wurden. Dies geht jedoch auch mit einem Informationsverlust einher. So kann beispielsweise ein Wert von zwei Punkten für eine Veränderung von 20 % bis 29 % stehen. Ein Wert von 3 Punkten steht stellvertretend für alle Veränderungen von 30 % oder mehr. Bei der Effizienzveränderung zeigten sich in den Rohdaten selten Veränderungen, die mehr als 30 % betrugen. Weil der Fokus und Ausgangspunkt der Betrachtung ebendiese Effizienzveränderungen sind, sollte das Punkteschema die Varianz in diesem Bereich (-30 bis +30 %) möglichst gut wiedergeben. Die Skalierung der Nachfrage wurde daran angepasst. Insgesamt hat das Punkteschema seinen Zweck erfüllt, eine dichotome Entscheidung zu ermöglichen, bei welchen Personen ein Rebound-Verhalten vorliegt und bei welchen dies nicht der Fall ist. Bei zukünftig besserer Datenlage ist eine feiner aufgelöste quantitative Abschätzung und Interpretation allerdings wünschenswert.

In einem interdisziplinären Setting und einer größer angelegten Studie sollte Pkw-Rebound-Verhalten darüber hinaus nicht allein durch den Energieverbrauch definiert werden, sondern eher im Sinne einer integrierten Ökoeffektbewertung. Dann könnten auch die spezifischen Fahrzeugemissionen verschiedener Antriebe (z. B. Diesel) und Well-to-Wheel Analysen oder Pkw-Lebenszyklusanalysen berücksichtigt werden, was mir in der vorliegenden Studie leider nicht möglich war. Weiterhin wäre es wünschenswert, die gesamten Mobilitätsverhaltensweisen einer Person hinsichtlich ihres Umweltimpacts und möglicher Verlagerungseffekte zu untersuchen. Wenn der Sommerurlaub mit dem Flugzeug statt dem Familienkombi unternommen wird (vgl. Kap. 3.3 zu diesem Trend), ist dabei für die Umwelt nichts gewonnen. Derlei Effekte konnte ich in der vorliegenden Erhebung nicht berücksichtigen, was ich als Limitation der Studie betrachte. – Doch auch die klare Definition von Systemgrenzen ist in der Nachhaltigkeitsforschung wichtig und für die empirische Operationalisierung von Fragestellungen unerlässlich. In der vorliegenden Arbeit habe ich mich deshalb nur auf die Berücksichtigung von direktem Rebound-Verhalten in der individuellen

Pkw-Mobilität beschränkt und hoffe damit einen Beitrag zum Verständnis von privatem Energiekonsum in diesem Handlungsfeld geleistet zu haben.

# 8. Implikationen

In diesem Kapitel werden die Ergebnisse der vorliegenden Studie hinsichtlich ihrer Implikationen für Praxis und Forschung betrachtet. Politische Handlungsempfehlungen werden im ersten Teil (8.1) vorgestellt. Darauf folgen eine kritische Diskussion des Rebound-Konstrukts und ein Ausblick auf den zukünftigen Forschungsbedarf zum Thema Pkw-Rebound-Verhalten (8.2). Die Arbeit schließt mit einer Zusammenfassung der wichtigsten Ergebnisse (8.3).

## 8.1 Praktische Implikationen und politische Handlungsempfehlungen

Individuelles Pkw-Rebound-Verhalten wurde in der vorliegenden Studie auf drei Dimensionen betrachtet. Da diese Dimensionen (Kauf, Fahrleistung, Fahrstil) verschiedene Handlungsfelder widerspiegeln, werden die praktischen Schlussfolgerungen aus den jeweiligen Ergebnissen im Folgenden separat vorgestellt.

### 8.1.1 Kaufrebound-Verhalten

Umweltpsychologische Studien zur Wirksamkeit von Maßnahmen zur Steuerung umweltrelevanten Verhaltens zeigen, dass derlei Maßnahmen immer zielgruppenspezifisch konzipiert werden sollten (s. exemplarisch die Metaanalyse von Abrahamse & Steg, 2013). Für eine Eindämmung von Kaufrebound-Verhalten liegt es daher nahe, die in Kapitel 6.1.3 entwickelte Rebound-bezogene Käufertypologie zur Zielgruppenbildung zu nutzen.

Nur der *optimierende* Käufertyp zeigt eine Tendenz zu Kaufrebound-Verhalten. Die Fälle dieses Typus haben eine geringe Umweltmotivation, ein mittleres Einkommen und Lebensalter (35-50 J.) und zeigen Fahrspaß- oder Alltagskomfort-hedonistische, sowie Status-gewinnorientierte Goal-Frames. Sie hatten bisher schon ein zufriedenstellendes Auto, das ihnen aber noch nicht alle Wünsche vollständig erfüllte. Die optimierenden Käufer wollen meist noch etwas mehr PS oder Ausstattungskomfort als vorher haben und versuchen gleichzeitig durch den Autowechsel noch eine Effizienzverbesserung „mitzunehmen".

© Springer Fachmedien Wiesbaden GmbH, ein Teil von Springer Nature 2019
S. Becker, *Individuelles Rebound-Verhalten in der Pkw-Mobilität*, Studien zur Mobilitäts- und Verkehrsforschung, https://doi.org/10.1007/978-3-658-20679-6_8

Obwohl der optimierende Typ die deutlichste Tendenz zum Kaufrebound-Verhalten zeigt, halte ich es aus einer normativen Nachhaltigkeitsperspektive nicht für sinnvoll, ihn ins Zentrum einer umweltpolitischen Maßnahme zur Senkung des Energieverbrauchs zu stellen. Auch der *gesättigte* und der *wachstumsdominierte* Käufertyp entscheiden sich keineswegs für das umweltfreundlichste Auto. Die drei Typen unterscheiden sich hauptsächlich in ihrem vorherigen Sättigungsgrad des Pkw-Konsumlevels. Der wachstumsdominierte Käufertyp zeigt eine starke Nachfragesteigerung, der optimierende Typ eine mittlere und der gesättigte Typ gar keine Nachfragesteigerung. Der preisfixierte Typ zeigt ebenfalls keine Nachfragesteigerung, sondern eher eine sinkende Nachfragetendenz, die jedoch durch ein niedriges Einkommen bedingt und damit unfreiwilliger Natur ist.

Da diese Typologie auf Rebound-Verhalten, im Sinne einer gleichzeitigen Effizienz- und Nachfragesteigerung, fokussiert ist, kann sie das *absolute* Pkw-Konsumlevel und damit den *absoluten* Umweltressourcenverbrauch nicht widerspiegeln. Der absolute Pro-Kopf-Verbrauch ist jedoch die zentrale umweltrelevante Größe (Kleinhückelkotten et al., 2016) für die Zieldefinition von Interventionen. Politische Maßnahmen zur Verbesserung der Umweltbilanz von Pkw-Kaufentscheidungen müssen darauf abzielen, dass der Kauf von kleineren, leichteren, niedriger motorisierten und alternativ angetriebenen Autos gefördert wird, sodass der absolute Kraftstoff- und Ressourcenverbrauch sinkt.

Eine tiefergehende Evaluation der Wirkweise von politischen Steuerungsinstrumenten zur Senkung des absoluten Ressourcenverbrauchs in der Pkw-Mobilität[51] stand nicht im Zentrum der vorliegenden Arbeit. Dennoch lassen sich aus den vorliegenden Ergebnissen auch nützliche Schlussfolgerungen für die drei effizienzbezogenen Instrumente, die in Kapitel 3.1 vorgestellt wurden, ziehen:

Das Pkw-Effizienzlabel bietet die Chance, einen umweltnormativen Goal-Frame bei den Verbrauchern zu aktivieren, sodass sie den Autokauf als eine umweltrelevante Entscheidung wahrnehmen – und umweltrelevante Merkmale entsprechend in ihrer Entscheidung berücksichtigen. In seiner jetzigen Form ist das Pkw-Effizienzlabel jedoch nicht zweckdienlich für eine *absolute* Senkung des Ressourcenverbrauchs. Es setzt die $CO_2$-Emissionen ins Verhältnis zum Fahrzeuggewicht (vgl. Kapitel 3.1) und gibt dadurch nur Orientierung *innerhalb* des jeweiligen Fahrzeugsegments. Das Pkw-Effizienzlabel in seiner jetzigen

---

[51] Siehe dazu beispielsweise Graham-Rowe, Skippon, Gardner und Abraham (2011); Santos, Behrendt und Teytelboym (2010)

Form sollte durch ein Label ersetzt werden, das den absoluten Pro-Kopf-Ressourcenverbrauch, der durch das neue Auto verursacht wird, berücksichtigt. Für eine vierköpfige Familie, die sich einen Kompaktwagen kauft und diesen zu viert nutzt, würde dann eine deutlich bessere „Ökobilanz" ausgewiesen als für eine Käuferin, die einen hoch motorisierten Sportwagen zur Ein-Personen-Nutzung anschafft.

Die Orientierung am absoluten Ressourcenverbrauch entspräche auch dem Energiekonzept der Bundesregierung (2010), das für den Verkehrssektor eine Reduzierung des Endenergieverbrauchs von 10 % bis zum Jahr 2020 (und 40 % bis 2050) gegenüber dem Vergleichsjahr 2005 vorsieht. Die absoluten $CO_2$-Emissionsgrenzen, die auf EU-Ebene beschlossen und national umgesetzt wurden (vgl. Kapitel 3.1), sind für die Reduzierung des verkehrsbedingten Energieverbrauchs eine sinnvollere Maßnahme als das Pkw-Effizienzlabel (in seiner bisherigen Form). Auch die Hubraum- und $CO_2$-basierte KfZ-Steuer, sowie die vollständige KfZ-Steuerbefreiung von Elektroautos für 10 Jahre, gibt den Verbrauchern die richtige Zielmarke vor.

### 8.1.2   Fahrleistungsrebound-Verhalten

Die Ergebnisse zum Fahrleistungsrebound-Verhalten zeigen, dass eine technische Effizienzsteigerung nur dann mit Rebound-Verhalten einhergeht, wenn eine Person gerne Auto fährt und aufgrund eines niedrigen Einkommens ihre Pkw-Mobilitätsbedürfnisse mit dem vorherigen Auto noch nicht vollständig befriedigen konnte. Sie nimmt die technische Effizienzverbesserung dann als eine willkommene Kostenersparnis wahr und kann ihre Pkw-Mobilitätsbedürfnisse besser befriedigen als vorher, indem sie z. B. eine zusätzliche oder deutlich weitere Urlaubsreise mit dem Auto unternimmt. Diese Intensivierung der Pkw-Freizeitmobilität wird von einem Interviewpartner (n09) sehr deutlich als Steigerung seiner Lebensqualität beschrieben.

Aus der normativen Nachhaltigkeitsperspektive sind derlei Fahrleistungssteigerungen nicht wünschenswert. Sollten wir also umweltpolitische Instrumente zur Bekämpfung von Fahrleistungsrebound-Verhalten entwickeln und implementieren? Drei Gründe sprechen dagegen:

(1) Da ein Fahrleistungsrebound-Verhalten stark einkommensabhängig ist, würden solche Instrumente einkommensschwache Personen stärker treffen als einkommensstarke (Chitnis, Sorrell, Druckman, Firth & Jackson, 2014). Hier käme es schnell zu einem Zielkonflikt mit normativen Prinzipien der sozialen Gerechtigkeit.

(2) Die einseitige Fokussierung auf Pkw-Fahrleistungsrebound-Verhalten würde außer Acht lassen, dass Personen mit einer konstant hohen Pkw-Fahrleistung (z. B. 40.000 km p. a.) einen schlechteren Umwelt-Impact haben als Personen, die von einer geringen Fahrleistung (z. B. 10.000 km p. a.) auf eine mittlere Fahrleistung (z. B. 20.000 km p. a.) erhöhen[52]. Dies ist ein grundsätzliches, der Idee des Rebounds inhärentes Problem. Das Konstrukt des Rebound-Verhaltens verleitet dazu, sich zu sehr auf relative Schwankungen, statt auf die absolute Höhe des Energieverbrauchs zu konzentrieren. Die für die Umwelt relevante Größe ist jedoch der absolute Energieverbrauch pro Kopf. Daran schließt sich der dritte Punkt an:

(3) Eine isolierte Fokussierung auf das Ziel der Verhinderung von *Pkw-Fahrleistungsrebound* könnte zu unerwünschten Verlagerungseffekten auf andere, noch ressourcenintensivere Verkehrsmittel führen. Wie in Kapitel 3.3 ausgeführt, zeigt die Entwicklung im Bereich der Urlaubsmobilität bereits einen Trend zur Verlagerung vom Pkw auf das Flugzeug.

Umweltpolitische Instrumente zur Senkung des mobilitätsbedingten Ressourcenverbrauchs sollten also auf einer *integrierten pro-Kopf-Umweltbilanz* basieren und auf eine Senkung des *absoluten* Energieverbrauchs abzielen.

Bei der Gestaltung solcher umwelt- und verkehrspolitischen Instrumente gilt es die sozialen Produktionsfunktionen[53] (Lindenberg, 2001b), in die die jeweiligen Verkehrsmittel und ihre Nutzungsmuster eingebunden sind, zu berücksichtigen. Das übergeordnete Ziel menschlichen Handelns, psychosoziales Wohlbefinden zu erreichen, und die damit verbundenen instrumentell-universellen Ziele (Stimulation/Aktivierung, Komfort, Status, Verhaltensbestätigung, Zuneigung, vgl. Lindenberg, 2001b) müssen wir dabei als unveränderlich ansehen. Die Verknüpfung eines bestimmten Mittels mit einem dieser Ziele, d. h. die soziale Produktionsfunktion, ist aber durchaus veränderbar. Nehmen wir als

---

[52]  Damit ist nicht gemeint, dass wir Fahrleistungssteigerungen im unteren Bereich vernachlässigen können, weil andere (die Vielfahrer) ja „noch schlimmer" sind. Vielmehr geht es darum, die Limitationen einer ausschließlich auf Effizienz (also relative Verbrauchsänderungen) statt auf materielle Suffizienz (absolute Senkung des Pro-Kopf-Ressourcenverbrauchs) ausgerichteten Betrachtungsweise aufzuzeigen.

[53]  Das Konzept der sozialen Produktionsfunktionen wurde in Kap. 4.1.1 als Bestandteil der Theorie Sozialer Rationalität vorgestellt. Es stand nicht im Fokus der empirischen Analyse, schlägt aber die wichtige Brücke zwischen der problemorientierten Rebound-Fokussierung und einer lösungsorientierteren Analyse der vorliegenden Ergebnisse, die einen Ausblick auf Verlagerungspotenziale ermöglicht.

Beispiel das Ziel des physischen Wohlbefindens mit dem untergeordneten Ziel physische Aktivität/Sport. Eine Person kann mit dem Auto zum Fitnessstudio fahren und dort eine Stunde aufs Laufband gehen oder sie kann die gleiche Zeit über im Park joggen. Beide Mittel erfüllen ihren Zweck, durch physische Aktivität physisches Wohlbefinden zu produzieren, doch die Umweltbilanz dieser sozialen Produktionsfunktionen unterscheidet sich deutlich.

Wenn man sich aus den oben genannten Gründen etwas vom Fokus auf Effizienz und Rebound-Verhalten löst, dann können die Ergebnisse der vorliegenden Studie auch dazu genutzt werden, ausgewählte Potenzialgruppen für eine *absolute* Senkung des Pkw-bedingten Mobilitätsenergieverbrauchs zu bilden. Dies war nicht das Hauptanliegen dieser Studie, deswegen skizziere ich im Folgenden lediglich in einem exemplarischen Sinne drei mögliche Gruppen und gehe als Ausblick auf ihre unterschiedlichen sozialen Produktionsfunktionen ein.

Für Personen mit einer positiv-hedonistischen Einstellung zum Autofahren ist diese Tätigkeit mit den übergeordneten Zielen Erholung (im Urlaub) und Stimmungsregulation (im Alltag) verbunden. Das Auto hilft ihnen also (durch seine Eigenschaften wie Transportkapazität, Reichweite, Beschleunigungsvermögen), psycho-soziales Wohlbefinden zu produzieren. Diese Gruppe weist Ähnlichkeiten mit dem von Anable (2005) beschriebenen Typ „Die Hard Drivers" auf (vgl. Kap. 2.2.2). Bei dieser Personengruppe sehe ich mittelfristig relativ wenig Potenzial, ihre Fahrleistung zu senken. Da diese Auto-affinen Personen sich aber oftmals sehr für neue Technologien interessieren, wäre hier ein Austausch der Verbrennungstechnologie durch alternative Antriebe besonders vielversprechend und sollte weiter zielgruppenspezifisch forciert werden.

Bei Personen, die ein pragmatisches, unemotionales Verhältnis zum Autofahren haben (vgl. den Typ „Complacent Car Addicts", Anable, 2005), ist die Einbindung des Autos in eine soziale Produktionsfunktion oftmals auf die Erwerbstätigkeit fokussiert. Man benutzt das Auto, um (möglichst zeitsparend) zur Arbeitsstelle zu kommen oder auch um die Arbeitstätigkeiten (z. B. Baustellenbesuche als Architekt) auszuführen. Diese Personen sind offen für alternative Verkehrsmittel, wie ÖPNV, Fahrrad/E-Bike, brauchen aber teilweise veränderte Rahmenbedingungen oder gute Anreize, damit sie wirklich umsteigen. So berichtete ein Interviewpartner (n28) aus dieser Gruppe beispielsweise, dass er für den täglichen Weg zur Arbeit bisher das Auto genutzt hat, der neue Arbeitgeber ihm aber nun ein sehr günstiges Jobticket für den ÖPNV anbietet. Nachdem er dies eine Weile ausprobiert hatte, ist er nun dauerhaft für den Arbeitsweg auf die U-Bahn umgestiegen.

Ein großes Pkw-Reduzierungspotenzial haben umweltmotivierte Personen im urbanen oder suburbanen Raum mit guter ÖPNV-Infrastruktur und wenig besonderen Transportbedürfnissen, d. h. ohne Kinder/Gepäckbedarf oder spezielle dienstliche Pkw-Mobilitätsbedürfnisse. Der Fall von Herrn Beile (n21) gehört in diese Gruppe (vgl. die Typen „Malconteted Motorists" und „Aspiring Environmentalists", Anable, 2005). Er hat in Bezug auf seinen Autokonsum starke kognitive Dissonanzen, nutzt das Auto weniger als 7.000 km p. a. und ist passionierter Radler. Für den gelegentlichen Getränkekisteneinkauf könnte er auch ein Lastenrad-Sharing benutzen, wenn es in seiner Nähe ein solches Verleihsystem gäbe. Für viele Stadtfahrten nutzt er bereits das Fahrrad, doch die 2,3 Kilometer (mit Steigung) zur Joggingstrecke am Waldrand fährt er mit dem Auto. Diese Wege könnte er gut mit einem E-Bike ersetzen. Für die gelegentlichen Fahrten zu Kulturveranstaltungen mit seiner Frau könnte er ein Carsharing-Auto nutzen. Bei Herrn Beile ist das Auto also durchaus in mehrere soziale Produktionsfunktionen eingebunden. Da er ein distanziertes bis ablehnendes Verhältnis zum Autofahren und ein hohes Umweltbewusstsein hat, wäre das Auto in diesen Produktionsfunktionen aber gut durch umweltfreundliche Alternativen ersetzbar. Diesen Umstieg könnte ihm eine individualisierte Mobilitätsberatung erleichtern, die ihm die Umweltbilanzen der jeweiligen Verkehrsmittel noch einmal bewusst macht und ihm für den jeweiligen Wegezweck konkrete Handlungsalternativen zur Pkw-Nutzung aufzeigt.

Insgesamt unterstreicht diese exemplarische Charakterisierung verschiedener Pkw-Nutzergruppen die starke Notwendigkeit bei der Potenzialanalyse differenziert und nutzerzentriert vorzugehen. Die gleiche Maßnahme wird bei verschiedenen Nutzergruppen ganz unterschiedliche Effekte haben. Je besser eine Maßnahme an die Frames und Kontextfaktoren der Nutzer angepasst wird, desto höher ihre Erfolgschance. Zur Frage, welche dieser Faktoren hier entscheidend sind, können die obigen Analysen einen Beitrag leisten. Mehr kontextspezifische Forschung zur Wirkweise bestimmter Maßnahmen bei verschiedenen Nutzergruppen ist dringend notwendig, um die Umweltbilanz privater Haushalte im Mobilitätssektor zu verbessern.

### 8.1.3    *Fahrstilrebound-Verhalten*

Die Ergebnisse der vorliegenden Untersuchung haben gezeigt, dass ein Fahrstilrebound-Verhalten in Folge technischer Effizienzverbesserungen bei konventionellen Verbrennungsfahrzeugen unwahrscheinlich ist. Zwei Personen fahren nach einer PS-Erhöhung schneller als bisher, während das Auto gleichzeitig auch effizienter wurde. Die Effizienzverbesserung als isolierter Faktor bewirkt aber bei keiner der befragten Personen eine Energieintensivierung ihres Fahrstils, weil die Intensivierung auf die erhöhte Motorleistung zurückzuführen ist.

Die Ergebnisse unterstreichen die Bedeutung von Umweltschutzmotivation, Spritspartrainings, Verbrauchsfeedbacktechnologien und sozialen Anreizsystemen als fördernde Faktoren für spritsparendes Fahren im Allgemeinen. Da es nun also nicht mehr um Fahrstilrebound-Verhalten im Speziellen, sondern um spritsparendes Fahrverhalten im Allgemeinen geht, möchte ich im Folgenden lediglich exemplarisch anhand der Interviewergebnisse auf das Thema Spritspartraining näher eingehen.

Mehrere Befragte berichten von einer deutlichen Gewohnheitsänderung nach der Absolvierung eines Spritspartrainings, was sich mit den Ergebnissen vorhandener Evaluationsstudien deckt (Barkenbus, 2010; Gonder et al., 2012; Smokers et al., 2006). Auf Bundesebene sollte es deshalb eine Initiative zur Förderung von Spritspartrainings geben, die vom Verkehrsministerium (BMVI) ausgehen könnte. Relevante privatwirtschaftliche Akteure wie der Gesamtverband der Deutschen Versicherungswirtschaft (GDV) und Verbraucherorganisationen wie der Allgemeine Deutsche Automobilclub (ADAC) sollten dabei eingebunden werden. Es erscheint mir sinnvoll, ein integriertes Fahrsicherheits- und Spritspartraining anzubieten. So könnten neben den Umweltzielen (Energieeinsparung und Emissionssenkung) auch Sicherheits- und Unfallvermeidungsziele erreicht werden. Dies vergrößert die Teilnahmebereitschaft von Akteuren wie dem GDV, aber auch von Firmenflottenmanagern, privaten Autofahrern und dem BMVI. Das BMVI hat derzeit Probleme, das im Verkehrssicherheitsprogramm (VSP) selbst gesetzte Ziel einer Reduktion von -40 % der Verkehrstoten bis 2020 im Verhältnis zum Vergleichsjahr 2011 zu erreichen[54].

Bei einer Förderung von integrierten Fahrsicherheits- und Spritspartrainings könnten die Bundesregierung und die Versicherungswirtschaft je ein Drittel der Kosten übernehmen, während die Autofahrer das übrige Drittel selbst zahlen. Für Firmen mit Dienstwagenflotten müssten eventuell andere Kostenaufteilungsmodelle konzipiert werden. Die praktische Umsetzung könnte der ADAC organisieren. Da er bereits solche Trainings anbietet, verfügt er über die notwendige Infrastruktur (Teststrecken, Lehrpersonal etc.) und hat zudem, ebenso wie die Versicherer, einen sehr guten Zugang zu den privaten Autofahrern, der zur

---

[54] http://www.bmvi.de/DE/Themen/Mobilitaet/Strasse/Sicherheit-Strassenverkehr/sicherheit-strassenverkehr.html [Zugriff 22.01.2017]

Teilnahmerekrutierung genutzt werden könnte[55]. Auch Portale wie www.sprit-
monitor.de könnten in die Rekrutierung von Trainingsteilnehmern eingebunden
werden, da die hier registrierten Nutzer bereits ein gesteigertes Interesse am
Thema Spritverbrauch zeigen. Wenn Spritspar- und Sicherheitsstrategien von
den Fahrern gewohnheitsmäßig angewendet werden, erhöht sich dadurch sogar
der Reisekomfort, weil sie weniger Aufmerksamkeit für die Erreichung von
Spritspar- und Sicherheitszielen benötigen.

## 8.2   Reflektion des Rebound-Konstrukts und weiterer Forschungsbedarf

Vor wenigen Jahren entbrannte in der Zeitschrift GAIA eine kontroverse Debatte
über die grundsätzliche Sinnhaftigkeit von Forschungsarbeiten zum Thema
Rebound (Alcott, 2014; Friedrichsmeier & Matthies, 2015; Santarius, 2014,
2015b). Alcott (2014) spricht sich hier dafür aus, jegliche Rebound-Forschung
zu beenden und sich stattdessen hauptsächlich der Umsetzbarkeit von absoluten
Emissionsobergrenzen zu verschreiben:

> "I believe policy-oriented researchers should follow the example of the degrowth
> community in relying more on judgement than further micro-studies, accepting that
> high rebound is highly likely." (Alcott, 2014, p. 305)

Die zukünftige Forschung sollte von Mikro-Studien ablassen, sich stattdessen
auf eine Postwachstums- und Suffizienzstrategie fokussieren (Alcott, 2008) und
akzeptieren, dass der Rebound sehr wahrscheinlich sehr hoch ausfällt. Dieser
Behauptung widersprechen die empirischen Ergebnisse der vorliegenden Untersuchung, die ein interindividuell differenziertes Ergebnisbild zeigen und nahelegen, dass Rebound-Verhalten keineswegs als automatisierte Reaktion auf Effizienzsteigerungen anzusehen ist.

Auch Friedrichsmeier und Matthies (2015) sprechen sich vehement gegen
eine Fortsetzung von Rebound-Forschung aus. Sie argumentieren v. a. auf der
Ebene des individuellen Verhaltens, dass Effizienzsteigerungen und Nachfragesteigerungen zwar zeitlich parallel auftreten (und daher korreliert sein) können,
die Effizienzsteigerung aber in der Regel nicht der kausale Faktor für die Verhaltensänderung sei – dies entspricht auch meiner Definition von „Rebound-
Verhalten", die ohne Kausalitätsannahmen auskommt.

---

[55]   ADAC-Mitglieder dürften dabei jedoch nicht gegenüber Nicht-Mitgliedern bevorteilt werden.

Ich halte das politische Ziel von Alcott und die Kausalitätsskepsis von Friedrichsmeier und Matthies für berechtigt. Doch ich ziehe daraus eine andere Schlussfolgerung und stimme mit Santarius (2015b) überein, dass wir keineswegs genug darüber wissen, wie und warum sich Rebound auf der individuellen Verhaltensebene abspielt. Es sprechen (mindestens) drei Gründe dafür, diese Forschung fortzusetzen, denn die Forschung zum Rebound-Konstrukt hat gegenwärtig drei essentielle Funktionen: (1) eine deskriptive Funktion, (2) eine explanative Funktion und (3) eine diskursive Funktion.

Zu (1): Rebound-Verhaltensweisen deskriptiv-empirisch quantifizieren zu können, ist notwendig, um zu realistischen Schätzungen von tatsächlichen Energieeffizienzeinsparpotenzialen zu gelangen. Nur so können Kosten (monetärer und nicht-monetärer Art) und Nutzen neuer Energieeffizienzmaßnahmen reliabel eingeschätzt und evaluiert werden (Chitnis et al., 2014).

Zu (2): Rebound-Verhalten beobachten und erklären zu können, ist hilfreich, um zu verstehen, warum Effizienzstrategien oftmals nicht (oder nicht in gewünschtem Umfang) erfolgreich sind und der Energieverbrauch konstant hoch bleibt. Eingebauter und verhaltensbedingter Rebound fungieren als Puzzleteil zur Erklärung der Lücke zwischen der erwarteten und der tatsächlichen Energieverbrauchssenkung im System.

Zu (3): Rebound ist ein wichtiges Bindeglied zwischen Effizienz- und Suffizienzstrategie im Diskurs zu nachhaltiger Entwicklung. Technische Energieeffizienz ist ein *relatives* Maß, das Ressourceninput und Leistungsoutput miteinander ins Verhältnis setzt. Dieses Verhältnis kann nicht nur durch eine Senkung des Ressourceninputs (bei gleichbleibendem Leistungsoutput), sondern auch durch die Erhöhung des Leistungsoutputs (bei gleichbleibendem Ressourceninput) „verbessert" werden. Im politischen und oftmals auch im wissenschaftlichen Diskurs wird Effizienzverbesserung aber allzu häufig mit einer absoluten Verbrauchssenkung gleichgesetzt. Rebound-Forschung kann die begrenzte Sinnhaftigkeit einer isolierten Effizienzpolitik aufzeigen und die Notwendigkeit der Suffizienzstrategie nachhaltiger Entwicklung unterstreichen.

Die vorliegende Studie hat gezeigt, dass es durchaus möglich ist, Rebound auf der Ebene individuellen Konsumverhaltens zu operationalisieren und dass den Effizienzsteigerungen insgesamt keine *verursachende*, aber eine *erleichternde* Wirkung in Hinblick auf die Nachfragesteigerungen zukommt. Daraus ergibt sich weiterer Forschungsbedarf.

**Ausblick auf weiteren Forschungsbedarf**

Da sich der Fahrleistungsrebound hauptsächlich in der Freizeit- und Urlaubsmobilität niederschlägt, sollte dieser Mobilitätsbereich genauer betrachtet werden. Hier ist es allerdings von Nöten, die Systemgrenze etwas weiter zu ziehen als dies in der vorliegenden Arbeit erfolgen konnte (vgl. vorigen Abschnitt zu Limitationen). Flugreisen und auch die größtenteils hoch umweltschädlichen Kreuzfahrtreisen sollten stärker in den Fokus rücken. Für wie umweltschädlich halten die Verbraucher das jeweilige Verkehrsmittel? Wenn Sie das Umweltwissen und die –motivation haben, zeigen sich dann Moral Licensing Prozesse *zwischen* den genutzten Verkehrsmitteln?

Die Typologie gibt erste Anhaltspunkte, bei welchen Käufertypen ein Rebound-Verhalten am wahrscheinlichsten ist. Diese Typologie bietet sich für eine quantitative Validierung an. In diesem Zusammenhang sollte auch eine quantitative Abschätzung der Auftretenshäufigkeit und des Umfangs von Rebound-Verhalten unternommen werden.

Wie die Vision eines Hybridfahrers (n26) in der vorliegenden Stichprobe zeigt, könnten AFVs im Sinne einer radikalen Innovation ein disruptives Potenzial für eine Veränderung des Fahrstils hin zu schnellerem, energieintensiverem Fahren ohne umweltnormative Gewissensbisse haben – zumindest bei einer bestimmten Gruppe von Käufern, die sich als visionäre Pioniere einer neuen Technologie verstehen. Zukünftige Forschung zu AFVs und damit verbundenen Moral Licensing Prozessen sollte dieses Rebound-Risiko berücksichtigen. Hier sollte analog zu Ohta und Fujii (2010) vorgegangen werden, um die subjektiven Framings des AFVs, z. B. als technische Lösung für Umweltprobleme zu erfassen. Dennoch lässt sich diese Frage erst dann genauer beantworten, wenn AFVs (in Deutschland) von breiteren Käuferschichten adoptiert worden sind.

Abschließend sei noch auf eine allgemeine Beobachtung hingewiesen, die nur indirekt mit Rebound in Zusammenhang steht. Aus den Interviewanalysen und dem hohen Anteil der beruflich genutzten Fahrzeuge an den Neuzulassungen (64 % im Jahr 2014, 66 % in 2015) wird deutlich, dass es sinnvoll wäre, die Dienstwagenfahrer noch genauer in den Blick zu nehmen. In der sozialwissenschaftlichen Nachhaltigkeitsforschung neigen wir dazu, den Energiekonsum der Privathaushalte so „privat" wie möglich zu konzipieren. Zwar herrschen bei Dienstwagenkäufern tatsächlich andere Begründungszusammenhänge (höhere Statusorientierung) und Rationalitäten als bei Privatwagenkäufern vor, z. B. in Hinblick auf die Kostenbelastung und –verteilung, doch sollten diese Unterschiede nicht dazu führen, dass wir jegliche nicht-privaten (oder nicht ausschließlich privaten) Begründungszusammenhänge zugunsten methodisch-konzeptioneller Reinheit ausblenden und dabei zwei Drittel der Neuwagenkäufer außer Acht lassen – zumal die Dienstwagen mit ihrer hohen Motorisierung, Größe und Gewicht (durch hohe Ausstattung) meist einen besonders großen negativen Umweltimpact haben und außerdem bekannt ist, dass die meisten Dienstwagen auch privat genutzt werden, weshalb private Kaufmotive nicht selten mit zu den Entscheidungskriterien zählen. Hinzu kommt die Problematik, dass viele der hoch ausgestatteten Dienstwagen nach wenigen Jahren auf dem Gebrauchtwagenmarkt weitere Verwendung finden und damit unverhältnismäßig hohe Emissionen verursachen. Sozialwissenschaftliche Erklärungsmodelle wie die Goal-Framing Theorie sind durchaus in der Lage, auch die Motive von Dienstwagenkäufern und ihre besonderen Kontextfaktoren abzubilden. Deswegen sollten Haushalte mit einem Dienstwagen auch in der Forschung zum Mobilitätsenergiekonsum privater Haushalte stärker berücksichtigt werden als dies bisher der Fall ist.

## 8.3 Zusammenfassung der wichtigsten Ergebnisse

Die vorliegende Studie hat individuelles Rebound-Verhalten auf drei Dimensionen (Kauf, Fahrleistung, Fahrstil) konzeptualisiert und empirisch untersucht. Dabei standen zwei Fragen im Fokus der Analyse: (1) Bei welchen Personen lässt sich ein Rebound-Verhalten beobachten? (2) Wie ist das Auftreten oder Ausbleiben von Rebound-Verhalten jeweils zu erklären?

Die deskriptive Auswertung zeigt insgesamt, dass es nur bei wenigen Fällen der aktuellen Stichprobe in Folge einer Effizienzverbesserung zu einem Rebound-Verhalten auf einer der drei Dimensionen kommt. Dementsprechend sollte Rebound-Verhalten nicht als automatische Reaktion auf technische Effizienzverbesserungen verstanden werden.

Ein Kaufrebound-Verhalten zeigen vor allem solche Personen, die Fahrspaß-hedonistische oder Alltagskomfort-hedonistische Motive, geringe Umweltbedenken und ein mittleres Einkommen haben (*optimierender* Typ). Es wurden drei weitere Typen in Bezug auf Kaufrebound-Verhalten identifiziert: die *wachstumsdominierte*, die *gesättigte* und die *preisfixierte* Autokäuferin. Diese drei Autokäufer-Typen zeigen kein Rebound-Verhalten. Als relevanteste Faktoren zur Bestimmung der Kaufrebound-bezogenen Typen erwiesen sich das bisherige Pkw-Konsumlevel, die Lebenssituation, das Einkommen und der Goal-Frame der Kaufentscheidung.

Eine Analyse des subjektiven Effizienzverständnisses im Kontext der Kaufentscheidung ergab außerdem, dass sich drei subjektive Konzeptualisierungen von Energieeffizienz unterscheiden lassen: Effizienz als instrumentelle Kostenersparnis, Effizienz als technische Innovation und Effizienz als ökologische

Innovation. Außerdem findet sich auch eine subjektive Konzeptualisierung von Effizienz, die als Passung von Anforderungen und tatsächlichen Eigenschaften des Autos verstanden werden kann. Der Begriff „Effizienz" kann also subjektiv sehr unterschiedlich konnotiert sein.

Ein Fahrleistungsrebound-Verhalten tritt vor allem bei Personen auf, die Spaß am Autofahren als Tätigkeit haben und bisher wegen eines geringen Einkommens noch unbefriedigte Mobilitätsbedürfnisse hatten. Wenn diese Personen die Effizienz ihres Autos steigern, wird ein Fahrleistungsrebound-Verhalten in der Freizeit- oder Urlaubsmobilität wahrscheinlicher. Empirisch konnte ein solcher Zusammenhang in der vorliegenden Stichprobe allerdings nur bei einer Person beobachtet werden. In Entsprechung zu den fördernden Faktoren, üben die entgegengesetzten Ausprägungen (neutrale bis ablehnende Einstellung zum Autofahren, gesättigtes Pkw-Mobilitätslevel aufgrund einer hohen bisherigen Fahrleistung oder eines hohen Einkommens) einen hemmenden Einfluss auf Fahrleistungsrebound-Verhalten aus.

Ein Fahrstilrebound-Verhalten ließ sich in der vorliegenden Studie lediglich bei zwei der befragten Personen nachweisen. Den energieintensiveren Fahrstil führen sie selbst jedoch auf die höhere Motorleistung (PS) und nicht auf die Effizienzverbesserung zurück. Unabhängig davon förderten weitere Fallbetrachtungen zu Tage, dass die euphemistischen Herstellerangaben zum Spritverbrauch vielfach eine spritsparmotivierende Wirkung auf die Befragten haben, obwohl die Nutzer gleichzeitig an der Glaubwürdigkeit der Verbrauchsangaben zweifeln.

Psychologische Moral Licensing Prozesse treten in der vorliegenden Studie hauptsächlich bei einer spezifischen Gruppe von Autofahrern auf, denen ihre grün angehauchte Außenwirkung am Herzen liegt, die sich in ihren Konsumhandlungen aber nicht einschränken möchten. Ein subjektiv als effizient bewertetes Auto nutzen diese Personen für eine ökologisch bewusste Selbstdarstellung. Dennoch war auch bei diesen Personen der Effizienzgrad vielfach nicht das ausschlaggebende, sondern nur ein sekundäres Kaufkriterium.

Insgesamt kommt den technischen Pkw-Effizienzsteigerungen eine *erleichternde*, aber keine *verursachende* Funktion in Hinblick auf individuelle Nachfragesteigerungen zu. Bei der Ausgestaltung von politischen Instrumenten zur Förderung von Effizienz sollte potenzielles Rebound-Verhalten als unerwünschter Nebeneffekt berücksichtigt werden. Eine *isolierte* politische und wissenschaftliche Fokussierung von technischen Effizienzverbesserungen (und damit verbundenem Rebound) läuft allerdings Gefahr, die *absolute* Senkung des Ressourcenverbrauchs aus dem Blick zu verlieren. Diese absolute Verbrauchsreduktion muss jedoch im Zentrum umweltpolitischer Bemühungen stehen.

# Literaturverzeichnis

Abrahamse, W. & Steg, L. (2013). Social influence approaches to encourage resource conservation. A meta-analysis. *Global Environmental Change, 23* (6), 1773-1785.

Ajzen, I. (1991). The theory of planned behavior. *Organizational Behavior and Human Decision Processes, 50,* 179-211.

Alcott, B. (2008). The sufficiency strategy: Would rich-world frugality lower environmental impact? *Ecological Economics, 64* (4), 770-786.

Alcott, B. (2014). Research Caps, Not Rebound. *GAIA, 23* (4), 304-305.

Allcott, H. (2011). Consumers' Perceptions and Misperceptions of Energy Costs. *The American Economic Review, 101* (3), 98-104.

Anable, J. (2005). 'Complacent Car Addicts' or 'Aspiring Environmentalists'? Identifying travel behaviour segments using attitude theory. *Transport Policy, 12* (1), 65-78.

Azevedo, I. L., Sonnberger, M., Thomas, B., Morgan, G. & Renn, O. (2013). *The Rebound Effect: Implications of Consumer Behaviour for Robust Energy Policies.* Lausanne: International Risk Governance Council.

Barkenbus, J. N. (2010). Eco-driving: An overlooked climate change initiative. *Energy Policy, 38* (2), 762-769.

Beusen, B., Broekx, S., Denys, T., Beckx, C., Degraeuwe, B., Gijsbers, M. et al. (2009). Using on-board logging devices to study the longer-term impact of an eco-driving course. *Transportation Research Part D: Transport and Environment, 14* (7), 514-520.

Blanken, I., van de Ven, Niels & Zeelenberg, M. (2015). A meta-analytic review of moral licensing. *Personality & social psychology bulletin, 41* (4), 540-558.

BMVI (Hrsg.). (2015). *Verkehr in Zahlen* (44. Jg). Hamburg: Deutscher Verkehrs-Verlag.

BMWi. (2002). Gesetz zur Umsetzung von Rechtsakten der Europäischen Gemeinschaft auf dem Gebiet der Energieeinsparung bei Geräten und Kraftfahrzeugen. *Bundesgesetzblatt, 2002* (8), 570-571.

Bohnsack, R. (2000). *Rekonstruktive Sozialforschung. Einführung in Methodologie und Praxis qualitativer Forschung* (4. Aufl.). Opladen: Leske u.

© Springer Fachmedien Wiesbaden GmbH, ein Teil von Springer Nature 2019
S. Becker, *Individuelles Rebound-Verhalten in der Pkw-Mobilität*, Studien zur Mobilitäts- und Verkehrsforschung, https://doi.org/10.1007/978-3-658-20679-6

Breuer, F. (2010a). *Reflexive Grounded Theory. Eine Einführung für die Forschungspraxis* (2. Aufl.). Wiesbaden: VS Verlag für Sozialwissenschaften / Springer Fachmedien Wiesbaden, Wiesbaden.

Breuer, F. (2010b). Wissenschaftstheoretische Grundlagen qualitativer Methodik in der Psychologie. In G. Mey & K. Mruck (Hrsg.), *Handbuch Qualitative Forschung in der Psychologie* (1. Aufl, S. 35-49). Wiesbaden: VS, Verl. für Sozialwiss.

Brokate, J., Özdemir, E. D. & Kugler, U. (2013). *Der Pkw-Markt bis 2040: Was das Auto von morgen antreibt.* Stuttgart: DLR Institut für Fahrzeugkonzepte.

Brookes, L. (1979). A Low Energy Strategy for the UK by G Leach et al: a Review and Reply. *Atom* (269), 3-8.

Brookes, L. (1990). The greenhouse effect: the fallacies in the energy efficiency solution. *Energy Policy, 18* (2), 199-201.

Buhl, J. (2016). *Rebound-Effekte im Steigerungsspiel* (Umweltsoziologie, Band 4, 1. Auflage). Dissertation. Baden-Baden: Nomos.

Bundesamt für Wirtschaft und Ausfuhrkontrolle. (2016). *Elektromobilität (Umweltbonus). Zwischenbilanz zum Antragsstand vom 01. Dezember 2016*, Eschborn. Zugriff am 05.02.2017. Verfügbar unter http://www.bafa.de/SharedDocs/Downloads/DE/Energie /emob_liste_foerderfaehige_fahrzeuge.pdf?__blob=publicationFile&v=4

Bundesregierung. (2010). *Energiekonzept für eine umweltschonende, zuverlässige und bezahlbare Energieversorgung.* Zugriff am 06.01.2017. Verfügbar unter http://www.bundesregierung.de/ContentArchiv/DE/Archiv17/_Anlagen/2012/02/ener giekonzept-final.pdf?__blob=publicationFile&v=5

Chitnis, M., Sorrell, S., Druckman, A., Firth, S. K. & Jackson, T. (2014). Who rebounds most? Estimating direct and indirect rebound effects for different UK socioeconomic groups. *Ecological Economics, 106,* 12-32.

Cialdini, R. B., Reno, R. R. & Kallgren, C. A. (1990). A Focus Theory of Normative Conduct: Recycling the Concept of Norms to Reduce Littering in Public Places. *Journal of Personality and Social Psychology, 58* (6), 1015-1026.

Crossley, F. (1987). Efficiency. In *McGraw-Hill Encyclopedia of Science and Technology* (Bd. 5, 6. Aufl.). New York/ St. Louis/ San Francisco: McGraw-Hill Book Company.

Dambach, A. (2006). *Verkehrspolitik auf deutscher und europäischer Ebene: Akteure, Verflechtungen, Handlungsspielräume - dargestellt am Beispiel Straßenbenutzungsgebühren -.* Dissertation, Universität Heidelberg. Heidelberg.

Dillman, D. A., Rosa, E. A. & Dillman, J. J. (1983). Lifestyle and home energy conservation in the United States: the poor accept lifestyle cutbacks while the wealthy invest in conservation. *Journal of Economic Psychology, 3* (3), 299-315.

DLR/Infas. (2010). *Mobilität in Deutschland 2008. Ergebnisbericht Struktur – Aufkommen – Emissionen – Trends.* im Auftrag des BMVBS, Bonn und Berlin.

Dogan, E., Bolderdijk, J. W. & Steg, L. (2014). Making Small Numbers Count. Environmental and Financial Feedback in Promoting Eco-driving Behaviours. *Journal of Consumer Policy, 37* (3), 413-422.

Dogan, E., Steg, L. & Delhomme, P. (2011). The influence of multiple goals on driving behavior: The case of safety, time saving, and fuel saving. *Accident Analysis & Prevention, 43* (5), 1635-1643.

Effron, D. A. & Conway, P. (2015). When virtue leads to villainy: advances in research on moral self-licensing. *Morality and ethics, 6,* 32-35.

Ericsson, E. (2001). Independent driving pattern factors and their influence on fuel-use and exhaust emission factors. *Transportation Research Part D: Transport and Environment, 6* (5), 325-345.

Esser, H. (1999). *Situationslogik und Handeln* (Soziologie - Spezielle Grundlagen, Bd. 1). Frankfurt/Main [u.a]: Campus-Verl.

Etienne, J. (2011). Compliance Theory: A Goal Framing Approach. *Law & Policy, 33* (3), 305-333.

Europäisches Parlament und Europäischer Rat. (2009). Verordnung zur Festsetzung von Emissionsnormen für neue Personenkraftwagen im Rahmen des Gesamtkonzepts der Gemeinschaft zur Verringerung der $CO_2$-Emissionen von Personenkraftwagen und leichten Nutzfahrzeugen. (EG) Nr. 443/2009. *Amtsblatt der Europäischen Union* (L 140), 1-15.

European Environment Agency. (2015). *Monitoring CO2 emissions from new passenger cars and vans in 2014* (EEA Technical Report 16/2015), Luxembourg. Zugriff am 05.10.2016. Verfügbar unter http://www.eea.europa.eu/publications/monitoring-emissions-cars-and-vans/at_download/file

Evers, J. C. (2011). From the Past into the Future. How Technological Developments Change Our Ways of Data Collection, Transcription and Analysis. *Forum Qualitative Sozialforschung / Forum: Qualitative Social Research, 12* (1).

Flamm, B. (2009). The impacts of environmental knowledge and attitudes on vehicle ownership and use. *Transportation Research Part D: Transport and Environment, 14* (4), 272-279.

Flamm, B. J. & Agrawal, A. W. (2012). Constraints to green vehicle ownership. A focus group study. *Transportation Research Part D: Transport and Environment, 17* (2), 108-115.

Flick, U. (2009). Design und Prozess qualitativer Forschung. In U. Flick, E. von Kardorff & I. Steinke (Hrsg.), *Qualitative Forschung. Ein Handbuch* (7. Aufl., S. 252-264). Reinbek bei Hamburg: Rowohlt Taschenbuch Verlag.

Franke, T., Arend, M. G., McIlroy, R. C. & Stanton, N. A. (2016). Ecodriving in hybrid electric vehicles--Exploring challenges for user-energy interaction. *Applied ergonomics, 55,* 33-45.

Friedrichsmeier, T. & Matthies, E. (2015). Rebound Effects in Energy Efficiency — an Inefficient Debate? *GAIA, 24* (2), 80-84.

Frondel, M. (2012). Der Rebound-Effekt von Energieeffizienz-Verbesserungen. *Energiewirtschaftliche Tagesfragen, 62* (8), 12-17.

Frondel, M., Ritter, N. & Vance, C. (2012). Heterogeneity in the rebound effect: Further evidence for Germany. *Energy Economics, 34* (2), 461-467.

Galvin, R. (2014). Making the 'rebound effect' more useful for performance evaluation of thermal retrofits of existing homes: Defining the 'energy savings deficit' and the 'energy performance gap'. *Energy and Buildings, 69,* 515-524.

Galvin, R. (2016). Rebound effects from speed and acceleration in electric and internal combustion engine cars: An empirical and conceptual investigation. *Applied Energy, 172,* 207-216.

Geertz, C. (1973). *The interpretation of cultures.* New York: Basic Books.

Gergen, K. (2002). *Konstruierte Wirklichkeiten. Eine Hinführung zum sozialen Konstruktivismus.* Stuttgart: Kohlhammer.

Gillingham, K. (2011). *How Do Consumers Respond to Gasoline Price Shocks? Heterogeneity in Vehicle Choice and Driving Behavior.* Working Paper. : Yale University.

Gillingham, K., Kotchen, M. J., Rapson, D. S. & Wagner, G. (2013). Energy policy: The rebound effect is overplayed. *Nature, 493* (7433), 475-476.

Glaser, B. G. & Strauss, A. L. (1998). *Grounded theory. Strategien qualitativer Forschung* (Hans Huber Programmbereich Pflege). Bern: Huber.

Gollwitzer, P. M. & Moskowitz, G. B. (1996). Goal Effects on Action and Cognition. In E. T. Higgins & A. W. Kruglanski (Hrsg.), *Social Psychology. Handbook of Basic Principles* (S. 361-399). London: The Guilford Press.

Gonder, J., Earleywine, M. & Sparks, W. (2012). Analyzing Vehicle Fuel Saving Opportunities through Intelligent Driver Feedback. *SAE International Journal of Passenger Cars - Electronic and Electrical Systems, 5* (2), 450-461.

Götz, K., Loose, W., Schmied, M. & Schubert, S. (2002). *Mobilitätsstile in der Freizeit. Abschlussbericht des Projekts "Minderung der Umweltbelastungen des Freizeit- und Tourismusverkehrs".* Kurzfassung (Umweltbundesamt, Hrsg.) (Berichte | 02/2003), Frankfurt am Main.

Graham-Rowe, E., Skippon, S., Gardner, B. & Abraham, C. (2011). Can we reduce car use and, if so, how? A review of available evidence. *Transportation Research Part A: Policy and Practice, 45* (5), 401-418.

Greene, D. L. (2012). Rebound 2007: Analysis of U.S. light-duty vehicle travel statistics. *Energy Policy, 41,* 14-28.

Greene, D. L., German, J. & Delucchi, M. A. (2009). Fuel Economy: The Case for Market Failure. In S. J. Cannon & D. Sperling (Hrsg.), *Reducing Climate Impacts in the Transportation Sector* (S. 181-205). Dordrecht: Springer Netherlands.

Greening, L. A., Greene, D. L. & Difiglio, C. (2000). Energy efficiency and consumption — the rebound effect — a survey. *Energy Policy, 28* (6–7), 389-401.

Greening, L. A. & Khrusch, M. (1996). *Modeling the process of technological innovation and diffusion: an overview of issues. White Paper, Climate Policies and Programs Division in the Office of Economy and Environment.* Washington, DC: U.S. Environmental Protection Agency.

Groß, M. (Hrsg.). (2011). *Handbuch Umweltsoziologie.* Wiesbaden: VS Verlag für Sozialwissenschaften.

Guba, E. G. & Lincoln, Y. S. (1998). Competing Paradigms in Qualitative Research. In N. K. Denzin & Y. S. Lincoln (Hrsg.), *The landscape of qualitative research. Theories and issues* (S. 195-220). Thousand Oaks, Calif: Sage Publications.

Haan, P. de, Peters, A. & Scholz, R. W. (2007). Reducing energy consumption in road transport through hybrid vehicles: investigation of rebound effects, and possible effects of tax rebates. *Journal of Cleaner Production, 15* (11-12), 1076-1084.

Hahnel, U. J. J., Arnold, O., Waschto, M., Korcaj, L., Hillmann, K., Roser, D. et al. (2015). The power of putting a label on it: Green labels weigh heavier than contradicting product information for consumers' purchase decisions and post-purchase behavior. *Frontiers in psychology, 6,* 1392.

Hauser, W. (2013). *Analysis and Agent-Based Modelling of Lifestyle Aspects Influencing the Residential Energy Demand in France and Germany.* Dissertation, Universität Stuttgart. Stuttgart.

Heffner, R. R., Kurani, K. S. & Turrentine, T. S. (2007). Symbolism in California's early market for hybrid electric vehicles. *Transportation Research Part D: Transport and Environment, 12* (6), 396-413.

Helfand, G. & Wolverton, A. (2011). Evaluating the Consumer Response to Fuel Economy. A Review of the Literature. *International Review of Environmental and Resource Economics, 5* (2), 103-146.

Helfferich, C. (2009). *Die Qualität qualitativer Daten. Manual für die Durchführung qualitativer Interviews* (3. Aufl.). Wiesbaden: VS Verlag für Sozialwissenschaften.

Hermanns, H. (2009). Interviewen als Tätigkeit. In U. Flick, E. von Kardorff & I. Steinke (Hrsg.), *Qualitative Forschung. Ein Handbuch* (7. Aufl., S. 360-368). Reinbek bei Hamburg: Rowohlt Taschenbuch Verlag.

Hermsen, S., Frost, J., Renes, R. J. & Kerkhof, P. (2016). Using feedback through digital technology to disrupt and change habitual behavior: A critical review of current literature. *Computers in Human Behavior, 57,* 61-74.

Hofmann, W., Wisneski, D. C., Brandt, M. J. & Skitka, L. J. (2014). Morality in everyday life. *Science (New York, N.Y.), 345* (6202), 1340-1343.

Huijts, N. M. A., Molin, E. J. E. & Steg, L. (2012). Psychological factors influencing sustainable energy technology acceptance: A review-based comprehensive framework. *Renewable and Sustainable Energy Reviews, 16* (1), 525-531.

Husserl, E. (2012). *Die Krisis der europäischen Wissenschaften und die transzendentale Phänomenologie. Eine Einleitung in die phänomenologische Philosophie* (Philosophische Bibliothek, Bd. 641). Hamburg: Meiner.

Hymel, K. M., Small, K. a. & van Dender, K. (2010). Induced demand and rebound effects in road transport. *Transportation Research Part B: Methodological, 44* (10), 1220-1241.

ICCT. (2015). *A 2015 update of official and "real-world" fuel consumption and CO 2 values for passenger cars in Europe* (White Paper), Berlin.

Jalas, M. (2002). A time use perspective on the materials intensity of consumption. *Ecological Economics, 41* (1), 109-123.

Jalas, M. & Juntunen, J. K. (2015). Energy intensive lifestyles: Time use, the activity patterns of consumers, and related energy demands in Finland. *Ecological Economics, 113,* 51-59.

Jevons, W. S. (1865). *The Coal Question - Can Britain Survive?* London: Macmillan and Co.

Kahn, M. E. (2007). Do greens drive Hummers or hybrids? Environmental ideology as a determinant of consumer choice. *Journal of Environmental Economics and Management, 54* (2), 129-145.

Kastner, I., Matthies, E. & Willenberg, M. (2011). Chancen zur Förderung nachhaltigkeitsrelevanter Investitionsentscheidungen durch psychologisch basiertes Framing. Eine Pilotstudie. *Umweltpsychologie, 15* (1), 30-51.

KBA. (2015a). *Bestand an Personenkraftwagen am 1. Januar 2015 gegenüber 1. Januar 2014 nach Segmenten und Modellreihen* (Statistische Mitteilungen des Kraftfahrtbundesamtes), Flensburg.

KBA. (2015b). *Neuzulassungen im Jahr 2014 nach Motorisierung. Weniger Hubraum - Mehr Leistung.* Zugriff am 04.10.2016. Verfügbar unter http://www.kba.de/DE/Statistik/Fahrzeuge/Neuzulassungen/Motorisierung/2014/2014 _n_kurzbericht_motorisierung_hubraum_pdf.pdf?__blob=publicationFile&v=1

KBA. (2015c). *Neuzulassungen von Kraftfahrzeugen nach Umwelt-Merkmalen Jahr 2014. FZ 14,* Flensburg. Zugriff am 05.10.2016. Verfügbar unter http://www.kba.de/SharedDocs/Publikationen/DE/Statistik/Fahrzeuge/FZ/2014/fz14_ 2014_pdf.pdf?__blob=publicationFile&v=2

Kelle, U. & Kluge, S. (2008). *Vom Einzelfall zum Typus. Fallvergleich und Fallkontrastierung in der qualitativen Sozialforschung* (Qualitative Sozialforschung, 2., aktualis. Aufl.). Wiesbaden: VS Verlag für Sozialwissenschaften.

Khazzoom, J. D. (1980). Economic Implications of Mandated Efficiency in Standards for Household Appliances. *The Energy Journal, 1* (4), 21-40.

Kirchgässner, G. (1992). Towards a theory of low-cost decisions. *European Journal of Political Economy, 8,* 305-320.

Kleinhückelkotten, S., Neitzke, H.-P. & Moser, S. (2016). *Repräsentative Erhebung von Pro-Kopf-Verbräuchen natürlicher Ressourcen in Deutschland (nach Bevölkerungsgruppen).* Dessau-Rosslau: Umweltbundesamt. Verfügbar unter https://www.umweltbundesamt.de/sites/default/files/medien/378/publikationen/texte_ 39_2016_repraesentative_erhebung_von_pro-kopf-verbraeuchen_natuerlicher_ressourcen.pdf

Klöckner, C. A. & Blöbaum, A. (2010). A comprehensive action determination model: Toward a broader understanding of ecological behaviour using the example of travel mode choice. *Journal of Environmental Psychology, 30* (4), 574-586.

Klühspies, J. (1999). *Stadt--Mobilität--Psyche. Mit gefühlsbetonten Verkehrskonzepten die Zukunft urbaner Mobilität gestalten?* (Stadtforschung aktuell, Bd. 71). Basel: Birkhäuser.

Knittel, C. R. (2011). Automobiles on Steroids. Product Attribute Trade-Offs and Technological Progress in the Automobile Sector. *American Economic Review, 101* (7), 3368-3399.

Knorr-Cetina, K. (1989). Spielarten des Konstruktivismus. Einige Notizen und Anmerkungen. *Soziale Welt, 40* (1/2), 86-96.

Kroneberg, C. & Kalter, F. (2012). Rational Choice Theory and Empirical Research. Methodological and Theoretical Contributions in Europe. *Annual Review of Sociology, 38* (1), 73-92.

Kruglanski, A. W. (1996). Motivated Social Cognition: Principles of the Interface. In E. T. Higgins & A. W. Kruglanski (Hrsg.), *Social Psychology. Handbook of Basic Principles* (S. 493-520). London: The Guilford Press.

Kruse, J. (2014). *Qualitative Interviewforschung. Ein integrativer Ansatz*. Weinheim: Beltz Juventa.

Kurt, R. (2004). *Hermeneutik. Eine sozialwissenschaftliche Einführung*. Konstanz: UVK.

Lauper, E., Moser, S., Fischer, M., Matthies, E. & Kaufmann-Hayoz, R. (2015). Psychological predictors of eco-driving: A longitudinal study. *Transportation Research Part F: Traffic Psychology and Behaviour, 33,* 27-37.

Lee, R. & Wagner, G. (2012). *The Rebound Effect in a More Fuel Efficient Transportation Sector* (Working Paper 2012/3). New York: Institute for Policy Integrity, New York University School of Law.

Lindenberg, S. (1992). The method of decreasing abstraction. In J. S. Coleman & T. J. Farraro (Hrsg.), *Rational Choice Theory. Advocacy and Critique* (S. 3-20). Newbury Park: Sage.

Lindenberg, S. (1996). Continuities in the theory of social production functions. In H. Ganzeboom & S. Lindenberg (Hrsg.), *Verklarende Sociologie: Opstellen voor Reinhard Wippler.* (169-184). Amsterdam: Thela Thesis.

Lindenberg, S. (2001a). Social Rationality as a Unified Model of Man (Including Bounded Rationality). *Journal of Management and Governance, 5* (3/4), 239-251.

Lindenberg, S. (2001b). Social rationality versus rational egoism. In J. Turner (Hrsg.), *Handbook of Socioological Theory* (S. 635-668). New York: Kluwer Academic/Plenum.

Lindenberg, S. (2005). Smart norms. How do they work and does the school have an important function for making them work? In W. Veugelers & M. H. Bosman (Hrsg.), *De strijd om het curriculum* (S. 85-107). Antwerpen/Apeldoorn: Garant.

Lindenberg, S. (2006). Prosocial Behavior, Solidarity, and Framing Processes. In D. Fetchenhauer, A. Flache, B. Buunk & S. Lindenberg (Hrsg.), *Solidarity and Prosocial Behavior* (Critical Issues in Social Justice, S. 23-44). Springer US.

Lindenberg, S. (2013). Social rationality, self-regulation and well-being: The regulatory significance of needs, goals, and the self. In R. Wittek, T. Snijders & V. Nee (Hrsg.), *Handbook of Rational Choice Social Research* (S. 72-112). Stanford: Stanford University Press.

Lindenberg, S. & Frey, B. S. (1993). Alternatives, Frames, and Relative Prices. A Broader View of Rational Choice Theory. *Acta Sociologica, 36* (3), 191-205.

Lindenberg, S. & Steg, L. (2007). Normative, Gain and Hedonic Goal Frames Guiding Environmental Behavior. *Journal of Social Issues, 63* (1), 117-137.

Lindenberg, S. & Steg, L. (2013). Goal-framing Theory and Norm-Guided Environmental Behavior. In H. van Trijp (Hrsg.), *Encouraging Sustainable Behavior* (S. 37-54). New York: Psychology Press.

Loukopoulos, P., Jakobsson, C., Gärling, T., Schneider, C. M. & Fujii, S. (2004). Car-user responses to travel demand management measures. Goal setting and choice of adaptation alternatives. *Transportation Research Part D: Transport and Environment, 9* (4), 263-280.

Macias, T. & Gregory, L. (2014). Driven to Change. The Social Context of Reducing Tailpipe Emissions. *International Journal of Sustainable Transportation, 9* (1), 39-48.

Madlener, R. & Alcott, B. (2011). *Herausforderungen für eine technisch-ökonomische Entkopplung von Naturverbrauch und Wirtschaftswachstum. unter besonderer Berücksichtigung der Systematisierung von Rebound-Effekten und Problemverschiebungen.* Kommissionsmaterialie M-17(26)13. : Deutscher Bundestag, Enquete-Kommission Wachstum, Wohlstand, Lebensqualität.

Matiaske, W., Menges, R. & Spiess, M. (2012). Modifying the rebound: It depends! Explaining mobility behavior on the basis of the German socio-economic panel. *Energy Policy, 41,* 29-35.

Mayring, P. (2000). Qualitative Content Analysis. *Forum Qualitative Sozialforschung, 1* (2).

Mayring, P. (2008). *Qualitative Inhaltsanalyse. Grundlagen und Techniken.* (10. Aufl.). Weinheim: Beltz.

Mazar, N. & Zhong, C.-B. (2010). Do Green Products Make Us Better People? *Psychological Science, 21* (4), 494-498.

Merritt, A. C., Effron, D. A., Fein, S., Savitsky, K. K., Tuller, D. M. & Monin, B. (2012). The strategic pursuit of moral credentials. *Journal of Experimental Social Psychology, 48* (3), 774-777.

Meurisse, B. (2015). *Public economic policies to limit CO2 emissions from car use.* Dissertation, Université Paris-Ouest. Nanterre- La Défense.

Miller, D. T. & Effron, D. A. (2010). Psychological License. In (Advances in Experimental Social Psychology, Bd. 43, S. 115-155). Elsevier.

Mock, P., German, J., Bandivadekar, I., Riemersma, N. L. & Lambrecht, U. (2013). *From Laboratory to Road.* Washington DC: The International Council on Clean Transportation.

Montag, J. (2015). The simple economics of motor vehicle pollution: A case for fuel tax. *Energy Policy, 85,* 138-149.

Morse, J. M. (1998). Designing Funded Qualitative Research. In N. K. Denzin & Y. S. Lincoln (Hrsg.), *Strategies of qualitative inquiry* (S. 56-85). Thousand Oaks, Calif: Sage Publications.

Nayum, A., Klöckner, C. A. & Mehmetoglu, M. (2016). Comparison of socio-psychological characteristics of conventional and battery electric car buyers. *Travel Behaviour and Society, 3,* 8-20.

Nayum, A., Klöckner, C. A. & Prugsamatz, S. (2013). Influences of car type class and carbon dioxide emission levels on purchases of new cars: A retrospective analysis of car purchases in Norway. *Transportation Research Part A: Policy and Practice, 48,* 96-108.

Nilsson, M. & Küller, R. (2000). Travel behaviour and environmental concern. *Transportation Research Part D: Transport and Environment, 5* (3), 211-234.

Ohta, H. & Fujii, S. (2010). *Does purchasing an "eco-car" increase the vehicle distance travelled?* Paper presented at the 27th International Congress of Applied Psychology, Melbourne.

Ott, W., Jenny, A., Madlener, R., Karlegger, A. & Montanari, D. (2013, 08. November). *Massnahmen der Energiestrategie 2050: Begleitende verhaltensökonomische und sozialpsychologische Handlungsempfehlungen.* Schlussbericht. Zugriff am 08.08.2016. Verfügbar unter http://www.bfe.admin.ch/php/includes/container/enet/flex_enet_anzeige.php?lang=de &publication=11144&height=400&width=600

Otte, G. (2008). *Sozialstrukturanalysen mit Lebensstilen. Eine Studie zur theoretischen und methodischen Neuorientierung der Lebensstilforschung.* Wiesbaden: VS Verlag für Sozialwissenschaften.

Pawlik, K. (1976). Ökologische Validität: Ein Beispiel aus der Kulturvergleichsforschung. In G. Kaminski (Hrsg.), *Umweltpsychologie. Perspektiven - Probleme - Praxis* (S. 59-72). Stuttgart: Klett.

Peters, A., Sonnberger, M. & Deuschle, J. (2012). *Rebound-Effekte aus sozialwissenschaftlicher Perspektive – Ergebnisse aus Fokusgruppen im Rahmen des REBOUND-Projektes* (Nr. 5). : Fraunhofer ISI.

Peters, A., Sonnberger, M., Dütschke, E. & Deuschle, J. (2012). *Theoretical perspective on rebound effects from a social science point of view – Working Paper to prepare empirical psychological and sociological studies in the REBOUND project* (Working Paper Sustainability and Innovation S 2/2012). Karlsruhe: Fraunhofer ISI.

Polimeni, J. M., Mayumi, K., Giampietro, M. & Alcott, B. (2009). *The Myth of Resource Efficiency : The Jevons Paradox.* London: Taylor & Francis Ltd.

Popp, M., Van de Velde, Liesbeth, Vickery, G., van Huylenbroeck, G., Verbeke, W. & Dixon, B. (2009). Determinants of consumer interest in fuel economy: Lessons for strengthening the conservation argument. *Biomass and Bioenergy, 33* (5), 768-778.

Preisendörfer, P. (2004). Anwedungen der Rational-Choice-Theorie in der Umweltforschung. In A. Diekmann, T. Voss & A. Rapoport (Hrsg.), *Rational-Choice-Theorie in den Sozialwissenschaften. Anwendungen und Probleme* (271-87). München: R. Oldenbourg.

Reich, W. (2000). Heuristics as Plausible Models of Rationality? *Acta Sociologica, 43* (3), 251-258.

Sallee, J. M. (2014). Rational Inattention and Energy Efficiency. *The Journal of Law and Economics, 57* (3), 781-820.

Santarius, T. (2012). *Der Rebound-Effekt. Über die unerwünschten Folgen der erwünschten Energieeffizienz* (Impulse zur Wachstumswende). Wuppertal: Wuppertal Institut für Klima, Umwelt, Energie GmbH.

Santarius, T. (2014). Der Rebound-Effekt. Ein blinder Fleck der sozial-ökologischen Gesellschaftstransformation Rebound Effects: Blind Spots in the Socio-Ecological Transition of Industrial Societies. *GAIA, 23* (2), 109-117.

Santarius, T. (2015a). *Der Rebound-Effekt. Ökonomische, psychische und soziale Herausforderungen für die Entkopplung von Wirtschaftswachstum und Energieverbrauch* (Wirtschaftswissenschaftliche Nachhaltigkeitsforschung, Bd. 18, 1. Aufl.). Weimar (Lahn): Metropolis.

Santarius, T. (2015b). Micro-macro Discrepancy and Cause-effect Relativity in Rebound Research. *GAIA, 24* (2), 85-87.

Santos, G., Behrendt, H. & Teytelboym, A. (2010). Part II: Policy instruments for sustainable road transport. *Road Transport Externalities, Economic Policies And Other Instruments For Sustainable Road Transport, 28* (1), 46-91.

Saunders, H. D. (2000). A view from the macro side: rebound, backfire, and Khazzoom–Brookes. *Energy Policy, 28* (6–7), 439-449.

Schipper, L. (2000). Editorial on the rebound: the interaction of energy efficiency, energy use and economic activity. An introduction. *Energy Policy, 28,* 351-353.

Schipper, L., Marie-Lilliu, C. & Fulton, L. (2002). Diesels in Europe. Analysis of Characteristics, Usage Patterns, Energy Savings and CO2 Emission Implications. *Journal of Transport Economics and Policy, 36* (2), 305-340.

Schütz, A. (1974). *Der sinnhafte Aufbau der sozialen Welt.* Frankfurt am Main: Suhrkamp.

Schütz, A. & Luckmann, T. (1979). *Strukturen der Lebenswelt* (Suhrkamp Taschenbuch Wissenschaft, Bd. 284, 1. Aufl.). Frankfurt am Main: Suhrkamp.

Schwartz, S. H. (1977). Normative Influences on Altruism. In L. Berkowitz (Hrsg.), *Advances in Experimental Social Psychology* (Bd. 10, S. 221-279). New York: Academic Press.

Shove, E. (2003). *Comfort, Cleanliness and Convenience. The Sozial Organization of Normality.* Oxford, UK: Berg.

Sijtsema, J. J., Veenstra, R., Lindenberg, S. & Salmivalli, C. (2009). Empirical test of bullies' status goals: assessing direct goals, aggression, and prestige. *Aggressive behavior, 35* (1), 57-67.

Sivak, M. & Schoettle, B. (2012). Eco-driving: Strategic, tactical, and operational decisions of the driver that influence vehicle fuel economy. *Transport Policy, 22,* 96-99.

Small, K. a. & van Dender, K. (2007). Fuel Efficiency and Motor Vehicle Travel: The Declining Rebound Effect. *The Energy Journal, 28* (1), 25-51.

Smokers, R., Vermeulen, R., van Mieghem, R., Gense, R., Skinner, I., Fergusson, M. et al. (2006). *Review and analysis of the reduction potential and costs of technological and other measures to reduce CO2-emissions from passenger cars.* Final report on behalf of the European Commission (DG-ENTR), Delft. Verfügbar unter ec.europa.eu/clima/policies/transport/vehicles/docs/report_co2_reduction_en.pdf

Soeffner, H.-G. (2000). Sozialwissenschaftliche Hermeneutik. In U. Flick, E. von Kardorff & I. Steinke (Hrsg.), *Qualitative Forschung. Ein Handbuch* (7. Aufl., S. 164-174). Reinbek bei Hamburg: Rowohlt Taschenbuch Verlag.

Sorrell, S. (2007). *The Rebound Effect: An assessment of the evidence for economy-wide energy savings from improved energy efficiency.* Sussex, UK: UK Energy Research Centre.

Sorrell, S. & Dimitropoulos, J. (2008). The rebound effect. Microeconomic definitions, limitations and extensions. *Ecological Economics, 65* (3), 636-649.

Sorrell, S., Dimitropoulos, J. & Sommerville, M. (2009). Empirical estimates of the direct rebound effect. A review. *Energy Policy, 37* (4), 1356-1371.

Sprei, F. & Karlsson, S. (2013). Energy efficiency versus gains in consumer amenities— An example from new cars sold in Sweden. *Energy Policy, 53,* 490-499.

Steg, L. (2005). Car use: lust and must. Instrumental, symbolic and affective motives for car use. *Transportation Research Part A: Policy and Practice, 39* (2-3), 147-162.

Steg, L., Bolderdijk, J. W., Keizer, K. & Perlaviciute, G. (2014). An Integrated Framework for Encouraging Pro-environmental Behaviour: The role of values, situational factors and goals. *Journal of Environmental Psychology, 38,* 104-115.

Steg, L., van den Berg, A. E. & de Groot, Judith I. M. (Hrsg.). (2012). *Environmental psychology. An introduction* (1. Aufl.). Oxford, UK: John Wiley & Sons.

Steinke, I. (2009). Gütekriterien qualitativer Forschung. In U. Flick, E. von Kardorff & I. Steinke (Hrsg.), *Qualitative Forschung. Ein Handbuch* (7. Aufl., S. 319-331). Reinbek bei Hamburg: Rowohlt Taschenbuch Verlag.

Stern, P. C. (2000). New Environmental Theories. Toward a Coherent Theory of Environmentally Significant Behavior. *Journal of Social Issues, 56* (3), 407-424.

Strömberg, H., Karlsson, I. M. & Rexfelt, O. (2015). Eco-driving: Drivers' understanding of the concept and implications for future interventions. *Transport Policy, 39,* 48-54.

Su, Q. (2011). Induced motor vehicle travel from improved fuel efficiency and road expansion. *Energy Policy, 39* (11), 7257-7264.

Sunikka-Blank, M. & Galvin, R. (2012). Introducing the prebound effect: the gap between performance and actual energy consumption. *Building Research & Information, 40* (3), 260-273.

Tiefenbeck, V., Staake, T., Roth, K. & Sachs, O. (2013). For better or for worse? Empirical evidence of moral licensing in a behavioral energy conservation campaign. *Energy Policy, 57,* 160-171.

Turrentine, T. S. & Kurani, K. S. (2007). Car buyers and fuel economy? *Energy Policy, 35* (2), 1213-1223.

Van Mierlo, J., Maggetto, G., van de Burgwal, E. & Gense, R. (2004). Driving style and traffic measures- Influence on vehicle emissions and fuel consumption. *Proceedings of the Institution of Mechanical Engineers Part D Journal of Automobile Engineering, 18,* 43-50.

Van Rijnsoever, F., Farla, J. & Dijst, M. J. (2009). Consumer car preferences and information search channels. *Transportation Research Part D: Transport and Environment, 14* (5), 334-342.

Vervecken, D. & Hannover, B. (2015). Yes I Can! *Social Psychology, 46* (2), 76-92.

Wallenborn, G. (2015). *The tragedy of energy efficiency. An interdisciplinary analysis of rebound effects* (ECEEE Summer Study Proceedings). Zugriff am 08.08.2016. Verfügbar unter http://proceedings.eceee.org/visabstrakt.php?event=5&doc=1-355-15

Walnum, H. J., Aall, C. & Løkke, S. (2014). Can rebound effects explain why sustainable mobility has not been achieved? *Sustainability (Switzerland), 6* (12), 9510-9537.

Watzlawick, P., Beavin, J. H. & Jackson, D. D. (1967). *Pragmatics of Human Communication.* New York: W. W. Norton.

Whitmarsh, L. & Köhler, J. (2010). Climate change and cars in the EU. The roles of auto firms, consumers, and policy in responding to global environmental change. *Cambridge Journal of Regions, Economy and Society, 3* (3), 427-441.

Witzel, A. (1982). *Verfahren der qualitativen Sozialforschung. Überblick und Alternativen.* Frankfurt am Main: Campus.

Witzel, A. (2000). Das problemzentrierte Interview. *Forum Qualitative Sozialforschung /
Forum: Qualitative Social Research, 1* (1).

# Anhang

## A  Interviewleitfaden t1

### Einleitung

Danke, dass Sie sich Zeit nehmen.

Thema: Der Autokauf u. die Benutzung des Autos

Anonymität; vorab noch Fragen?

### Autokauf (Motive)

Warum erfolgte der Autowechsel gerade zu diesem Zeitpunkt?

Welches Modell ist jetzt das neue Auto?

Warum haben Sie sich für dieses Auto entschieden? Was wären Alternativen gewesen? Was hat den Ausschlag gegeben?

[falls keine Nennung von umweltbezogenen Aspekten] Welche Rolle spielten bei Ihrer Entscheidung der Spritverbrauch/ andere Eigenschaften des Autos, die Auswirkungen auf d. Umwelt haben?

Haben Sie überlegt, einen besonders effizienten Motor auszuwählen?

Was bedeutet für Sie „Effizienz" beim Auto?

Was hat Sie so von außen beeinflusst bei der Entscheidung? (Autoverkäufer/in, Freundeskreis/ Familie)

© Springer Fachmedien Wiesbaden GmbH, ein Teil von Springer Nature 2019
S. Becker, *Individuelles Rebound-Verhalten in der Pkw-Mobilität*, Studien zur Mobilitäts- und Verkehrsforschung, https://doi.org/10.1007/978-3-658-20679-6

**Nutzungsweise des bisherigen Autos im Alltag**

Wie würden Sie Ihren Fahrstil beschreiben? (Nutzen Sie Eco-Fahrassistent oder Tempomat? Je nach Anlass unterschiedlich?)

Wenn Sie an Ihre letzte Autobahnfahrt denken, (wann war das?) Wie viel km/h fahren Sie da ungefähr? Was ist so Ihre „Lieblingsgeschwindigkeit" bei Autobahnfahrten?

Welchen Kraftstoff tanken Sie? (falls Benzinmotor, dann auch E10?)

**Einstellungen zu Autofahren und Umwelt**

Fahren Sie gern Auto?

Wie wichtig ist Ihnen Umweltschutz in Ihrem Verhalten?

**Kosten**

Wie viel Geld geben Sie im Monat für das Autofahren aus?

Erwarten Sie Einsparungen durch das neue Auto? (wenn ja, wie viel?)

**Wegetagebuch und weitere Verkehrsmittel**

Wozu nutzen Sie meistens das Auto? (Weg zur Arbeit/ Erledigungen/ Freizeit/?)

Wenn Sie an die vergangene Woche denken, von letztem Montag bis vergangenen Sonntag, welche Fahrten (Strecke und Dauer) mit dem Auto sind da angefallen? (War das eine typische Woche?)

Welche Autofahrten fallen sonst noch an, z.B. in unregelmäßigeren Abständen oder auch einmaligere weitere Strecken?

Welche Verkehrsmittel gibt es sonst noch in Ihrem Haushalt?

**Lebenssituation**

Hat sich in den letzten 6 Monaten irgendetwas Wichtiges an Ihrer Lebenssituation verändert? Sind dadurch neue Fahrten notwendig geworden?

Geburtsjahr/ Alter

Wie viele Personen leben in Ihrem Haushalt? (Wenn Kinder: Wie alt sind sie?)

[falls noch nicht erwähnt] In welchem Beruf arbeiten Sie? Arbeiten Sie Vollzeit/Teilzeit? Haben Sie ungewöhnliche Arbeitszeiten?

## B    Interviewleitfaden t2

### Einleitung

Dank für erneute Teilnahmebereitschaft

Ablauf und Themen des Interviews

### Zufriedenheit mit Pkw2 (Einstieg)

Wie zufrieden sind Sie im Moment mit Ihrem Auto?

### Nutzungsverhalten

Wie zufrieden sind Sie mit der Ausstattung? (gezielte Entscheidung versus serienmäßig)

Was nutzen Sie regelmäßig? (Klimaanlage/ (Sitz-)Heizung) Macht es sich im Verbrauch bemerkbar?

Wie zufrieden sind Sie mit der Effizienz?

Nutzen Sie Verbrauchsanzeige/ Schaltassistent/ Tempomat/ Eco-Modus? (Wie entscheiden Sie ob Sie das einsetzen?)

Wie würden Sie Ihren Fahrstil im Moment mit dem aktuellen Auto beschreiben?

Was ist Ihre Lieblingsgeschwindigkeit auf der Autobahn mit dem aktuellen Auto?

**Kosten**

Haben sich durch das neue Auto die monatlichen Kosten für's Autofahren verändert?

FALLS ja: Wie kommt das? (Gegenüber Ihrem vorherigen Fahrzeug verbraucht das Fahrzeug doch weniger Sprit auf 100 km?)

Können Sie sagen, wo das „gesparte" Geld hingeht?

In der letzten Zeit ist der Sprit ja sehr günstig geworden, hat sich das auch bei Ihnen im Portemonnaie bemerkbar gemacht? Wo ist das gesparte Geld hingegangen?

**Mobilitätsverhalten/ Wegetagebuch**

(Wegetagebuch für letzte Woche:) Wenn Sie an die vergangene Woche denken, von letztem Montag bis vergangenen Sonntag, welche Fahrten (Strecke und Dauer) mit dem Auto sind da angefallen? War das eine typische Woche?

Welche Autofahrten fallen sonst noch an, z.B. in unregelmäßigeren Abständen oder auch einmaligere weitere Strecken?

**Fahrleistung**

Nutzen Sie das neue Auto anders als das vorherige?

Wie ist der aktuelle Km-Stand?

Bisher sind Sie ja pro Jahr ca. … km gefahren. Wenn man das jetzt umrechnet auf das vergangene halbe Jahr, müssten es etwa … km sein.

FALLS Abweichung (Zunahme/ Abnahme): Wie kommt das?

**Alternativen**

Hatten Sie auch überlegt ein Auto mit alternativem Antrieb zu kaufen, z.B. ein Elektro- oder Hybridauto? (Gründe pro/contra)

Was müsste da politisch in Stuttgart passieren, damit es attraktiver wäre?

Was denken Sie über Car-Sharing? Haben Sie das schon einmal ausprobiert?

**Lebenssituation**

Wie viel Geld steht Ihnen monatlich, nach den steuerlichen Abzügen, zur Verfügung?

Hat sich in den letzten 6 Monaten irgendetwas Wichtiges an Ihrer Lebenssituation verändert? Sind dadurch neue Fahrten notwendig geworden?

## C      Kodierschema für die Goal-Frames der Kaufentscheidung

| Metakategorie | Beschreibung | |
|---|---|---|
| Fahrspaß-hedonistische Zielrahmung | Ein möglichst großes Fahrvergnügen ist wichtiges Kaufkriterium | |
| Subkategorien | Kodierregel | Ankerbeispiel |
| Hohe Leistungsstärke (PS) | Ein leistungsstarkes Auto (PS/KW) ermöglicht eine zügige und damit angenehme Fortbewegung. | „Was ein bisschen konträr läuft zu meiner ökologischen Gefühlswelt oder Denkwelt, ist einfach, zum Teil in recht bergigem Land zu leben, und diese mini-PS jetzt zwar ganz nett sind, aber mit Bergen keinen Spaß machen. Also einfach manchmal wirklich nervig sind, um es richtig so auszudrücken." [n20_t1: 42] |
| Gute Fahreigenschaften | Die Fahreigenschaften sind wichtig, sie sollen das perfekte Fahrerlebnis ermöglichen | „das Ding fährt wie auf Schienen, das ist das, was Spaß macht. Das werden Sie auf einer Autobahn nicht merken, aber auf einer Landstraße, die kurvenreich ist (...). Ist eigentlich der Motorradersatz. [n17_t1: 182] |
| Metakategorie | Beschreibung | |
| Alltagskomfort-hedonistische Zielrahmung | Das Auto soll eine möglichst stressfreie Bewältigung des Lebensalltags mit all seinen Anforderungen ermöglichen; | |
| Subkategorien | Kodierregel | Ankerbeispiel |
| Platzangebot | Das Auto bietet so viel Platz, dass alle Reisenden und benötigtes Gepäck komfortabel darin transportiert werden können. | „wir können alle bequem drin sitzen, auch mit Kindersitz. Es hat 'nen großen Kofferraum. Das heißt, ich kann noch was transportieren, ohne dass ich irgendwie das ganze Auto umbauen muss." [n30_t1: 28] |
| Sicherheitsattribute | Die Ausstattung des Autos soll Gefahren und Risiken des Autofahrens minimieren | „Sicherheit, Airbag, sollte schon drin sein. ESP hab ich bei dem gammeligen Auto davor, 'nen Mercedes Combi C-Klasse, einmal erfahren, wie der mich beim Glatteis gerettet hat. Man spürt das normalerweise nicht, aber da war das ganz deutlich, dass ich eigentlich weggerutscht wäre mit jedem anderen Auto. Dachte, okay, das will ich auch. Muss - |

| | | egal was für nen Auto ich mir jetzt aussuche - elektronisches Stabilitätsprogramm muss drin sein" [n09_t1: 5] |
|---|---|---|
| Komfortausstattung | Ausstattungsmerkmale, die das Fahren angenehmer machen, sind wichtiges Kaufkriterium. Dazu gehören u. a. Klimaanlage, Heizungsvarianten, erhöhe Sitzposition, Fahrassistenzsysteme, bes. leistungsstarke Lichtanlage, Soundsystem, Automatikschaltung | „Also definitiv dabei sein musste Klimaanlage, BSP, dann wollte ich definitiv die Mittelarmlehne. (…) Dann kommt die Stufe Tempomat, Gegensensor, Lichtsensor. Das sind alles so die Sachen, die ich bis jetzt tatsächlich hatte und die man dann so gerne weiterhin möchte." [n02_t1: 120] |
| Parkkomfort | Die Größe und Form des Autos soll die Parkplatzsuche in der Stadt und den Einparkprozess nicht behindern | „Also sprich VW-Bus, Mercedes Vito, und das sind schon die großkalibrigen Wägen, wo in der Stadt einfach unnütz sind. Erstens Mal mi'm Parkplatz. Zweitens kommt man mit manchen gar nicht mehr so ins Parkhaus rein, von der Höhe her. Und  da die Parkplätze immer rarer werden in der Stadt, wollte ich da eher auf die normale Größe gehen. Deswegen: Zafira, Touran. Also die Größe mit 4 Meter 60. Das ist noch eine normale Länge" [n06_t1: 24] |
| Metakategorie | Beschreibung | |
| Finanziell-gewinnorientierte Zielrahmung | Kostenaspekte stehen im Fokus der Überlegungen und fallen stark ins Gewicht | |
| Subkategorien | Kodierregel | Ankerbeispiel |
| Minimierung der Anschaffungskosten | Der Kaufpreis soll möglichst niedrig sein, dafür werden Abstriche bei anderen Kriterien in Kauf genommen | „Einfachste Ausführung. Der hat weder Navi, der hat keine Klimaanlage (lacht) man sollte es nicht glauben, aber das gibt's noch. Ich hätte gerne ne andere Farbe gehabt, aber den gab's nur noch in einer Farbe, eierschalenweiß, ist nicht so ganz grelles weiß. Aber damit konnte ich mich dann arrangieren." [n08_t1: 30] |
| Niedriger Spritverbrauch ist | Ein geringer Spritverbrauch wird ange- | „es soll halt wirklich nur mich von A nach B bringen und hauptsächlich sprit- |

| Kriterium aus Kostengründen | strebt, um die laufenden Kosten möglichst gering zu halten. | sparend sein. (…) der Sprit sind halt die variablen Kosten und die sollte man halt drücken können, also damit's halt nicht so teuer wird." [n27_t1: 20] |
|---|---|---|
| Minimierung der Instandhaltungskosten | Reparatur- und Inspektionskosten sollen möglichst gering und gut kalkulierbar bleiben; Sorge vor Kostenexplosion bei Gebrauchtwagen durch unkalkulierbare Defektrisiken | „da hatten wir jemanden besucht und dann saßen wir da fest und dann hat uns die Werkstatt nen Kühler vom Schrott eingebaut und das waren dann auch 400 Euro, die man bar auf den Tisch legen musste. Und da haben wir dann gedacht, da haben wir lieber 300 Euro Rate im Monat, das ist für uns kalkulierbar, als das wir immer was weglegen müssen für den Fall, dass das Ding zusammenbricht. Also es war einfach so, dass wir gedacht haben, wir wollen schon ein relativ neues Auto, um die Kosten kalkulieren zu können." [n11_t1: 10] |
| Minimierung der Steuerlast und Versicherungskosten | Möglichst geringe Kfz-Steuerlast und möglichst günstiger Versicherungstarif sind Argumente für ein bestimmtes Modell. | „Dann habe ich mir überlegt zum Smart zu wechseln (…). Das Auto ist halt klein. Die Haftpflichtversicherung ist nicht so teuer und die KFZ-Steuer ist nicht so teuer." [n32_t1: 2] |
| Optimierung des Preis-Leistungsverhältnisses | Innerhalb des gesetzten Budget- und Handlungsrahmens soll möglichst viel rausgeholt werden; dann hat die Person das Gefühl, ein gutes Geschäft gemacht zu haben. | **I:** Und warum jetzt Audi und nicht BMW? **Harald Baum:** Das hatte rein finanzielle Gründe gehabt, weil der Audi für das gleiche Geld ne bessere Ausstattung geboten hat (…). Also wir haben grundsätzliche Eckdaten, die für den Firmenwagen notwendig sind. Das sind Klimaanlagen, Navi und ne Sitzheizung und Fensterheber. Die normalen Sachen und dann war, was kann ich bis zu diesem Budget noch dazu buchen, bis ich es ausgereizt habe? Das ist einfach bei dem Audi mehr gewesen über Schiebedach, über Lederausstattung. Das war dann etwas besser, als es bei dem BMW gewesen wäre. Wobei er ja noch so viel Ausstattung hat, dass ich nach ner Woche |

| | | auch noch gar nicht weiß, wie alles funktioniert (lacht)." [n15_t1: 21-24] |
|---|---|---|
| **Metakategorie** | **Beschreibung** | |
| Status-gewinnorientier-te Zielrahmung | Das Image des Autos soll zur persönlichen Identität der Käuferin passen oder zur beruflichen Rolle, in die es eingebunden ist | |
| **Subkategorie** | **Kodierregel** | **Ankerbeispiel** |
| Markenimage und Design (Privatwagen) | Identifizierung mit der Marke und dem Modell; Marke und Design sollen zu einem selbst passen und das Richtige nach außen hin kommunizieren | „Also für uns hat Auto was mit Ästhetik zu tun und wir hatten vorher einen Audi gefahren und die heutigen Audis gefallen uns nicht. Kombi, so wie die heute aussehen, finden wir so alltäglich, so 'nen bisschen nichtssagend. Und, ähm, für Mercedes sind wir noch zu jung. Und da bleibt nicht viel übrig. Wir fahren außerdem immer nur deutsche Autos. Also wir würden uns jetzt nicht ein französisches kaufen, oder einen Asiaten sowieso gar nicht, fiel uns gar nicht ein. Und, ähm, dieser BMW sah so 'nen bisschen spritziger und flotter aus. Und deshalb haben wir uns einen BMW gekauft. Ein Auto ist nicht nur ein Fortbewegungsmittel (lacht)." [n05_t1: 10] |
| Markenimage (Dienstwagen) | Das Image des Dienstwagens muss für den beruflichen Status *angemessen* sein. Diese Angemessenheit äußert sich in der Auswahl der Marke und des Modells und in der Einhaltung gewisser Unter- *und* Obergrenzen des Pkw-Segments, die subjektiv als akzeptabel für den jeweiligen beruflichen Kontext eingeschätzt werden. | „also ich hab' Kundenkontakt [in der Automobilbranche] und das heißt, es muss ein deutsches Automobil sein. Aber es sollte auch nichts sein wo man denkt, dass ich an der Côte d'Azur überwintere, ne? Also ich brauch da jetzt nicht mit einem SL anzukommen oder so. Sondern eher so was (Pause): wertig, aber zurückhaltend muss es halt sein. Nicht, dass die denken, dass man es jetzt da krachen lässt, aber die dürfen auch nicht denken, dass man Hunger leidet. Und dann läuft es halt auf so etwas raus wie ein GLK oder E-Klasse." [n10_t1:16] |
| **Metakategorie** | **Beschreibung** | |
| Umweltnorma- | Umweltschutzbezogene Werte und persönliche Normen beeinflus- | |

| tive Zielrahmung | sen die Kaufentscheidung deutlich | |
|---|---|---|
| Subkategorien | Kodierregel | Ankerbeispiel |
| Bemühen um Verringerung der umweltschädlichen Folgen des Pkw-Gebrauchs durch innovative Technologie | Autokauf wird als Umweltthema gesehen; Bemühen um ein möglichst reines Gewissen trotz Autonutzung, z.B. geringer Verbrauch/ Hybridtechnik | „Ich gehör zu diesem Typ: Idealist, der bereit ist, bisschen war drauf zu zahlen für sein Gewissen. * Oder seinen Idealismus." (n26_t1: 48) |
| Minimierung des Spritverbrauchs aus Umweltgründen | Der Spritverbrauch soll möglichst gering sein, um die Umwelt weniger zu belasten | „Ja warum ist es zum Fahrzeugwechsel gekommen? Der eine Grund ist wirklich Umweltgesichtspunkte (…). Das Auto das ich jetzt fahre, das ist so ein Golf Plus (…) verbraucht sieben bis acht Liter pro 100 Kilometer. Und das ist mir relativ zu viel. Ich hab' jetzt nach einem Ausschau gehalten das so zwischen drei und fünf Liter verbraucht." [n21_t1: 4] |
| Hinterfragen der Notwendigkeit des Autokaufs | Die Person hinterfragt sich selbstkritisch, ob sie nicht auch ohne ein Auto gut zurecht käme; es bleibt kognitive Dissonanz | „ist ja eigentlich völlig unökologisch alle vier Jahre ein neues Auto zu kaufen. Das widerspricht sich eigentlich schon." [n20_t1: 50] |

# D      Übersichtstabelle zum Fahrstilrebound-Verhalten (n= 22)

| Fall | Effizienzver-änderung | Veränderung des Fahrstils | Beschreibung des Fahrstils und seiner eventuellen Änderung (paraphrasierte Selbstaussagen) |
|------|------------------------|----------------------------|---------------------------------------------------------------------------------------------|
| n18 | verbessert | weniger Ecodriving | sportlicher (= Fahrstilrebound-Verhalten) |
| n19 | verbessert | weniger Ecodriving | sportlicher (= Fahrstilrebound-Verhalten) |
| n09 | verbessert | mehr Ecodriving | energiesparender, aber auch mal schnell |
| n15 | verbessert | konstant | weiterhin energiesparend |
| n30 | verbessert | mehr Ecodriving | energiesparender |
| n32 | verbessert | mehr Ecodriving | defensiver |
| n21 | verbessert | konstant | weiterhin sehr energiesparend |
| n01 | verbessert | konstant | weiterhin energiesparend, innerorts auch sportlich |
| n03 | verbessert | eher konstant | weiterhin sportlich, etwas weniger aggressiv |
| n05 | verbessert | konstant | weiterhin sportlich |
| n14 | verbessert | konstant | weiterhin zügig, aber vorausschauend |
| n04 | konstant | konstant | weiterhin defensiv, manchmal etwas zügiger |
| n10 | konstant | konstant | weiterhin zügig, aber ruhig und rücksichtsvoll |
| n13 | konstant | konstant | weiterhin eher sportlich |
| n17 | konstant | konstant | weiterhin sportlich |
| n12 | konstant | weniger Ecodriving | etwas zügiger |
| n06 | verschlechtert | konstant | weiterhin zügig, aber vorausschauend |
| n11 | verschlechtert | konstant | weiterhin defensiv, teilweise verbrauchsbewusst |
| n16 | verschlechtert | konstant | weiterhin sehr sportlich |
| n20 | verschlechtert | konstant | weiterhin sportlich |
| n23 | verschlechtert | weniger Ecodriving | Noch etwas zügiger |
| n24 | verschlechtert | weniger Ecodriving | zügiger |

# E    Kodierschema für die Umweltschutzmotivation

| Metakategorie | Beschreibung | |
|---|---|---|
| Umweltschutzmotivation | Ausmaß, in dem die Person dazu motiviert ist, mit ihrem Handeln die natürlichen Ressourcen zu schonen | |
| Subkategorien | Kodierregel | Ankerbeispiel |
| gering bis ablehnend | Es ist keine Motivation zu umweltschonendem Verhalten erkennbar. Die Person distanziert sich von umweltengagierten Menschen und spricht abwertend über diese; Umweltschutz ist keine relevante persönliche Norm. | „Naja. Also ich trenne meinen Müll, obwohl ich weiß, dass das nicht effizient ist, weil: ein Freund von mir hat eine Entsorgungsfirma und von daher weiß ich, dass der Kram häufig am Ende wieder zusammengekippt wird. Ich mach das, weil ich nicht riskieren will, dass die Müllabfuhr den Kram stehen lässt. (…) ich hab da auch kein Sendungsbewusstsein wie viele andere, diese ‚Stuttgart21-mir-wächst-Gras-aus-der-Tasche-Chaoten'. Nö." [n03_t1: 96] |
| oberflächlich | Problembewusstsein vorhanden, aber wenig Motivation aus Eigeninitiative etwas für die Umwelt zu tun, das über die in Deutschland üblichen Gewohnheiten wie Mülltrennung oder Vermeidung von Autokurzstrecken hinausgeht; Tendenz zur Postrationalisierung; | „Also zum Beispiel, wenn‘s jetzt um‘s Brötchen holen geht: (…) Das mach ich dann entweder zu Fuß oder mit dem Fahrrad, ganz kurz. Also da schmeiß ich nicht extra das Auto an. Weil, ähm, ich sag auch: die Kurzstrecken, egal mit Benziner oder Diesel, ist rein vom Verschleiß her und auch vom ökologischen her nicht von Vorteil, ganz klar, und da wird der Motor auch nicht richtig warm." [n06_t1: 145] |
| moderat und extrinsisch | Man hat Bedürfnis, nach außen hin ökologisch zu erscheinen, möchte nicht als Umweltsünder und Verschwender oder Angeber wahrgenommen werden Die Person macht sich viel | „Wenn man eh viel unterwegs sein muss, es dann und wann möglich ist nicht unbedingt auf political correctness zu achten, dann kann man das mit viel Spaß und Freude am Fahren machen.(…) Also diese Effizienz |

| | Gedanken über ihr Ansehen, sieht effiziente Technik als saubere Technik | macht sich eher an dem Gefühl fest, der Spaßfaktor und das Angenehme, das Fahrgefühl ohne dass es einen wirklich reut, was den Spritverbrauch anbetrifft. [n17_t2: 22] |
|---|---|---|
| moderat und komfortorientiert | Eindeutige Zustimmung zum Ziel des Umweltschutzes, aber nur in abgesteckten Lebensbereichen verhaltensrelevant, v. a. wenn es keine oder wenig unmittelbare Komforteinbuße bedeutet; man versucht Müll zu vermeiden, auch mal eine Fahrgemeinschaft zu bilden, Biolebensmittel einkaufen; grün wählen - sieht aber nicht unbedingt die Notwendigkeit, das jetzt auf andere Lebensbereiche auszudehnen | „zum Beispiel haben wir auch Naturstrom. Also ich guck schon, dass ich da die Möglichkeiten nutz, die meine Lebensqualität da nicht irgendwie besonders beeinträchtigen. Ich bin da schon am Abwägen, ob das passt oder nicht. Wo es möglich ist, setze ich das auch um." [n30_t1: 62] |
| Hoch und intrinsisch | Umweltschutzmotivation ist intrinsisch und reicht in fast alle Lebensbereiche hinein; Wissen um die globale Dimension des Problems; trotz ungewisser Bedeutung des eigenen Beitrags durchhalten, weil es ein ethisches Prinzip ist; man versucht auch die Strukturen zu ändern; Suffizienzorientierung | „also ich schau, keine Kochwäsche, sondern nur 60 Grad. Dass ich eben ökologisches Waschmittel verwende. Wenn ich jetzt die Kindersachen mit Persil waschen würde, dann wäre das alles sauber. Ich mein, das wird dann bei uns teilweise sauber, sauber genug für meinen Geschmack, weil sie es eh wieder einsauen." [n11_t1: 36] |

Made in the USA
Las Vegas, NV
12 November 2024

11563458R00144